Call Center Management in der Praxis

Springer
Berlin
Heidelberg
New York
Hongkong
London
Mailand
Paris
Tokio

Stefan Helber · Raik Stolletz

Call Center Management in der Praxis

Strukturen und Prozesse betriebswirtschaftlich optimieren

Mit 105 Abbildungen und 57 Tabellen

Springer

Professor Dr. Stefan Helber
Dr. Raik Stolletz

Universität Hannover
Institut für Unternehmensplanung
Lehrstuhl für Produktionswirtschaft
Königsworther Platz 1
30167 Hannover

stefan.helber@prod.uni-hannover.de
raik.stolletz@prod.uni-hannover.de

ISBN 3-540-00100-X Springer-Verlag Berlin Heidelberg New York

Bibliografische Information Der Deutschen Bibliothek
Die Deutsche Bibliothek verzeichnet diese Publikation in der Deutschen Nationalbibliografie; detaillierte bibliografische Daten sind im Internet über <http://dnb.ddb.de> abrufbar.

Springer-Verlag ist ein Unternehmen von Springer Science+Business Media

springer.de

Umschlaggestaltung: Erich Kirchner, Heidelberg

SPIN 10898390 42/3130-5 4 3 2 1 0 – Gedruckt auf säurefreiem Papier

Vorwort

Bücher über Call Center Management gibt es viele. Sie beschäftigen sich mit wichtigen Themen wie Kundenkommunikation und Mitarbeiterführung, mit Customer Relationship Management oder mit modernen IT-Systemen. Zu der Frage jedoch, wie man Strukturen und Prozesse betriebswirtschaftlich optimiert, findet der Call Center Manager aus unserer Sicht recht wenig wissenschaftlich fundierte Hilfe. Daher stoßen wir bei unseren Praxispartnern auch häufig auf "organisch gewachsene Strukturen" und die Planungsinstrumente sind vielfach "selbstentwickelt". ("Wir hatten da 'mal einen Praktikanten, der hat uns das gemacht...")

Mit *diesem* Buch wollen wir die wissenschaftlichen Grundlagen des Operations Management im Call Center anwendungsorientiert darstellen. Wir richten uns dabei gleichermaßen an Praktiker im Call Center Management und an Studenten der Betriebswirtschaftslehre, des Wirtschaftsingenieurwesens, der Wirtschaftsinformatik und -mathematik, die sich für IT-basierte Dienstleistungsproduktion interessieren. Dabei zielen wir vorrangig auf *Inbound* Call Center ab, bei denen die Anrufe von außen eingehen. An einigen Stellen betrachten wir jedoch auch *Outbound* Call Center.

Wir haben nicht den Anspruch, *alle* betriebswirtschaftlich relevanten Fragen abzudecken. Unser Thema ist die Leistungserstellung im Call Center. Wir gehen zunächst der Frage nach, wie man die Performance des Call Centers mißt - aus der Sicht der Anrufer wie aus der Sicht der Betreiber. Dann wenden wir uns der Frage zu, wie insbesondere bei großen Call Centern effiziente Strukturen aussehen und wie nicht. Im dritten Teil des Buches stellen wir die Planung der täglichen Abläufe dar. An vielen Stellen des Buches zeigen wir, wie man die Analyse und Planung von Call Centern durch formale Modelle unterstützen kann. Dabei handelt es sich um bewußt einfach gehaltene Grundmodelle, die man für den praktischen Einsatz in einem realen Call Center noch an dessen konkrete Eigenheiten anpassen muß (und kann).

Noch ein letzter inhaltlicher Hinweis vorab: Unser Buch kann ohne besondere Vorkenntnisse gelesen werden und alle Berechnungen werden, soweit möglich, anhand ausführlicher Beispiele dargestellt. Es ist aber sicher hilfreich, wenn man schon einmal ein Call Center von innen gesehen hat.

Unser Dank für zahlreiche kritische Hinweise gilt Frau Silvia Bertuzies, Frau Dipl.-Math. Kirsten Henken und Herrn Dr. Michael Pohl am Lehrstuhl für Produktionswirtschaft der Universität Hannover.

Universität Hannover, September 2003

Stefan Helber
Raik Stolletz

Inhaltsverzeichnis

Teil III Prozesse: Planen Sie die täglichen Abläufe

Teil I

Grundlagen: Verschaffen Sie sich einen Überblick

1

Inbound vs. Outbound: Was passiert eigentlich im Call Center?

1.1 Kennzeichnung und Aufgaben von Call Centern

Call Center sind Dienstleistungsbetriebe, mit denen man sogenannte *Tele-Dienste* produziert. Das sind solche Dienste, bei denen der Produzent des Dienstes und der Konsument zwar räumlich voneinander getrennt, aber zeitlich i.d.R. aneinander gebunden sind. Die im Call Center arbeitenden Personen bezeichnet man als *Agenten*. Sie führen in der Regel vorrangig Telefongespräche (engl. *calls*), daher auch der Name dieser Betriebsform. Wenn die Agenten über die Telefongespräche hinaus auch E-Mails, Briefe und Faxe etc. bearbeiten, also über mehrere Kommunikationskanäle mit der Außenwelt kommunizieren, so spricht man auch von einem *Contact Center*. Die Agenten arbeiten häufig räumlich konzentriert in Großraumbüros.

Wenn mehrere hundert oder tausend Agenten gleichzeitig eine Aufgabe wahrnehmen, so sind sie oftmals über mehrere physische Standorte verteilt, dabei aber durch eine gemeinsame Telekommunikationsanlage zusammengeschaltet. Auf diese Weise entsteht ein "virtuelles Call Center", welches in seiner Gesamtheit den Gegenstand der in diesem Buch behandelten betriebswirtschaftlichen Planung und Steuerung bildet.

Call Center gibt es in vielen Bereichen des öffentlichen wie des privaten Sektors. Im öffentlichen Bereich findet man Call Center z.B. bei Versorgungsbetrieben oder großstädtischen Notrufzentralen. Im privaten Sektor werden Call Center insbesondere vom Versandhandel, von Versicherungen und Banken sowie von Telekommunikations- und Transportunternehmen als Instrument der Kundenbetreuung genutzt. Dabei stellt das Call Center in vielen Fällen *den* Kommunikationskanal zwischen Kunden und Unternehmen dar und prägt die Wahrnehmung des Unternehmens durch den Kunden in erheblichem Maße. Im Jahr 2001 waren in Deutschland ca. 265000 Agenten in ca. 2900 Call Centern beschäftigt, bei weiter stark wachsender Tendenz (o.V. (2001)).

Wir befassen uns in diesem Buch vorrangig mit den Call Centern des privaten Sektors und bezeichnen die Anrufer in einem Call Center häufig auch als Kunden. Viele der von uns untersuchten Probleme treten aber auch in den Call Centern des öffentlichen Sektors auf und so können die entsprechenden Instrumente auch dort eingesetzt werden.

Wenn ein Unternehmen zur Kundenbetreuung ein Call Center einsetzen will, so steht es vor der Wahl, dies entweder in Eigenregie zu tun oder aber einen spezialisierten Dienstleister einzusetzen. Im ersten Fall spricht man häufig von einem sogenannten *Inhouse Call Center*. Inhouse Call Center werden tendenziell dann eingerichtet, wenn die zu erbringende Leistung sehr spezifische Kenntnisse der Agenten erfordert, die Tätigkeit der Agenten über sehr komplexe Schnittstellen mit den übrigen Leistungsprozessen des Unternehmens verwoben ist oder ein Know-how-Abfluß aus dem Unternehmen verhindert werden soll. Dies kann z.B. dann der Fall sein, wenn über das Call Center die Anwender einer bestimmten hochspezifischen Software bei auftretenden Fragen oder Problemen betreut werden sollen und man zur Lösung der Probleme auf das Know-how der Entwickler zurückgreifen muß. Daneben gibt es aber auch viele Call Center, in denen sehr stark standardisierte Prozesse ablaufen, man denke z.B. an die Telefonauskunft oder die Bestellannahme im Versandhandel. Derartige Tätigkeiten können einem Agenten nach einem Training von maximal einigen Wochen übertragen werden und erfordern häufig nur relativ übersichtliche Schnittstellen der Informationstechnologie (IT) zu den übrigen Leistungsprozessen des Unternehmens. In solchen Fällen werden oft Call-Center-Dienstleister eingesetzt, die mit ihren Agenten die Kundenbetreuung für verschiedene Unternehmen gleichzeitig durchführen. Den Anrufern wird dabei häufig nicht bewußt, daß sie zwar mit der Kundenbetreuung des XY-Versandes sprechen, aber nicht mit einem Mitarbeiter des XY-Versandes. Es kann ökonomisch sinnvoll sein, derartige "einfache" Prozesse auf unternehmensexterne Dienstleister zu verlagern, weil diese Dienstleister durch die Bündelung der Kundenbetreuung für mehrere beauftragende Unternehmen u.U. in erheblichem Maße Kostendegressionseffekte nutzen können.

1.2 Betriebsweisen von Call Centern

1.2.1 Inbound-Betrieb

Im sogenannten *Inbound*-Betrieb gehen die Anrufe von außen in dem Call Center ein. *Wann* ein Anruf im Call Center eingeht, ist dabei normalerweise ebensowenig bekannt wie die *Dauer* des Gesprächs oder die benötigte Qualifikation des Agenten. Damit ist ein Call Center ein *stochastisches System*, also ein System, welches als "zufallsgetrieben" zu betrachten ist. Das heißt jedoch nicht, daß in einem Call Center zwangsläufig ein unkontrollierbares Chaos herrschen muß. Auch stochastische Systeme unterliegen Gesetzmäßigkeiten, die man bei der Planung und Steuerung ausnutzen kann - wenn man denn weiß, wie das geht. Diesem Thema werden wir uns in den nächsten Kapiteln dieses Buches ausführlich widmen.

Ein Inbound Call Center ist i.d.R. nicht nur ein stochastisches System, sondern dazu auch noch eines, das hochgradig *dynamisch* sein kann. Das bedeutet, daß die Rate (oder "Geschwindigkeit"), mit der Anrufe im Call Center eingehen, von der Uhrzeit abhängt.

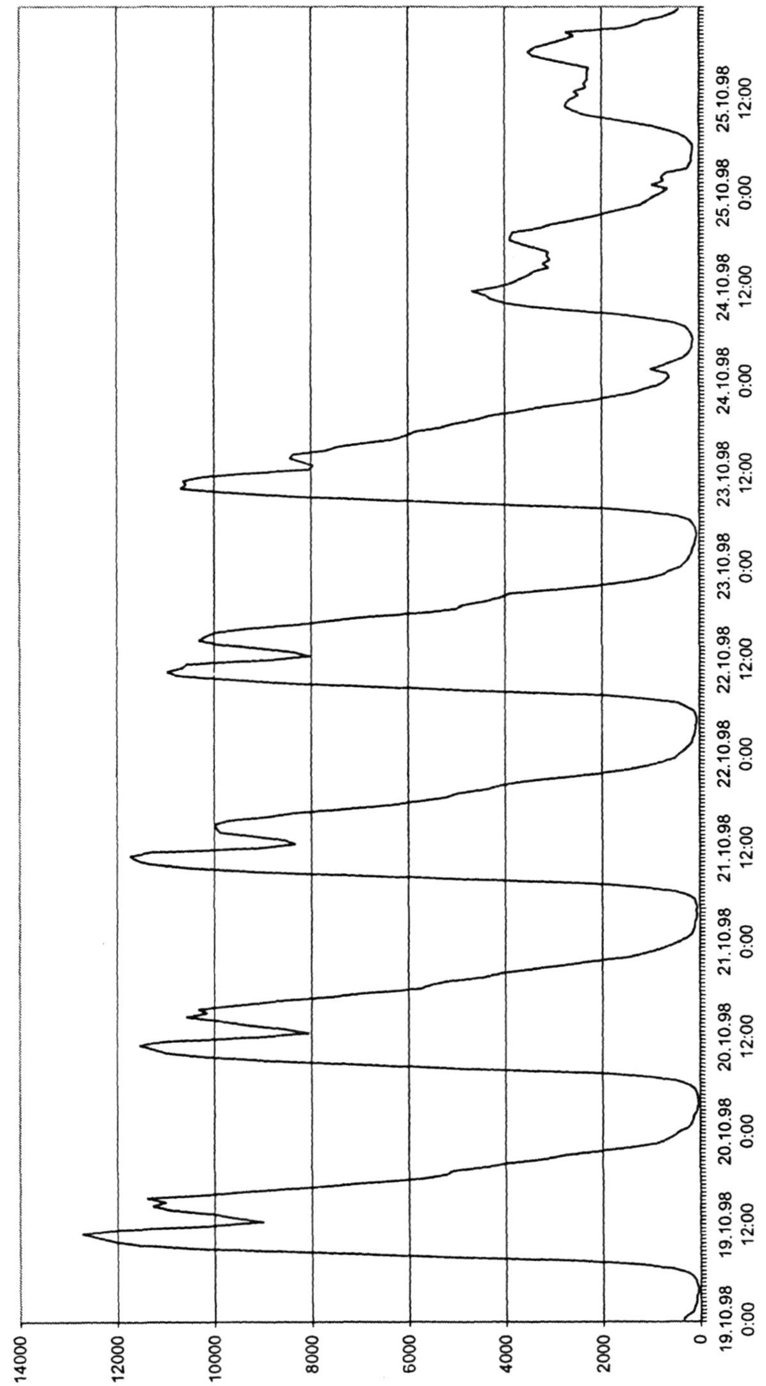

Abb. 1.1. Anrufaufkommen von Montag, 19.10.98 bis Sonntag, 25.10.98 in Halbstundenintervallen

Die Abbildung 1.1 zeigt auf der Basis von 30-Minuten-Intervallen das beobachtete Anrufaufkommen in den Call Centern des Auskunftsdienstes der Deutschen Telegate AG in München vom 19.-25.10.1998. Man erkennt, daß das Anrufaufkommen in den frühen Morgenstunden fast auf Null abfällt, um dann am späten Vormittag des Montags bis auf fast 13.000 Anrufe innerhalb eines Halbstundenintervalls anzusteigen. Die Abbildung zeigt auch deutlich die Auswirkung der Mittagspausen und des Wochenendes mit einem jeweils geringeren Anrufaufkommen. Die Rate, mit der Anrufe im Call Center eingehen, kann also im Tagesablauf sehr starken Schwankungen unterliegen. Andererseits sind die "Muster" im Zeitablauf häufig recht stabil, wie ein Blick auf die Einschnitte des Anrufaufkommens z.B. zu den Mittagspausen in Abbildung 1.1 deutlich macht.

Fassen wir also zusammen: Wer ein Inbound Call Center betreibt, weiß i.d.R. vorher nicht, wann ein Anruf kommt und wie lange er dauert. Zudem schwankt die Rate, mit der die Anrufe eingehen, im Zeitablauf sehr stark. Damit wird deutlich, daß die Frage, wann man wieviele Agenten im Call Center einsetzen sollte, sicher nicht trivial ist. Von der Antwort auf diese Frage hängt jedoch ab, wie stark die Agenten ausgelastet sind und wie lange die Anrufer warten müssen. Für die *Kundenzufriedenheit* ist neben der Wartezeit besonders wichtig, wie freundlich, kompetent und zielführend er den Agenten und dessen Gesprächsverhalten erlebt.

Nach unserem Eindruck spielt der Inbound-Betrieb in der Praxis die größte Rolle und daher konzentrieren wir uns in diesem Buch auch auf diese Betriebsform.

1.2.2 Outbound-Betrieb

Im Outbound-Betrieb gehen die Gespräche vom Call Center aus. In der Reinform findet man diese Betriebsweise zum Beispiel bei Konsumentenbefragungen in der Marktforschung oder bei Meinungsumfragen vor Wahlen. Häufig geht jedoch einem Outbound-Anruf zunächst ein Inbound-Anruf voraus, durch den eine Kundenbeziehung zwischen dem Unternehmen und dem externen Gesprächspartner etabliert wird. Die Gründe für den Outbound-Anruf können dabei vielfältig sein: Möglicherweise hat der Agent nach einem Inbound-Anruf eine bestimmte Frage für den Anrufer geklärt und will diesem die Antwort mitteilen. In anderen Fällen werden Kunden mit der Zielsetzung angerufen, ein Geschäft abzuschließen, welches u.U. vorher durch den Versand von Informationsmaterial vorbereitet wurde. Oder der Anruf verfolgt das Ziel, eine zwischenzeitlich "eingeschlafene" Kundenbeziehung wieder zu reaktivieren ("Sie haben schon seit 12 Monaten nichts mehr bei uns bestellt. Dürfte ich Sie vielleicht fragen, ob es dafür einen bestimmten Grund gibt und ob wir auch in Zukunft wieder etwas für Sie tun können?"). Die Frage, unter welchen Bedingungen derartige Anrufe überhaupt gesetzlich zulässig sind, unterliegt unterschiedlichen nationalen Regelungen.

Auch im Outbound-Betrieb ist das Call Center ein stochastisches System. Dies folgt daraus, daß die Gesprächsdauer eines Outbound-Anrufs vorab nicht bekannt ist. Darüber hinaus ist in vielen Fällen vorab auch nicht bekannt, ob der gewünschte Gesprächspartner bei einem Wahlversuch überhaupt erreicht wird. Selbst wenn er erreicht wird, kann er den Anruf als so störend empfinden, daß das mit dem Anruf verbundene Ziel nicht erreicht werden kann und es zu negativen Auswirkungen auf die Kundenzufriedenheit kommt. Diese Effekte können dazu führen, daß die Agenten im Outbound-Betrieb einen erheblichen Teil ihrer Zeit damit verbringen, sich Ruftöne und Ansagen von Anrufbeantwortern anzuhören oder zu erfahren, daß der gewünschte Gesprächspartner gerade nicht verfügbar ist.

In vielen Fällen operieren Call Center entweder gleichzeitig oder abwechselnd sowohl im Inbound- als auch im Outbound-Betrieb. Auf diesem Weg kann man einen effizienten Personaleinsatz trotz eines im Zeitablauf stark schwankenden und darüber hinaus auch noch unsicheren Anrufeingangs erreichen. Wir werden auch auf diese Fragestellung noch ausführlich eingehen.

1.3 Komponenten von Call Centern

Neben den Agenten, welche die Telefongespräche führen, stellen die IT-Anlagen die zentralen Komponenten eines Call Centers dar.

Wesentliche Merkmale der *Agenten* sind ihre Qualifikation für die u.U. verschiedenen Arten von Anrufen (z.B. Vertrieb, technische Unterstützung etc.) und ihre zeitlich beschränkte Verfügbarkeit. Hinsichtlich der Qualifikation kann berücksichtigt werden, ob ein Agent prinzipiell für eine Tätigkeit qualifiziert ist und mit welcher Geschwindigkeit er arbeitet.

Die *IT-Anlagen* haben zwei verschiedene Aufgaben zu erfüllen: Auf der einen Seite dienen sie der Kommunikation zwischen den Agenten und ihren externen Gesprächspartnern. Auf der anderen Seite vernetzen sie die Tätigkeiten der Agenten mit den übrigen Leistungsprozessen im Unternehmen.

Von zentraler Bedeutung für die Kommunikation mit den Anrufern ist die Art und Kapazität der folgenden technischen Komponenten:

- Telefonleitungen
- Interaktive Sprachverarbeitungsanlage (Interactive Voice Response, IVR)
- Automatische Anrufverteilanlage (Automatic Call Distribution, ACD)
- Anrufaufzeichnungsanlage (Voice Mail Server, VMS)
- Automatische Wählanlage

Durch die Anzahl der *Telefonleitungen* wird die Anzahl von Telefonverbindungen begrenzt, die gleichzeitig zwischen den Anrufern und dem Call Center bestehen kann. Dabei kann der Fall auftreten, daß die Agenten von außen über *verschiedene* Telefonnummern erreicht werden können und dabei verschiedenen Aufgaben verschiedene Telefonnummern zugeordnet sind. So kann bereits über die vom Anrufer gewählte Telefonnummer auf die benötigte Qualifikation des Agenten geschlossen werden. Sind alle Telefonleitungen belegt, so hört ein Anrufer nur das Besetztzeichen und ein Kontakt kommt (vorerst) nicht zustande.

Bei sich häufig wiederholenden Anliegen der Anrufer (z.B. Abfrage eines Kontostandes) ist es vielfach möglich, den Anrufer (zunächst) lediglich mit einem Computer kommunizieren zu lassen, indem man ihn durch ein Menü von Angeboten führt ("Wenn Sie Ihren Kontostand abfragen wollen, dann drücken Sie bitte die Eins.") Auf diese Weise läßt sich auch vorab ermitteln, welche Qualifikation des Agenten für die Bearbeitung des Anrufs erforderlich ist. Durch diese als *Interactive Voice Response* (IVR) bezeichnete Technologie der interaktiven Verarbeitung von Sprache oder Tastatureingaben am Telefon des Anrufers können die vergleichsweise teuren Agenten von einfachen Routinetätigkeiten entlastet werden. Eine Schwierigkeit beim Einsatz dieser Technologie besteht darin, das "Menü" der Optionen, die dem Anrufer angeboten werden, effizient zu strukturieren. Wenn ein solches Menü es dem Anrufer nicht ermöglicht, sein Anliegen schnell und sicher durch Sprach- oder Tastatureingabe zu kommunizieren, so wird er entweder auflegen oder doch einen Agenten verlangen. Dann wird aber das Ziel einer automatisierten und dadurch kostengünstigen Abwicklung des Anrufs nicht erreicht.

Eine weitere zentrale Komponente eines Call Centers ist die *automatische Anrufverteilung* (Automatic Call Distribution, ACD). Durch die ACD-Anlage werden die eingehenden Anrufe ggf. in eine Warteschlange eingestellt und nach festzulegenden Regeln frei werdenden Agenten zugewiesen. Neben der Verwaltung und Weiterleitung der wartenden Anrufe wird durch die ACD-Anlage ständig auch eine Vielzahl von Daten über das Anrufvolumen, Wartezeiten, Bearbeitungszeiten und Abbruchraten erfaßt, die dem Call Center Management jederzeit einen detaillierten Einblick in den aktuellen Systemzustand geben. Dieser Systemzustand kann sich durch das zufällige und dynamische Anrufaufkommen und die Schwankungen der Mitarbeiterverfügbarkeit aufgrund von Pausen oder Besprechungen schnell ändern. Durch die Anrufweiterleitung können auch Überlaufregelungen zwischen verschiedenen Call Centern realisiert werden, so daß diese dem Anrufer wie eine zusammengehörige Einheit erscheinen. Eine weitere wichtige Funktion der ACD-Anlage ist die Sammlung der Daten für die Prognose der künftigen Anrufströme.

Durch die ACD-Anlage wird u.U. auch eine qualifikationsbasierte Anrufverteilung (Skills-Based Routing, SBR) vorgenommen. Dies ist dann erforderlich, wenn die Anrufer unterschiedliche Qualifikationsmerkmale der Agenten nachfragen und nicht jeder Agent alle Qualifikationsmerkmale aufweist, die Agenten also aus Sicht der Anrufer nicht beliebig untereinander austauschbar sind.

Durch den Einsatz eines *Voice Mail Servers* können die Anrufer den Agenten Nachrichten hinterlassen, wenn diese gerade nicht erreichbar sind. Durch diese Technologie soll ein Teil der Arbeitslast aus den Zeiten des besonders starken Anrufaufkommens (bezogen auf die Zahl eingesetzter Agenten) in die Zeiten des geringeren Anrufaufkommens verlagert werden. Diese Technologie stößt jedoch im praktischen Einsatz z.B. dann auf Schwierigkeiten, wenn die Agenten so überlastet sind, daß sie die Nachrichten nicht mehr bearbeiten können, die Anrufer dies jedoch erwarten. Darüber hinaus kann die gesamte Dauer für das Abhören einer aufgezeichneten Nachricht und das u.U. mehrmalige erfolglose Zurückrufen durch den Agenten die "normale Gesprächsdauer" eines direkt angenommenen Anrufs deutlich stark überschreiten. Dann erscheint der Einsatz eines Voice Mail Servers auch aus Kostengründen wenig sinnvoll.

Eine *automatische Wählanlage* unterstützt die Agenten dann, wenn diese selbst die Anrufenden sind. Durch diese Technologie wird zum einen verhindert, daß sich die Agenten bei der manuellen Eingabe von Telefonnummern verwählen. Zum anderen kann mit der automatischen Anwahl des nächsten Gesprächspartners bereits begonnen werden, wenn gerade ein Agent freigeworden ist oder aufgrund des aktuellen Systemzustandes erwartet werden kann, daß bis zum Zeitpunkt der Annahme des Gespräches durch den Angerufenen ein Agent frei sein wird. Auf diese Weise kann man dafür sorgen, daß die Agenten in einem hohen Maße ausgelastet werden. Ob sie der so erzeugten physischen und psychischen Belastung auf die Dauer gewachsen sind, ist jedoch eine andere Frage.

Während sich die IT-Anlagen zur Kommunikation der Agenten mit den Anrufern noch nach vergleichsweise einheitlichen Merkmalen beschreiben lassen, gilt dies für die IT-Anlagen zur Verknüpfung der Prozesse bei den Agenten mit den anderen Leistungsprozessen des Unternehmens nicht mehr: Hier macht es einen großen Unterschied, ob die Agenten Auskünfte über Telefonnummern geben, Bestellungen annehmen, Meinungsumfragen durchführen oder Versicherungsverträge verkaufen.

Eine gleichermaßen anspruchsvolle wie wichtige Aufgabe besteht darin, die IT-Anlagen für diese beiden Aufgabenkreise miteinander zu verknüpfen. Dies ist aus betriebswirtschaftlicher Sicht von zentraler Bedeutung, weil für die Planung und Steuerung der Prozesse im Call Center Informationen aus *beiden* Bereichen erforderlich sind. Nach unserer Erfahrung kommt es an dieser Stelle leicht zu Schnittstellenproblemen und Medienbrüchen zwischen den Telekommunikationssystemen und den EDV-Systemen zur Unterstützung der zentralen Unternehmensprozesse. Daraus ergibt sich dann leicht eine inkonsistente Datenbasis der betriebswirtschaftlichen Planung und Steuerung des Call Centers.

2

Einer wartet immer - aber warum?

2.1 Erscheinungsformen und Ursachen von Wartezeiten

Zum Tanzen braucht man zwei, und beim Telefonieren ist es ähnlich. Ob nun Inbound oder Outbound, ob Inhouse Call Center oder externer Dienstleister, ein Telefongespräch kommt nur dann zustande, wenn *gleichzeitig* ein externer Gesprächspartner und ein zu ihm *passender* Agent verfügbar sind. Die Leistungen, die im Call Center erbracht werden, sind schließlich nicht lagerfähig.

Wenn wir über Wartezeiten im Call Center sprechen, so haben wir aus unserer Alltagserfahrung heraus häufig die Wartezeiten von Anrufern bei einem *Inbound Call Center* im Sinn, die sich von einem Computer eine Ansage der folgenden Art anhören müssen: "Willkommen bei der XY-Kundenbetreuung. Ihr Anruf ist uns sehr wichtig. Leider ist im Moment kein Mitarbeiter verfügbar. Wir werden Sie aber mit dem nächsten freiwerdenden Mitarbeiter verbinden. Ihre voraussichtliche Wartezeit beträgt noch eine Minute und 17 Sekunden. Wir danken Ihnen für Ihre Geduld." Wenn man dann Glück hat, ist bereits fünf Sekunden später ein Agent verfügbar, wie es einer der Autoren selbst erlebt hat. Mit der Frage, *warum* diese Wartezeiten von Anrufern auf Agenten entstehen und wovon sie abhängen, werden wir uns gleich noch gründlich auseinandersetzen.

Neben den Wartezeiten der Anrufer auf die Agenten gibt es aber auch noch die Wartezeiten der Agenten auf die Anrufer. Auch die muß man im Blick haben. Geht man in ein Inbound Call Center, so kann man dort regelmäßig einige Agenten sehen, die einen Joghurt essen, Kreuzworträtsel lösen oder die Zeitung lesen - anstatt mit Anrufern zu sprechen. Das ist eigentlich nicht das, wofür die Betreiber des Call Centers die Agenten bezahlen möchten, aber es läßt sich praktisch nicht vermeiden.

Es geht sogar noch weiter: Wenn Sie in ein *kleines* Inbound Call Center gehen mit einer nur einstelligen oder niedrigen zweistelligen Agentenzahl, und Sie finden dort *keine* Agenten, die Joghurt essen oder lesen, anstatt mit Anrufern zu reden, so können Sie fast sicher sein, daß dieses Call Center seinen Anrufern richtig lange Wartezeiten zumutet. Im Inbound Call Center steht das Management also vor einem Zielkonflikt: Entweder man hat relativ wenige Agenten und dann müssen die Anrufer lange auf die Agenten warten. Das verärgert die Anrufer. Oder man hat viele Agenten, dann müssen die Anrufer nur selten auf die Agenten warten. Allerdings warten dann die Agenten auf die Anrufer und auch das ist unerwünscht: Die Agenten empfinden ihre Tätigkeit bei einer zu niedrigen Auslastung als zäh und langweilig, und die Betreiber des Call Centers haben durch die niedrige Auslastung der Agenten mit hohen (Personal-)Kosten je Anruf zu kämpfen.

Auch im *Outbound Call Center* gibt es Wartezeiten. Hier kann zum einen der Fall auftreten, daß ein Kunde auf den *Rückruf* eines Agenten wartet, weil dieser in einer sogenannten *Nacharbeitsphase* irgendeine Frage zu klären hat. Wenn nun viele weitere Kunden anrufen, so wird der Agent das Anliegen des ersten Kunden u.U. erst dann klären wollen, wenn das Anrufvolumen abgenommen hat (z.B. am späten Nachmittag) und den Kunden danach zurückrufen. (Wir behaupten nicht, daß dies eine zweckmäßige Vorgehensweise ist. Sie ist aber in der Praxis oft zu beobachten.) Zum anderen gibt es auch im Outbound-Betrieb die Situation, daß die Agenten auf die Kunden "warten". Dies ist z.B. dann der Fall, wenn etwa bei einer Kampagne zur Reaktivierung von Kundenbeziehungen hunderte oder tausende "alter Kunden" anzurufen sind. Den Prozeß des Wählens kann man durch eine zweckmäßige Computer-Telefonie-Integration (CTI) unter Verwendung von Datenbanken noch automatisieren, aber zum gewünschten Gesprächspartner muß sich der Agent schon noch persönlich durchfragen. Das bedeutet, daß ein u.U. erheblicher Teil der Arbeitszeit des Agenten im Outbound-Betrieb durch dem Warten vergleichbare "unproduktive" Tätigkeiten geprägt ist, weil er sich Klingeltöne und die Ansagen von Anrufbeantwortern anhören muß.

Wie gesagt - einer wartet immer. Dies gilt zumindest im Mittel. Analysiert man in einem Inbound Call Center die historischen Daten einer ACD-Anlage, so zeigt sich regelmäßig, daß die mittlere Auslastung der Agenten unter 100% liegt und gleichzeitig die mittleren Wartezeiten größer als Null sind. Nun ist es entscheidend, daß man versteht, daß Call Center stochastische Bediensysteme und damit *Wartezeiten prinzipiell unvermeidbar* sind. Diese Einsicht ist noch kein Allgemeingut. Das mußte schon so mancher Call Center Manager lernen, der mit einem Controller in etwa das folgende Gespräch zu führen hatte:

Call Center Manager: "Ich brauche 10% mehr Agenten. Die Wartezeiten der Anrufer sind zu lang."

Controller: "Gestern morgen bin ich durch dein Call Center gelaufen. Weißt du, was ich da gesehen habe? Einer deiner Agenten hat einen Joghurt gegessen, einer hat Tetris gespielt und einer hat Kreuzworträtsel gelöst. Und jetzt kommst du und ich soll dir bestätigen, daß du mehr Agenten brauchst? Wie hoch ist denn eigentlich die Auslastung deiner Leute? Wieviel Prozent ihrer Arbeitszeit verbringen sie im Gespräch mit den Anrufern?"

Call Center Manager: "Nun, im letzten Monat lag die mittlere Auslastung bei 90%."

Controller: "Na siehst du. Das habe ich mir schon gestern gedacht. Da ist noch jede Menge Luft drin. Wenn deine Agenten 10% ihrer Zeit nur 'rumsitzen, dann brauchst du nicht noch mehr davon. Vielleicht mußt du einfach besser planen. Ich sehe ja ein, daß eine Auslastung von 100% nicht zu erreichen ist. Sagen wir doch folgendes: Wenn deine Agenten zu 98% ausgelastet sind, dann reden wir nochmal über das Thema, in Ordnung?"

In dieser Situation hat unser Call Center Manager schlechte Karten und geht als zweiter Sieger vom Platz, weil er dem Controller nicht *nachweisen* kann, daß dieser auf dem Holzweg ist. Nun, dem Call Center Manager (und auch dem Controller) kann geholfen werden. Sie müssen nur weiterlesen.

2.2 Das grundlegende Modell eines Inbound Call Centers: Hiermit sollten Sie rechnen!

Mit diesem Buch verfolgen wir das Ziel, die *wissenschaftlichen* Grundlagen des Operations Management im Call Center anwendungsorientiert darzustellen. Dazu ist uns eine Vorbemerkung zu den Möglichkeiten und Grenzen unserer Arbeitsmethode wichtig.

Wenn sich Wissenschaftler um einen Zugang zu einem Sachverhalt der realen Welt bemühen, so arbeiten sie regelmäßig mit etwas, das sie als *Modell* bezeichnen. Geht es z.B. um die aerodynamischen Eigenschaften eines Tragflächenprofils für ein Flugzeug, so kann man die verschiedenen denkbaren Varianten u.a. an einem verkleinerten Modellflugzeug im Windkanal testen, bevor man (zu sehr viel höheren Kosten) die richtig großen Flugzeuge baut (und ihnen die Testpiloten anvertraut). Das tut man in der Hoffnung, daß sich das kleine, schnell und billig herzustellende Flugzeugmodell "im Prinzip so ähnlich" verhält wie das große Flugzeug. Ob sich diese Hoffnung für eine bestimmte Art von Modell und eine bestimmte Fragestellung wirklich erfüllt, weiß man allerdings immer erst nachher. Oft ist das jedoch der Fall, und dann kann man an dem kleinen Modell etwas über das große Flugzeug lernen. Ein Modell ist also ein *vereinfachtes Abbild* irgendeines realen Sachverhaltes. Während ein Flugzeugmodell physisch greifbar ist, sind viele andere Modelle formal-abstrakter Natur – so auch unser Modell eines Inbound Call Centers. Wenn ein Wissenschaftler ein solch abstraktes Modell verwendet, so trifft er daher in seinen Modellannahmen die bewußte Entscheidung, die aus seiner Sicht irrelevanten Aspekte des realen Sachverhaltes zu ignorieren, um sich auf das konzentrieren zu können, was er in bezug auf eine vorgegebene Fragestellung als die *wichtigen* Aspekte ansieht. Ein Modell ist damit nicht an sich "richtig" oder "falsch", sondern allenfalls für die Beantwortung einer bestimmten Frage zweckmäßig oder unzweckmäßig.

Wollen wir nun Aussagen über Call Center machen, so können wir eine Vielzahl von Modellen verwenden oder selbst herstellen, je nachdem, welche Eigenschaften das Call Center hat und welche Frage uns interessiert. Wir haben bereits in Abschnitt 1.2.1 deutlich gemacht, daß Inbound Call Center zufallsgetriebene (stochastische) Systeme sind, weil die Gesprächsdauern und die Zwischenankunftszeiten der Anrufer häufig vorab nicht bekannt sind. Aus diesem Grund werden wir nun ein Modell vorstellen, in dem dieser Sachverhalt – aus unserer Sicht – auch eine zentrale Rolle spielt. Leider ist das Modell nicht so schön anschaulich wie ein Flugzeugmodell, aber trotzdem kann man an dem Modell sehr viel über die richtigen Call Center lernen, in denen natürlich alles noch sehr viel komplizierter ist.

Wir gehen nun so vor, daß wir zunächst einige Annahmen treffen, aus denen sich durch logische Schlüsse eine Handvoll Formeln ableiten läßt. Mit diesen Formeln können wir dann durchrechnen, was im realen Call Center passiert – so oder so ähnlich. Dabei behaupten wir nicht, mit diesem einen Modell alle Inbound Call Center dieser Welt abbilden zu können, aber irgendwo muß man ja anfangen.

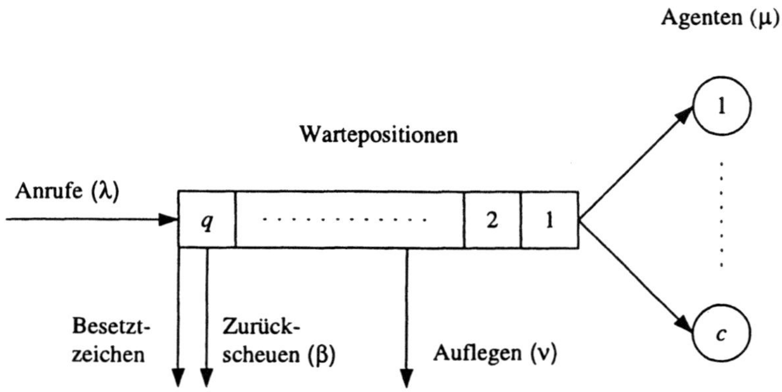

Abb. 2.1. Schematische Darstellung eines Call Centers mit ungeduldigen Anrufern

Unsere Modellannahmen beziehen sich auf das in Abbildung 2.1 schematisch dargestellte Call Center:

- In dem Call Center gehen Anrufe von *einer Art* von Kunden ein. Das Call Center ist also homogen in bezug auf die Anrufer.
- In dem Call Center arbeiten Agenten, die wir hinsichtlich ihrer Fähigkeiten ebenfalls als gleichartig oder homogen ansehen. Die Anzahl der Agenten ist c.
- Das Call Center ist von außen über Telefonleitungen erreichbar, deren Anzahl begrenzt ist. Insgesamt sind K Telefonleitungen vorhanden. Wenn alle Leitungen besetzt sind (durch wartende Anrufer oder solche in Bedienung), so erhält der Anrufer das Besetztzeichen und wird *blockiert.* Für die Anzahl der Wartepositionen q gilt $q = K - c$.
- Der zeitliche Abstand zwischen zwei aufeinanderfolgenden Anrufen unterliegt zufälligen Schwankungen, aber der Mittelwert dieses zeitlichen Abstandes ist konstant. Die Anrufe kommen also mit einer im Mittel konstanten Rate λ (Anrufe je Zeiteinheit (ZE)) im Call Center an.
- Die Gesprächs- oder Bearbeitungsdauer für einen Anruf unterliegt ebenfalls Schwankungen. Die mittlere Bearbeitungsdauer für ein Gespräch bei einem beliebigen Agenten beträgt T_b. Der Kehrwert $\mu = \frac{1}{T_b}$ der Bearbeitungsdauer ist dann die Bearbeitungsrate oder -geschwindigkeit.

- Die Anrufer sind ungeduldig. Ein Anteil β der Anrufer ist überhaupt nicht bereit, auf einen Agenten zu warten und legt *sofort* auf, wenn er erfährt, daß er warten soll. Auch die Anrufer, die nicht sofort auflegen, wenn sie warten müssen, haben nur eine endliche Geduld. Wenn die tatsächliche Wartezeit eines Anrufers seine individuelle Wartezeittoleranz überschreitet, so legt er auf und ruft nicht noch einmal an. Wahlwiederholer werden also nicht berücksichtigt. Die individuelle Wartezeittoleranz der Anrufer ist unterschiedlich und vorab nicht bekannt. Ihr Mittelwert beträgt $\frac{1}{\nu}$.

Halt, legen Sie das Buch jetzt noch nicht weg. Auch wenn Sie vielleicht gerade denken: "Typisch Wissenschaftler im Elfenbeinturm – bei mir im Call Center ist alles noch viel komplizierter." Sie haben verschiedene Arten von Anrufern und Ihre Agenten sind wirklich nicht homogen etc. Das Buch ist auch für Sie. Mit komplexeren Systemen beschäftigen wir uns später; und auch an diesem "einfachen" Modell können Sie schon eine ganze Menge lernen über Ihr komplexeres Call Center. Das nennen wir gerne die strukturellen Einsichten. Für den Manager sind diese Einsichten oft noch wichtiger als die Kenntnis der einen oder anderen Formel.

Betrachtet man die Abbildung 2.1, so wird deutlich, daß nicht jeder Anrufer den gleichen Weg durch das Call Center nimmt. Ein Teil wird über das Besetztzeichen blockiert, ein Teil scheut vor der Warteschlange zurück und ein Teil legt nach einer gewissen Wartezeit auf. Der "Rest" wird tatsächlich von den Agenten bedient und verschwindet anschließend ebenfalls aus dem System. Hoffen wir, daß dieser Rest nicht allzu klein ist.

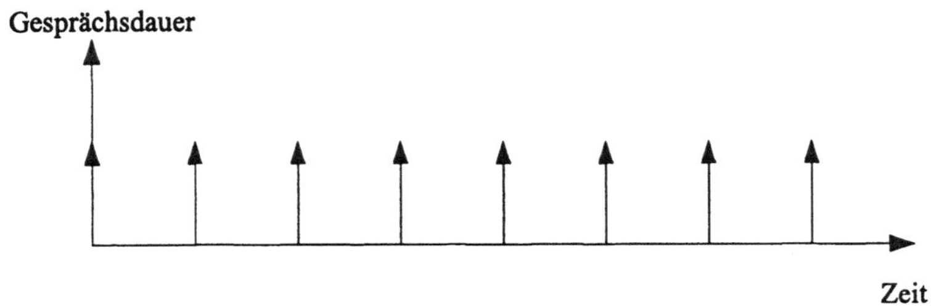

Abb. 2.2. Gleichmäßiger Eingang von Anrufen identischer Dauer

Nachdem wir nun die grundlegende Struktur des Modells skizziert haben, müssen wir uns dem zentralen Thema des *Zufalls* im Call Center widmen und zeigen, wie wir den gedanklich in den Griff bekommen können. Stellen wir uns zunächst einmal vor, es gäbe keinen Zufall im Call Center und die Dauer aller Anrufe wäre wie auch die zeitlichen Abstände zwischen allen Anrufen immer gleich groß. Dann könnten wir eine Situation haben, wie sie in Abbildung 2.2 abgebildet ist. Dort ist jeder Anruf durch einen kurzen senkrechten Pfeil dargestellt. Die Länge des Pfeils stellt die Gesprächsdauer dar und der horizontale Abstand zwischen den Pfeilen die Zwischenankunftszeiten. Wenn man diese Pfeile gedanklich nach rechts klappt, so erkennt man, daß die umgeklappten Pfeile ohne Lücken oder der Überlappungen unmittelbar aneinander anschließen und daß mit diesem Anrufaufkommen ein *einzelner* Agent gerade zu 100% ausgelastet werden kann.

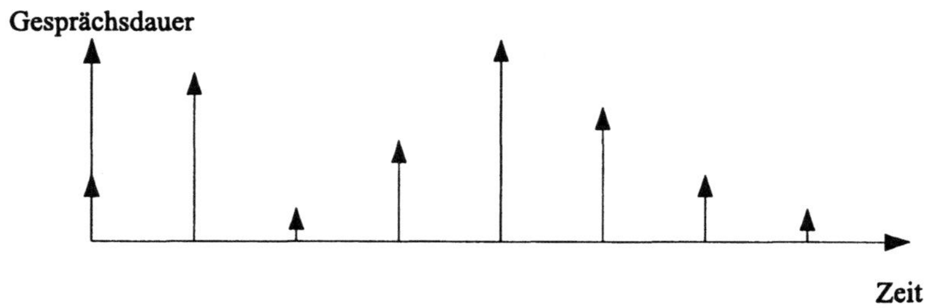

Abb. 2.3. Gleichmäßiger Eingang von Anrufen unterschiedlicher Dauer

Anders sieht es bereits dann aus, wenn die Gespräche zwar alle in gleichen zeitlichen Abständen im Call Center eingehen, aber jeweils unterschiedlich lang dauern. Das ist in Abbildung 2.3 dargestellt. Klappt man hier die Pfeile nach rechts, so überlagern sie sich zu manchen Zeitpunkten. Das bedeutet, daß – wenn man nur einen Agenten hätte – hier Anrufer warten müßten.

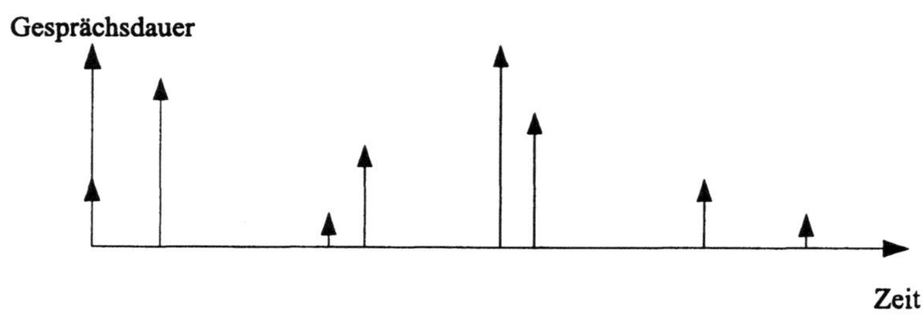

Abb. 2.4. Ungleichmäßiger Eingang von Anrufen unterschiedlicher Dauer

Im richtigen Leben ist es nun leider noch schlimmer, denn auch die Abstände zwischen dem Eintreffen der Anrufe, also die Zwischenankunftszeiten, sind nicht immer identisch. Das ist in Abbildung 2.4 dargestellt. Das Arbeitsvolumen über die acht Anrufe ist hier das gleiche wie in Abbildung 2.2, aber jetzt sind auch noch die zeitlichen Abstände zwischen den Anrufen unterschiedlich, und das führt zu noch mehr Wartezeiten.

Die Wartezeiten sind tendenziell umso länger, je größer – bei gegebenem Mittelwert – die Schwankungen der Bearbeitungszeiten und der Zwischenankunftszeiten sind. Um unser Modell des Inbound Call Centers vollständig zu machen, benötigen wir also noch Annahmen darüber, wie stark diese Zeiten schwanken. Dazu treffen wir nun die drei folgenden zusätzlichen Annahmen, mit denen unser Modell dann komplett ist:

- Die Zwischenankunftszeiten der Anrufe folgen alle einer einheitlichen Exponentialverteilung und sind voneinander unabhängig.
- Die Bearbeitungszeiten für die Anrufe folgen alle einer einheitlichen Exponentialverteilung und sind voneinander unabhängig.
- Die Wartezeittoleranz der Anrufer folgt ebenfalls einer einheitlichen Exponentialverteilung und auch die Toleranzen verschiedener Anrufer sind voneinander unabhängig.

Was bedeutet das nun mit der Exponentialverteilung? Dies läßt sich sehr gut am Beispiel der Zwischenankunftszeiten der Anrufer verdeutlichen. Stellen wir uns vor, im Mittel geht alle zwei Minuten ein Anruf ein. Dann ist die Rate λ von Anrufen 0.5 (pro Minute). Betrachten Sie nun die Abbildung 2.5. Sie können die dort abgetragene Wahrscheinlichkeitsdichte so ähnlich wie eine relative Häufigkeit interpretieren: Ein großer Teil der Anrufe kommt in Abständen zwischen 0 und 2 Minuten (genau sind es $1 - e^{-0.5 \cdot 2} = 1 - e^{-1} = 63.2\%$), aber es gibt auch einige Zwischenankunftszeiten, die sehr viel größer sind. Diese Werte lassen sich auch aus der Abbildung 2.5 "ablesen". Betrachtet man die Fläche unter der Kurve der Wahrscheinlichkeitsdichte zwischen den Zeitpunkten $t = 0$ und $t = 2$, so hat diese gerade eine Größe von 0.632.

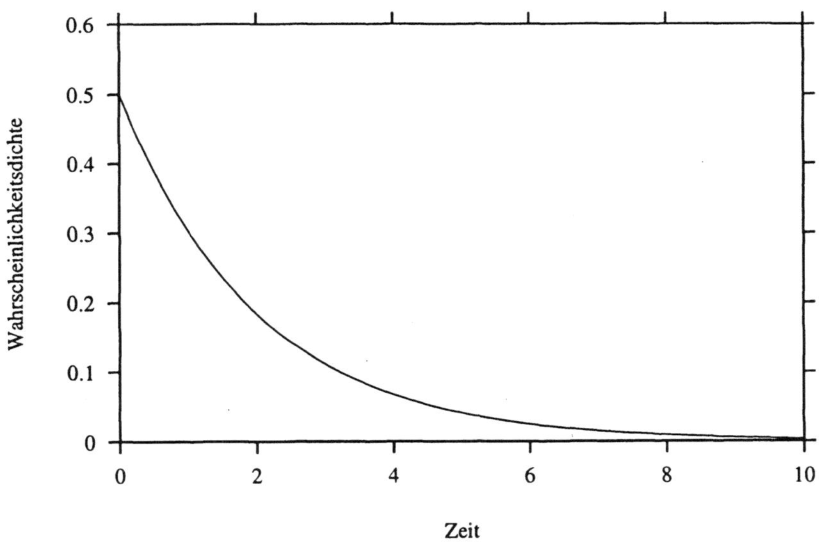

Abb. 2.5. Dichtefunktion der Exponentialverteilung für eine mittlere Zwischenankunftszeit der Anrufer von zwei Minuten

Die Exponentialverteilung hat die angenehme Eigenschaft, daß man mit ihr noch halbwegs rechnen kann, was bei vielen anderen Verteilungen nicht der Fall ist. Leider gibt es aber im Leben nichts umsonst, und so ist es auch mit der Exponentialverteilungsannahme. Wenn man unterstellt, daß irgendeine Zeitdauer exponentialverteilt ist, so unterstellt man damit auch, daß die Kenntnis, wieviel von dieser Dauer bereits vergangen ist, *keinerlei Aussage darüber gestattet, wieviel von dieser Dauer man noch vor sich hat.* Diese als "Gedächtnislosigkeit" bezeichnete Eigenschaft der Exponentialverteilung ist eine ziemlich gute Beschreibung der Dauer von Zwischenankunftszeiten, weil die Anrufer ja nicht miteinander verabreden, zu bestimmten Zeitpunkten anzurufen. Leider ist die Exponentialverteilung keine sehr gute Beschreibung der Dauer von Arbeitsprozessen wie z.B. der Gesprächsführung, weil die Gespräche im Call Center häufig einem standardisierten Ablauf folgen und man deshalb in vielen Fällen sehr wohl sagen kann, daß ein bestimmtes Gespräch gleich vorbei sein wird. Andererseits gibt es aber auch immer wieder sehr kurze Gespräche (wenn der Kunde aus seinem Büro anruft und der Chef kommt herein) und sehr lange (wenn richtig komplizierte Probleme zu lösen sind, Kunde und Agent Kommunikationsprobleme haben – oder aber sich gegenseitig *sehr* sympathisch sind).

Für unsere Zwecke ist die Annahme, daß alle Zeitdauern exponentialverteilt sind, also weder ideal noch vollkommen unzweckmäßig. Sie ist ein erster Ansatz, der seine Grenzen hat, und wenn man sich dieser Grenzen bewußt ist, dann kann man mit dieser Annahme schon recht weit kommen.[1]

Vielleicht haben Sie schon einmal den Begriff "*Erlang-C*"-Modell gehört. Das Erlang-C-Modell ist eine vereinfachte Fassung des Modells, das wir Ihnen eben vorgestellt haben.[2] Das Erlang-C-Modell ist aber aus unserer Sicht zur Analyse eines Inbound Call Centers *nicht* gut geeignet, denn es baut auf den zwei folgenden (von unserem Modell abweichenden) Annahmen auf:

- Die Anrufer sind geduldig.
- Es gibt unendlich viele Telefonleitungen.

Warum ist uns dieser Punkt wichtig? Nun, nach unserem Eindruck folgt man in der Praxis bei der Personalbedarfsrechnung für ein Inbound Call Center häufig einem von zwei Irrwegen: Entweder rechnet man auf der Basis von Mittelwerten so, als sei das Call Center ein deterministisches System, in dem die Zwischenankunftszeiten und die Bearbeitungszeiten konstant sind (der Fall in Abbildung 2.2). Daß das schiefgehen kann, wissen wir ja schon. Oder man rechnet (insbesondere in kommerziellen Systemen zur Personalbedarfs- und -einsatzplanung) mit dem Erlang-C-Modell und liegt dann auch daneben.

Wir werden Ihnen später noch demonstrieren, daß diese beiden Annahmen definitiv *zu grobe* Vereinfachungen sind, denn insbesondere die Ungeduld der Anrufer hat einen erheblichen Einfluß auf das, was im Call Center passiert.

Auf der Basis unserer Modellannahmen kann man eine ganze Reihe von Formeln herleiten, mit denen sich *Kenngrößen* für unser Call Center ausrechnen lassen. Einige

---

[1] Für die Mathematiker unter Ihnen: Was wir jetzt zusammengetragen haben, sind die Annahmen des sogenannten $M/M/c/K + M$-Modells, siehe Whitt (1999a), Brandt und Brandt

Tabelle 2.1. Kenngrößen des Call-Center-Modells mit ungeduldigen Anrufern und begrenzter Anzahl Telefonleitungen

$\mathrm{P}(A)$	Anteil der Anrufer, die auflegen
$\mathrm{P}(B)$	Anteil der Anrufer, die das Besetztzeichen erhalten
$\mathrm{P}(S)$	Anteil der Anrufer, die den Service erhalten
$\mathrm{P}(Z)$	Anteil der Anrufer, die vor dem Warten zurückscheuen
$\mathrm{P}(W \leq \tau \mid S)$	Wahrscheinlichkeit, daß die zufällige Wartezeit W eines letztlich bedienten Anrufers nicht größer ist als τ ZE (in der Praxis häufig als "Servicelevel" bezeichnet)
$\mathbf{E}[W \mid S]$	Mittlere Wartezeit bedienter Anrufer
$\mathbf{E}[L_S]$	Mittlere Anzahl von Anrufern im System
$\mathbf{E}[L_Q]$	Mittlere Anzahl von Anrufern in der Warteschlange (Queue)
λ^{eff}	Ankunftsrate von Anrufern bei den Agenten
$\mathbf{E}[u]$	Mittlere Auslastung der Agenten

dieser Größen sind in Tabelle 2.1 zusammengefaßt. So interessiert man sich z.B. für den Anteil der Anrufer, der letztlich bedient wird. In der Praxis wird diese Größe gerne als "Erreichbarkeit" bezeichnet und im Nachhinein (ex post) als das Verhältnis von bearbeiteten zu eingegangenen Anrufen berechnet. Mit unserem Modell können wir die Erreichbarkeit *vorab* ermitteln. Wie das? Nun, unser Modell gestattet es uns, die Wahrscheinlichkeit verschiedener Ereignisse auszurechnen, die einen Anrufer treffen können. Da wären z.B.

- das Ereignis B (für das Besetztzeichen),
- das Ereignis Z (der Anrufer kann nicht sofort bedient werden und scheut vor der Warteschlange zurück),
- das Ereignis A (der Anrufer legt nach einer gewissen Wartezeit auf) und
- das Ereignis S (der Anrufer erreicht einen Agenten und erhält den gewünschten Service).

Die Wahrscheinlichkeit $\mathrm{P}(S)$ eines Anrufers, letztlich durch einen Agenten den gewünschten Service zu erhalten, ergibt sich dann indirekt über die Wahrscheinlichkeit $\mathrm{P}(B)$, das Besetztzeichen zu erhalten, die Wahrscheinlichkeit $\mathrm{P}(Z)$, vor der Warteschlange zurückzuscheuen sowie die Wahrscheinlichkeit $\mathrm{P}(A)$, während des Wartens selbst aufzulegen zu

$$\mathrm{P}(S) = 1 - \mathrm{P}(B) - \mathrm{P}(Z) - \mathrm{P}(A). \tag{2.1}$$

Weil wir für unser Modell die Wahrscheinlichkeiten $\mathrm{P}(B)$, $\mathrm{P}(Z)$ und $\mathrm{P}(A)$ ausrechnen können, sind wir jetzt auch in der Lage, vorab zu sagen, wie groß die "Erreichbarkeit" $\mathrm{P}(S)$ sein wird.

(1999), Stolletz (2003), Helber et al. (2003). Eine gute Einführung in die Warteschlangentheorie finden Sie bei Gross und Harris (1998).

[2] Siehe dazu Gross und Harris (1998, S. 69ff.).

Man muß in diesem Modell unterscheiden zwischen der Rate λ, mit der Anrufe beim Call Center ankommen und der geringeren Rate λ^{eff}, mit der Anrufe bei den Agenten ankommen und das System nach erfolgter Bedienung wieder verlassen: $\lambda > \lambda^{eff}$. Diese effektive Ankunftsrate λ^{eff} von Anrufen bei den Agenten ergibt sich aus der Anrufrate λ und der Bedienwahrscheinlichkeit $\mathrm{P}(S)$ zu

$$\lambda^{eff} = \mathrm{P}(S) \cdot \lambda. \tag{2.2}$$

Die Wahrscheinlichkeit $\mathrm{P}(Z)$, daß ein zufällig gewählter Anrufer das Call Center verläßt, weil er vor dem Warten zurückscheut, darf nicht verwechselt werden mit der *bedingten* Wahrscheinlichkeit β, daß er vor dem Warten zurückscheut, sofern im Moment des Eintreffens kein Agent verfügbar ist. Die erste Größe ist ein Ergebnis der Planung und die zweite eine Eigenschaft der Anrufer.

Andere wichtige Kenngrößen in Tabelle 2.1 sind die mittlere Wartezeit der letztlich bedienten Anrufer $\mathbf{E}[W|S]$, die mittlere Anzahl wartender Anrufer $\mathbf{E}[L_Q]$ und die mittlere Auslastung $\mathbf{E}[u]$. Die mittlere Auslastung der Agenten bezeichnen wir auch als *Netto-Auslastung* und berechnen sie über die effektive Ankunftsrate λ^{eff} zu

$$\mathbf{E}[u] = \frac{\lambda^{eff}}{c\mu} = \frac{\mathrm{P}(S) \cdot \lambda}{c\mu}. \tag{2.3}$$

Man kann auch aus der Arbeitslast

$$a = \frac{\lambda}{\mu} \tag{2.4}$$

und der Agentenzahl c die *Brutto-Auslastung* $\frac{\lambda}{c\mu}$ und daraus über die Bedienwahrscheinlichkeit oder Erreichbarkeit $\mathrm{P}(S)$ gemäß

$$\mathbf{E}[u] = \frac{a}{c}\mathrm{P}(S) \tag{2.5}$$

die Netto-Auslastung aus der Arbeitslast, der Agentenzahl und der Erreichbarkeit berechnen.

Vielleicht fragen Sie sich gerade, wie man denn alle die anderen interessanten Kenngrößen in Tabelle 2.1 *konkret* berechnen kann. Wo sind die Formeln? Dazu gibt es eine gute und eine schlechte Nachricht. Fangen wir einmal mit der schlechten an: Die Formeln sind leider schon so kompliziert, daß Sie mit Papier und Bleistift oder auch mit Ihrem Taschenrechner nicht allzu weit kommen werden. Darüber hinaus sind sie z.T. auch nicht besonders anschaulich. Die gute Nachricht lautet folgendermaßen: Die Formeln lassen sich mit einem gewissen Geschick z.B. in der Makrosprache eines Tabellenkalkulationsprogrammes programmieren. Ihre Berechnungen machen Sie wohl ohnehin in einem Tabellenkalkulationsprogramm und dann rufen Sie einfach die Makros auf, die Ihnen all die Kenngrößen in Tabelle 2.1 berechnen und fertig sind Sie. Jetzt bleibt das Problem, die entsprechenden Makros zu programmieren, die diese Rechenarbeit übernehmen. Zu diesem Zweck finden Sie inm Anhang A ab Seite 207 die erforderlichen Formeln. Wenn Ihnen das zu mühsam ist, können Sie sich auch direkt an die Autoren wenden.

2.3 Einige erste Einsichten: So hängen die Kenngrößen zusammen

Jetzt wollen wir Ihnen einmal zeigen, was man an diesem einfachen Modell bereits alles lernen kann. An einem Beispiel untersuchen wir, wie stark das Verhalten des Systems davon abhängt, ob die Anrufer ungeduldig und die Wartepositionen beschränkt sind oder nicht.[3] Dazu unterstellen wir in einigen Modellrechnungen, daß in einem Inbound Call Center $\lambda = 10$ Anrufe pro Minute eingehen und die mittlere Gesprächsdauer 590 Sekunden beträgt, also $\frac{1}{\mu} = \frac{590}{60}$ Minuten. Daraus folgt eine Arbeitslast von $\frac{\lambda}{\mu} = 98.33$ Erlangs. Wären die Anrufer geduldig und unendlich viele Telefonleitungen verfügbar (das wird im Erlang-C-Modell angenommen, siehe S. 18), dann würde man also mindestens 99 Agenten benötigen, um überhaupt ein stabiles System zu erhalten.

Tabelle 2.2. Vergleichsrechnung

Fall	1	2	3	4	5	6
c	99	99	99	99	90	90
q	∞	101	101	101	110	3
β	-	-	0	0.1	0.1	0.1
ν	-	-	0.5	0.5	0.5	0.5
P(S) [%]	100	99.42	94.83	94.30	88.39	87.76
P(B) [%]	-	0.58	0.00	0.00	0.00	7.07
P(Z) [%]	-	-	0.00	2.51	4.58	2.79
P(A) [%]	-	-	5.17	3.19	7.03	2.37
$\mathbf{E}[W\|S]$[Min.]	13.58	3.83	0.09	0.06	0.14	0.05
$\mathbf{E}[L_Q]$	135.76	38.08	1.03	0.64	1.41	0.47
$\mathbf{E}[u]$ [%]	99.33	98.75	94.19	93.67	96.57	95.89

Betrachten wir zunächst den Fall 1, in welchem wir die Ergebnisse des Erlang-C-Modells angeben. Hier wird dem Call Center Manager suggeriert, daß sein Call Center beim Einsatz von 99 Agenten einen für die Anrufer eher unerfreulichen Service bieten wird mit einer mittleren Wartezeit von mehr als 13 Minuten. Die Auslastung der 99 Agenten würde laut Erlang-C mehr als 99% betragen und das hielten die nicht lange durch.

In der Realität ist die Zahl der Telefonleitungen nicht unbegrenzt. Im zweiten Fall weichen wir daher insofern vom Erlang-C-Modell ab, daß wir uns die Ergebnisse für $c = 99$ Agenten und $K = 200$ Telefonleitungen, also $q = 200 - 99 = 101$ Wartepositionen anschauen. Nun erhalten im Mittel 0.58% der Anrufer das Besetztzeichen, also einer von 172 Anrufern. Das ändert die Situation der *anderen* Anrufer

[3] Vgl. Helber et al. (2003).

bereits ganz dramatisch, denn deren mittlere Wartezeit reduziert sich von gut 13 auf knapp vier Minuten (was immer noch viel ist).

Als nächstes sehen wir uns im Fall 3 einmal an, wie sich das Bild ändert, wenn man annimmt, daß die Anrufer im Mittel bereit sind, zwei Minuten zu warten, bevor sie auflegen ($\nu = \frac{1}{2}$ Min.$^{-1}$ = 0.5 Min.$^{-1}$). Jetzt geht die mittlere Wartezeit auf 0.09 Minuten (oder knapp sechs Sekunden) zurück und die Auslastung der Agenten reduziert sich auf gut 94%, weil in diesem Fall 5.17% der Anrufer auflegen, ohne einen Agenten zu erreichen. Wenn man zusätzlich annimmt, daß $\beta = 0.1 = 10\%$ der Anrufer überhaupt nicht bereit sind zu warten (Fall 4), so reduzieren sich die Wartezeiten der anderen Anrufer noch weiter. Vergleicht man die Fälle drei und vier mit dem Fall zwei, so fällt auf, daß aufgrund der Ungeduld der Anrufer nun praktisch kein Anrufer mehr ein Besetztzeichen erhält ($\mathrm{P}(B) = 0$).

Bislang sind wir in Tabelle 2.2 immer davon ausgegangen, daß 99 Agenten zur Verfügung stehen. Wir könnten uns ja auch in bezug auf das Anrufaufkommen verschätzt und daher "nur" 90 Agenten eingeplant haben. Wären die Anrufer geduldig und die Telefonleitungen beliebig verfügbar, so wäre das System jetzt nicht mehr stabil und die Anzahl der wartenden Anrufer im System würde über alle Grenzen wachsen. In einem realen Call Center kann das natürlich nicht passieren. Bei gleichen Annahmen bezüglich der Geduld der Anrufer zeigt sich dann, daß die Wartezeiten mit 0.14 Minuten immer noch relativ gering sind, der Anteil der bedienten Anrufer aber von 94.3% auf 88.39% zurückgeht. In dem Fall 6 wird schließlich untersucht, was passiert, wenn man die Anzahl der Warteplätze von 110 auf drei reduziert. Man erkennt, daß der Anteil der bedienten Anrufer minimal zurückgeht, die Wartezeiten dagegen deutlich geringer werden. Im Gegensatz zum Fall 5, in dem die nicht bedienten Anrufer selbst auflegen, wird hier der größte Teil der nicht bedienten Anrufer über das Besetztzeichen blockiert.

In der Gesamtsicht zeigt sich also, daß man mit dem Erlang-C-Modell schon weit daneben liegen kann. Das ist insofern wichtig, als es in der praxisorientierten Literatur vielfach als "das" Modell zur Analyse von Inbound Call Centern dargestellt wird und in vielen Systemen zur Personalbedarfs- und -einsatzplanung implementiert ist. Aus diesem Grund legen wir nachfolgend nur noch das erweiterte Modell zugrunde, in welchem die Anrufer ungeduldig sind und die Anzahl der Telefonleitungen begrenzt ist.

Eine zentrale Frage für den Manager eines Call Centers lautet immer: "Wieviele Agenten setze ich ein?" Einerseits möchte er, daß sein Call Center für die Anrufer gut erreichbar ist und die Anrufer nicht lange warten müssen. Andererseits sollen aber auch nicht zu viele Agenten eingesetzt werden und dann unbeschäftigt herumsitzen. Mit unserem Modell können wir schon einige erste Einsichten gewinnen. Dazu unterstellen wir, daß in einem Call Center in 30 Minuten 360 Anrufe eingehen, die mittlere Gesprächsdauer 120 Sekunden beträgt, nur 10% der Anrufer überhaupt nicht bereit sind zu warten, und die anderen 90% im Mittel bereit sind, eine Wartezeit von 30 Sekunden zu tolerieren - manche mehr und manche weniger. Zunächst wird einen Call Center Manager dann die Frage interessieren, wie groß der Anteil der Anrufer ist, der überhaupt einen Agenten erreicht. Aufschluß darüber gibt der mit dem Warteschlangenmodell aus Abschnitt 2.2 berechnete Graph in der Abbildung 2.6.

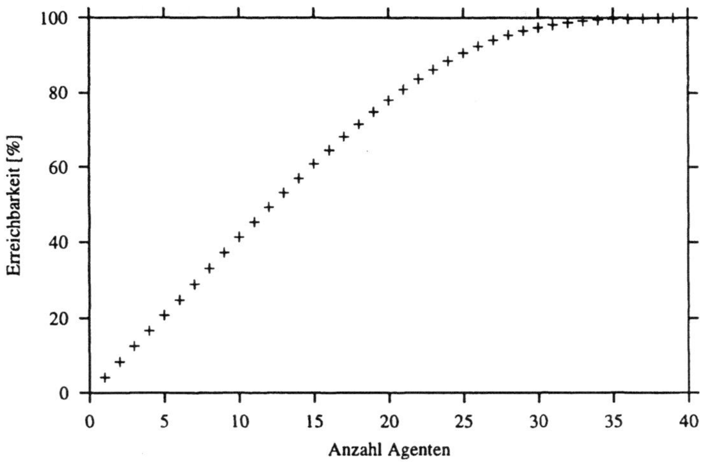

Abb. 2.6. Erreichbarkeit des Call Centers

Man erkennt, daß hier ein nicht-linearer Zusammenhang vorliegt: Während bei einer eher geringen Zahl von Agenten die Wahrscheinlichkeit, daß ein Anrufer bedient wird, praktisch linear mit der Anzahl der Agenten ansteigt, flacht die Kurve in diesem Fall bei etwa 20 Agenten ab.

Unser Manager wird sich (hoffentlich) auch noch die Frage stellen, wie lange denn die bedienten Anrufer letztlich warten mußten. Auch auf diese Frage kann das Warteschlangenmodell eine Antwort geben, die in Abbildung 2.7 dargestellt ist.

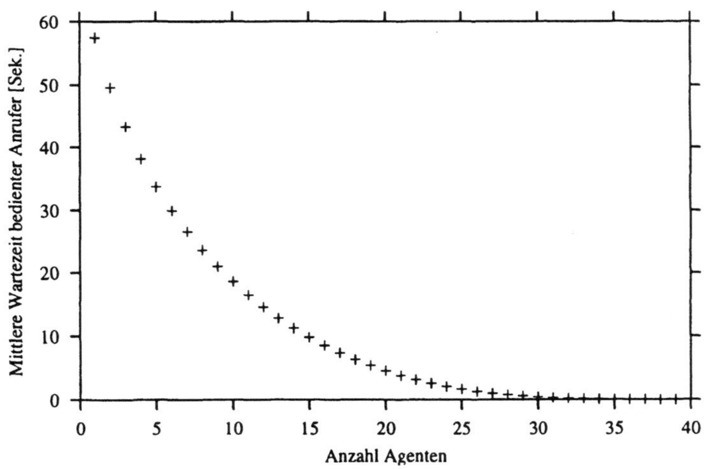

Abb. 2.7. Mittlere Wartezeit der bedienten Anrufer

Hier wird deutlich, daß die mittlere Wartezeit der bedienten Anrufer in diesem Call Center beim Einsatz von etwa 20 bis 25 Agenten auf den einstelligen Sekundenbereich sinkt. Natürlich sollte sich der Manager auch die Frage stellen, wie es denn mit der Auslastung seiner Agenten aussieht, wie groß also der Anteil der Zeit ist, den diese beschäftigt sind. Der Einfachheit halber gehen wir davon aus, daß keine Nachbearbeitungszeiten im Anschluß an die Gespräche anfallen. Für diesen Fall entspricht die Auslastung der Agenten dem Anteil an der Gesamtzeit, den sie im Gespräch mit den Anrufern verbringen.

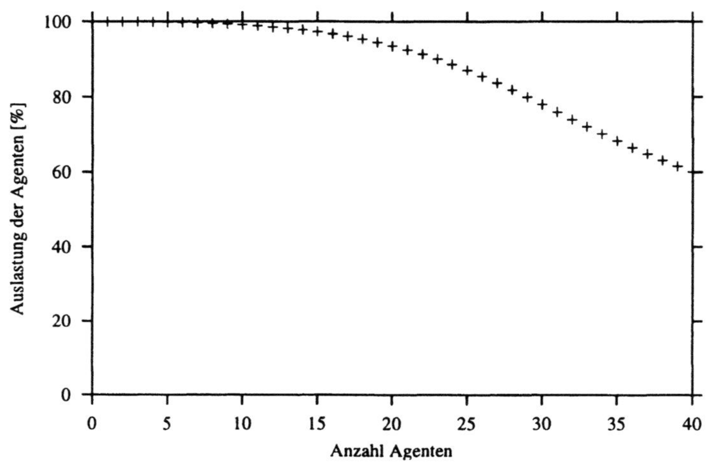

Abb. 2.8. Auslastung der Agenten

Betrachtet man dazu die Abbildung 2.8, so wird deutlich, daß in diesem Fall bis zu einer Agentenzahl von etwa 15 diese praktisch pausenlos telefonieren. In dem Bereich geringer Wartezeiten und hoher Erreichbarkeiten mit 25 bis 30 Agenten sinkt dann die Auslastung der Agenten auf Werte um 80% ab. Auch dieser Zusammenhang ist nicht-linear: Bei geringen Agentenzahlen wird jeder weitere Agent praktisch ununterbrochen telefonieren und damit bleibt die Auslastung zunächst bei knapp 100%. Sie sinkt erst ab ca. 10-15 Agenten.

Die Anzahl der einzusetzenden Agenten ist nicht die einzige "Schraube", an der unser Manager drehen kann. Er kann auch versuchen, durch verschiedenartige Maßnahmen die Gesprächsdauer zu beeinflussen. Auch dies wollen wir anhand des eingeführten Beispiels verdeutlichen. Dazu unterstellen wir, daß die Anzahl eingesetzter Agenten 24 beträgt. Wir nehmen ferner an, daß die mittlere Gesprächsdauer durch verschiedene Maßnahmen zwischen 60 und 180 Sekunden variiert werden kann.[4]

[4] Die mittlere Gesprächsdauer kann z.B. gesteuert werden durch den Einsatz von IVR-Anlagen, durch automatische Ansagen vor Beginn des Gespräches mit dem Agenten, durch standardisierte Dialoge der Gesprächsführung oder durch die Entscheidung über die verschiedenen Themenfelder, die in einem Gespräch überhaupt behandelt werden dürfen.

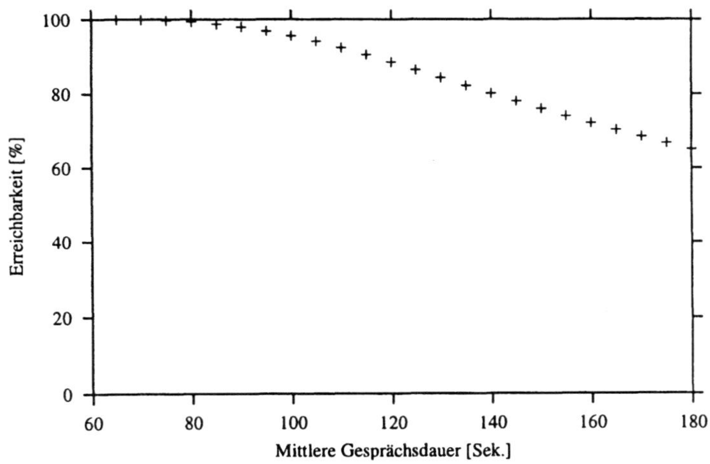

Abb. 2.9. Erreichbarkeit des Call Centers

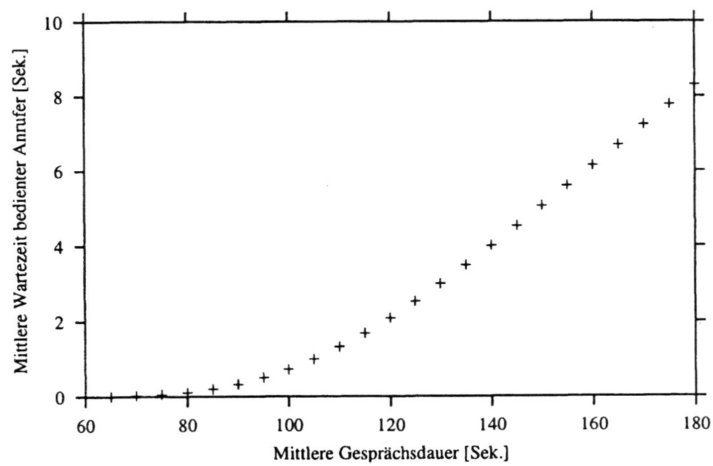

Abb. 2.10. Mittlere Wartezeit der bedienten Anrufer

Aufschluß über die Auswirkungen derartiger Änderungen der mittleren Gesprächsdauern geben die Abbildungen 2.9 bis 2.11. Sie machen deutlich, daß auch in bezug auf die Gesprächsdauer der Zusammenhang zur Erreichbarkeit, Wartezeit und Auslastung nicht-linear ist.

Insgesamt zeigt sich also, daß das in Abschnitt 2.2 eingeführte Grundmodell des Inbound Call Centers bereits mächtig genug ist, um einige wichtige Einsichten in das Verhalten dieses Systems zu gewinnen.

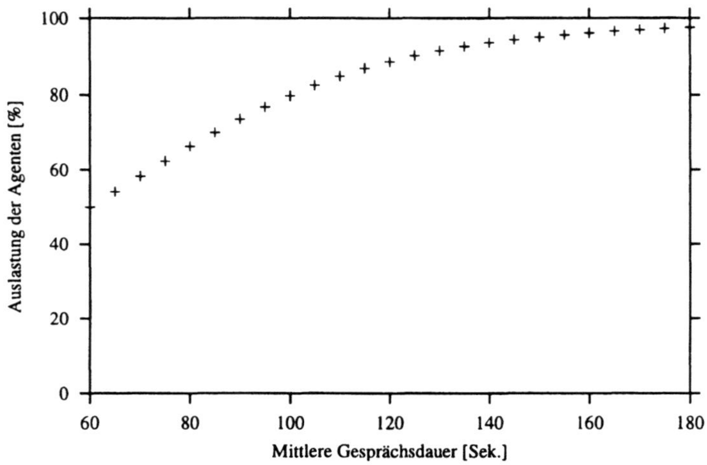

Abb. 2.11. Auslastung der Agenten

2.4 Rechnen Sie doch selbst: Was können Sie von *Ihrem* Call Center erwarten?

Mit dem Grundmodell aus dem Abschnitt 2.2 können wir nicht nur für konstruierte Beispiele wie jene in Abschnitt 2.3 nach den Kenngrößen eines Inbound Call Centers fragen. Wir können damit auch im Sinne eines Benchmarks herausbekommen, mit welcher Performance Sie in Ihrem Inbound Call Center rechnen können. Alles, was wir dafür brauchen, sind Daten über Ihr Call Center, wie z.B. die Anrufer- und die Agentenzahl und ein Programm, das uns diese Daten dann auswertet. Ein solches Programm kann man sich selbst schreiben – sofern man hinreichend Zeit und gute Kenntnisse in Warteschlangentheorie und Numerik hat. Die dazu notwendigen Formeln sind ja im Anhang dieses Buches enthalten. In diesem Abschnitt wollen wir Ihnen statt dessen die schnelle Lösung für Eilige vorstellen, das Programm *4CallCenters*. Unter der Adresse "http://iew3.technion.ac.il/serveng/" finden Sie im Internet eine Seite, von der aus Sie dieses Programm als Freeware herunterladen und auf Ihrem PC installieren können.

Nach dem Aufruf des Programms sehen Sie die Oberfläche in der Abbildung 2.12, mit der Sie nun bereits unmittelbar rechnen können. Dazu geben wir z.B. zu den vorgegebenen Werten von 10 Agenten und von einer (mittleren) Gesprächsdauer von einer Minute ein Anrufaufkommen von 550 Anrufen je Stunde ein und erhalten über den Befehl "Compute" die am unteren Bildrand angegebenen Werte. Dort erkennen wir, daß die berechnete Auslastung der Agenten für dieses Scenario 83.2% beträgt, dabei 73.2% aller Anrufer innerhalb der Zeitvorgabe ("Target Time") von 10 Sekunden einen Agenten erreichen, die durchschnittliche Wartezeit ("Average Speed of Answer", ASA) 5.0 Sekunden beträgt und daß im Mittel 0.8 Anrufer in der Schlange stehen.

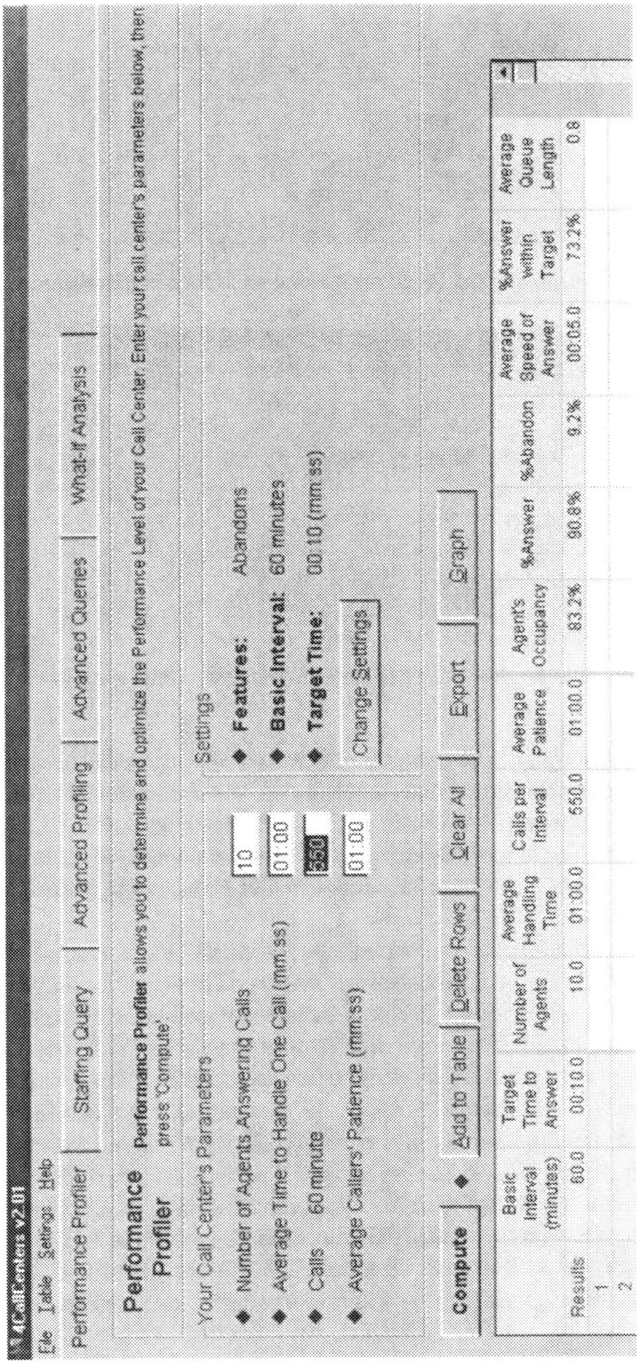

Abb. 2.12. Hauptseite von *4CallCenters* mit Berechnungsbeispiel

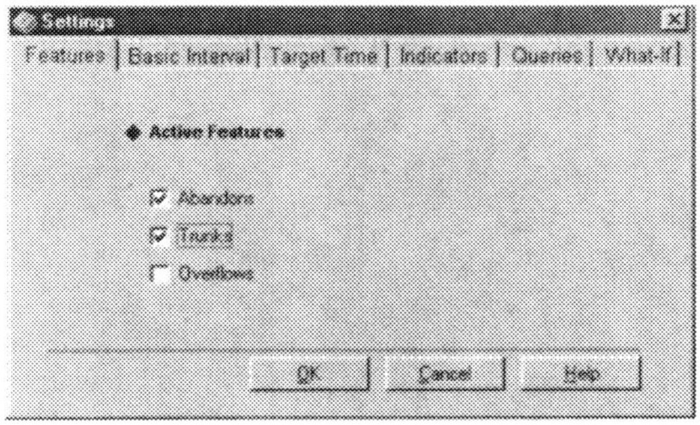

Abb. 2.13. Konfiguration des Programms hinsichtlich der Modellannahmen

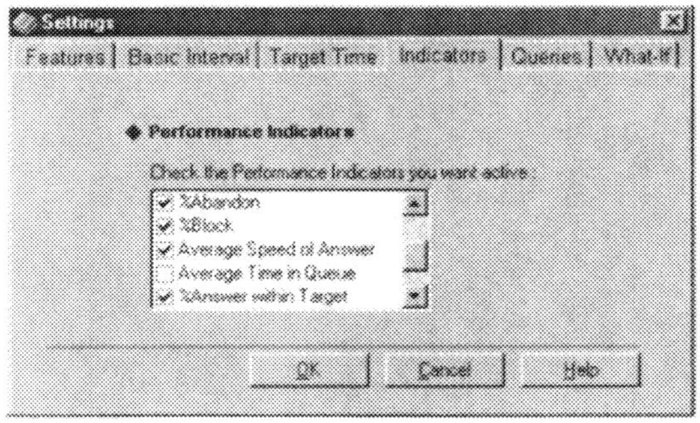

Abb. 2.14. Konfiguration des Programms hinsichtlich der Kenngrößen

Die in der Abbildung 2.12 dargestellten Berechnungsergebnisse beziehen sich auf den Fall einer unendlichen Leitungskapazität. Über den Befehl "Change Settings" können wir wie in der Abbildung 2.13 gezeigt festlegen, daß im folgenden mit der Annahme einer beschränkten Anzahl der Telefonleitungen (engl. *trunks*) gerechnet werden soll. Wir unterstellen bei den weiteren Berechnungen, daß 50 Telefonleitungen existieren.

Über die Option "Indicators" im Bereich der "Settings" kann man die anzuzeigenden Kenngrößen auswählen. Dabei werden zwei verschiedene mittlere Wartezeiten unterschieden: Die als "Average Speed of Answer" bezeichnete Wartezeit ist die der bedienten Anrufer, während die "Average Time in Queue" die Wartezeit über alle Anrufer bezeichnet und damit auch diejenigen beinhaltet, die aufgelegt haben.

Man kann nun einen Parameter wie z.B. die Agentenzahl systematisch variieren und die Berechnungsergebnisse in eine Tabelle kopieren lassen, wie sie in der Abbildung 2.15 dargestellt ist. Auf diese Weise ist es möglich, Berechnungen wie jene in dem Abschnitt 2.3 ohne großen Aufwand durchzuführen. Das von *4CallCenters* verwendete Warteschlangenmodell für ungeduldige Anrufer unterscheidet sich lediglich in einem Punkt von dem in Abschnitt 2.2: Im Modell von *4CallCenters* wird unterstellt, daß sich jeder nicht blockierte Anrufer in die Warteschlange ein-

	Number of Agents	Average Handling Time	Calls per Interval	Average Patience	Number of Trunks	Agent's Occupancy	%Answer	%Abandon	%Block	Average Speed of Answer	%Answer within Target	Average Queue Length
Results	4.0	01:00.0	550.0	01:00.0	50.0	99.4%	43.4%	56.6%	0.0%	00:43.3	4.7%	5.2
1	5.0	01:00.0	550.0	01:00.0	50.0	98.5%	53.7%	46.3%	0.0%	00:32.1	10.9%	4.2
2	6.0	01:00.0	550.0	01:00.0	50.0	97.0%	63.5%	36.5%	0.0%	00:23.4	20.5%	3.3
3	7.0	01:00.0	550.0	01:00.0	50.0	94.7%	72.3%	27.7%	0.0%	00:16.6	33.1%	2.5
4	8.0	01:00.0	550.0	01:00.0	50.0	91.5%	79.9%	20.1%	0.0%	00:11.5	47.2%	1.8
5	9.0	01:00.0	550.0	01:00.0	50.0	87.6%	86.1%	13.9%	0.0%	00:07.7	61.1%	1.3
6	10.0	01:00.0	550.0	01:00.0	50.0	83.2%	90.8%	9.2%	0.0%	00:05.0	73.2%	0.8
7	11.0	01:00.0	550.0	01:00.0	50.0	78.5%	94.2%	5.8%	0.0%	00:03.1	82.8%	0.5
8	12.0	01:00.0	550.0	01:00.0	50.0	73.8%	96.5%	3.5%	0.0%	00:01.8	89.6%	0.3
9	13.0	01:00.0	550.0	01:00.0	50.0	69.1%	98.0%	2.0%	0.0%	00:01.0	94.1%	0.2
10	14.0	01:00.0	550.0	01:00.0	50.0	64.8%	98.9%	1.1%	0.0%	00:00.6	96.9%	0.1
11	15.0	01:00.0	550.0	01:00.0	50.0	60.8%	99.5%	0.5%	0.0%	00:00.3	98.4%	0.1
12												
13												
14												
15												
16												

Settings

Parameters

Indicators

Abb. 2.15. Kenngrößen für das Modell mit ungeduldigen Anrufern und begrenzter Leitungskapazität bei Agentenzahlen von 4 bis 15

reiht, also in der Terminologie des von uns verwendeten Modells der Anteil β der zurückscheuenden Anrufer den Wert Null hat.[5]

Darüber hinaus bietet *4CallCenters* auch noch eine Reihe weiterer Möglichkeiten zum Durchführen von Berechnungen und zum Exportieren und Visualisieren der Ergebnisse. So kann man z.B. über ein "Staffing Query" der Frage nachgehen, wieviele Agenten man denn benötigt, wenn deren Auslastung 95% betragen soll. Der Abbildung 2.16 kann man entnehmen, daß man mit sieben Agenten knapp unter der angestrebten Auslastung liegt, mit sechs dagegen deutlich darüber. Die Abbildung 2.17 zeigt analog eine Analyse für das Ziel einer Erreichbarkeit der Agenten im Bereich von 95%. Für eine derartige Erreichbarkeit werden also 11 oder 12 Agenten benötigt.

2.5 Der Tag hat viele Stunden: So aggregieren Sie die Kenngrößen

Jeder Call Center Manager weiß, daß sich der Zustand seines Call Centers praktisch ständig ändert und stellt sich dann die Frage, wie z.B. eine ganze Woche oder ein ganzer Monat im Vergleich zu früheren Wochen oder Monaten zu sehen ist. Weil das Anrufaufkommen, die Agentenzahl und möglicherweise auch die mittlere Gesprächsdauer in einem typischen Call Center ständig schwankt, sollte man in der Lage sein, das Verhalten eines Call Centers über einen *längeren Zeitraum* zu quantifizieren. Bei den Anrufen liegt die Lösung noch auf der Hand, denn die kann man stunden-, tage- und wochenweise addieren. Wie aber geht man mit der mittleren Wartezeit um oder mit der Auslastung der Agenten? Hier ist eine Gewichtung erforderlich, um zu einem sinnvollen Gesamtbild für einen längeren Zeitraum zu kommen.[6]

So kann man z.B. nach der aggregierten mittleren Wartezeit $\mathbf{E}[W|S]^{aggr}$ der bedienten Anrufer über einen längeren Zeitraum fragen. Dazu bietet sich eine Gewichtung mit der Rate von Anrufen λ_t in jeder der T Perioden an:

$$\mathbf{E}[W|S]^{aggr} = \frac{\sum_{t=1}^{T} \lambda_t \mathbf{E}[W_t|S]}{\sum_{t=1}^{T} \lambda_t} \tag{2.6}$$

Hier ist $\mathbf{E}[W_t|S]$ der Mittelwert der Wartezeit W_t eines Anrufers in Periode t unter der Bedingung S, daß der Anrufer tatsächlich bedient wird. (Er könnte schließlich auch durch das Besetztzeichen blockiert werden oder auflegen.) Auch den Anteil der Anrufer, die letztlich bedient werden, das Besetztzeichen erhalten, vor dem Warten zurückscheuen oder nach einer gewissen Wartezeit auflegen, kann man in dieser Weise ermitteln. Hinsichtlich der Auslastung der Agenten bietet sich eine Gewichtung mit der Anzahl c_t der jeweils in Periode t eingesetzten Agenten an:

[5] Wer mit zurückscheuenden Anrufern rechnen möchte, also dem Fall $\beta > 0$, der muß auf die Formeln in unserem Anhang zurückgreifen.

[6] Vgl. Helber und Stolletz (2003).

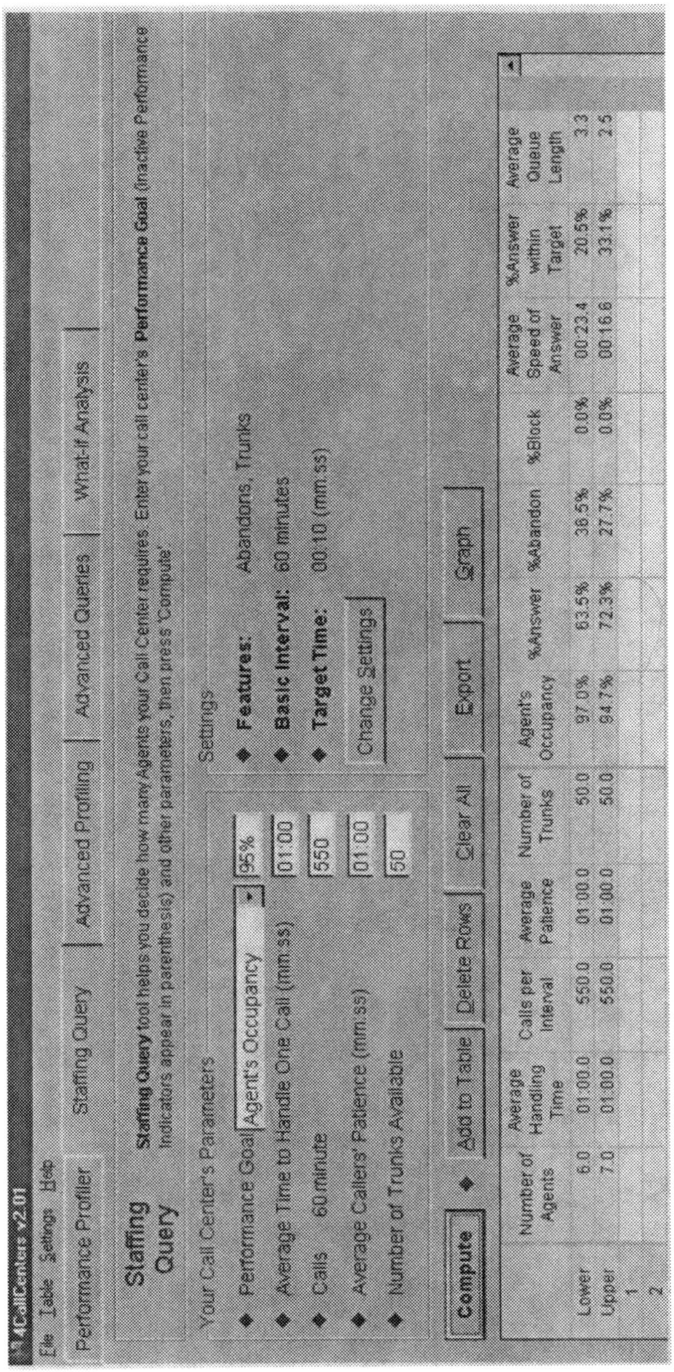

Abb. 2.16. Agentenzahlen und Kenngrößen für eine Auslastung der Agenten im Bereich von 95%

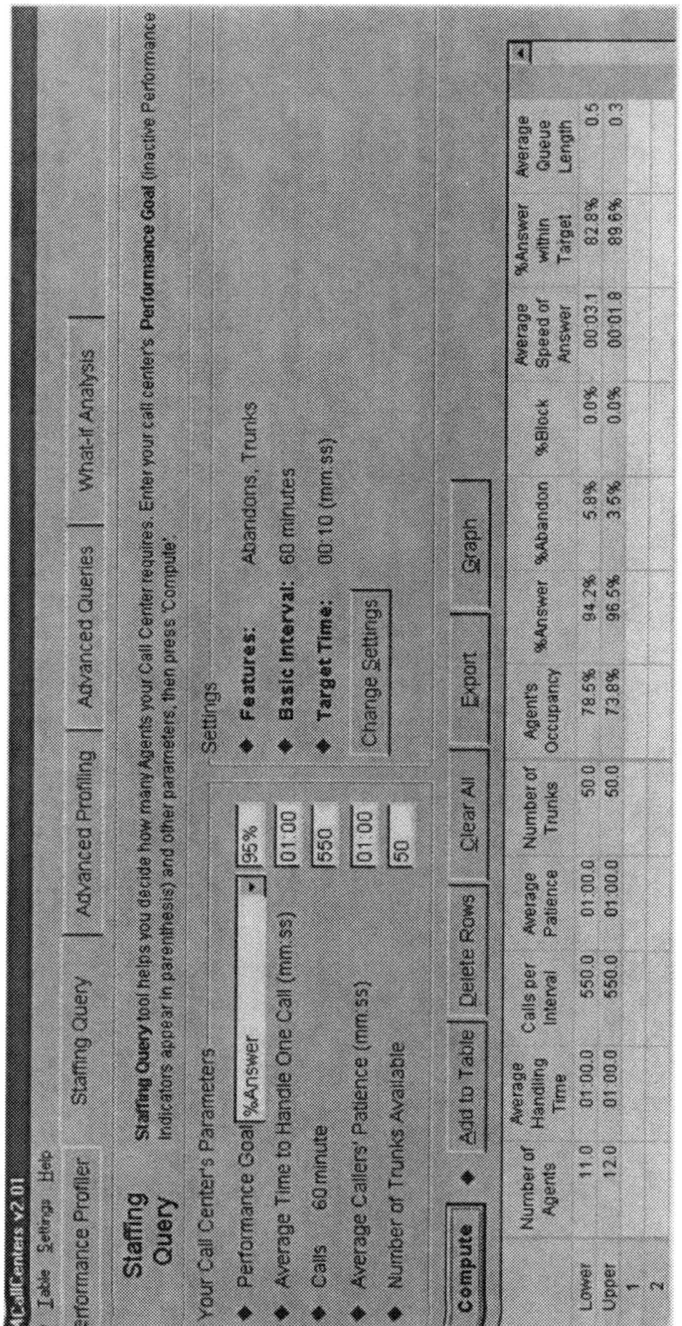

Abb. 2.17. Agentenzahlen und Kenngrößen für eine Erreichbarkeit der Agenten im Bereich von 95%

$$\mathbf{E}[u]^{aggr} = \frac{\sum_{t=1}^{T} c_t \mathbf{E}[u_t]}{\sum_{t=1}^{T} c_t} \tag{2.7}$$

Einen Überblick über die Berechnung der verschiedenen aggregierten Systemgrößen gibt die Tabelle 2.3.

Tabelle 2.3. Aggregierte Systemgrößen

Aggregierte Systemgröße	Berechnung
Anteil bedienter Anrufer	$\mathrm{P}(S)^{aggr} = \sum_{t=1}^{T} \lambda_t \mathrm{P}(S_t) \Big/ \sum_{t=1}^{T} \lambda_t$
Anteil blockierter Anrufer	$\mathrm{P}(B)^{aggr} = \sum_{t=1}^{T} \lambda_t \mathrm{P}(B_t) \Big/ \sum_{t=1}^{T} \lambda_t$
Anteil zurückscheuender Anrufer	$\mathrm{P}(Z)^{aggr} = \sum_{t=1}^{T} \lambda_t \mathrm{P}(Z_t) \Big/ \sum_{t=1}^{T} \lambda_t$
Anteil auflegender Anrufer	$\mathrm{P}(A)^{aggr} = \sum_{t=1}^{T} \lambda_t \mathrm{P}(A_t) \Big/ \sum_{t=1}^{T} \lambda_t$
Wartezeit bedienter Anrufer	$\mathbf{E}[W\vert S]^{aggr} = \sum_{t=1}^{T} \lambda_t \mathbf{E}[W_t \vert S] \Big/ \sum_{t=1}^{T} \lambda_t$
Auslastung	$\mathbf{E}[u]^{aggr} = \sum_{t=1}^{T} c_t \mathbf{E}[u_t] \Big/ \sum_{t=1}^{T} c_t$
Eingesetzte Agentenstunden	$c^{aggr} = \sum_{t=1}^{T} c_t$

Diese aggregierten Kenngrößen sind nicht nur wichtig, um die Ist-Daten eines längeren Zeitabschnitts verdichten zu können. Man wird sie auch für Planungszwecke heranziehen, weil aufgrund der kurzen Periodenlänge von z.B. 30 Minuten die aufeinanderfolgenden Perioden im Regelfall gemeinsam betrachtet werden müssen. Dies folgt zum einen daraus, daß die Agenten regelmäßig nicht bereit sind, lediglich 30 Minuten zu arbeiten, und zum anderen daraus, daß die insgesamt einplanbare Kapazität der Agenten häufig *begrenzt* ist. Dann stellt sich die Frage, auf welche Zeiträume man sich bei der Allokation der Agentenkapazität konzentrieren sollte. Dieser Frage werden wir im folgenden noch ausführlich nachgehen.

2.6 Literaturhinweise

2.6.1 Allgemeine Literatur zum Call Center Management

Zahlreiche Veröffentlichungen zum Call Center Management sind stark praxisorientiert, so z.B. Anton et al. (1999), Hachenberger (1999), Henn et al. (1998), Menzler-Trott (1999), Thieme und Steffen (1999), Wiencke und Koke (1999). In derartigen

Schriften werden die Aufgaben, Betriebsformen, (Planungs-)Prozesse und Technologien in aller Regel aus Anwendersicht und im Überblick dargestellt. Dabei wird nach unserem Eindruck häufig aus der Perspektive des Marketings, der Personalführung oder der Informatik argumentiert. Auf formale Modelle gestützte Analysen findet man in diesem Zweig der Literatur nach unserem Eindruck höchst selten. Gerade diese sind jedoch für eine systematische Optimierung der Strukturen und Prozesse aus produktionswirtschaftlicher Sicht unverzichtbar.

In der stärker wissenschaftlich orientierten Literatur geben Grossman et al. (2001), Gans et al. (2003), Helber und Stolletz (2003) sowie Pinedo et al. (2000) insbesondere produktionswirtschaftlich orientierte Überblicke über Technologien und Planungsansätze für Call Center. Mit Fragen der Organisation und des Marketings im Call Center beschäftigen sich u.a. Denger und Wirtz (1999), Hoffjan (2000), Link (2000), Meier (1997), Nippa und Hachenberger (1999). Probleme der Wirtschaftsinformatik im Call Center behandeln z.B. Hampe und Schönert (1997a,b). Eine umfassende Bibliographie der Call-Center-orientierten Forschungsarbeiten aus den verschiedensten Disziplinen von der Mathematik bis zur Soziologie ist unter Mandelbaum (2003) im Internet verfügbar.

2.6.2 Warteschlangentheoretische Modelle mit Bezügen zum Call Center Management

Zur Analyse von Call Centern wird vor allem auf die Literatur zur Warteschlangentheorie zurückgegriffen, soweit in dieser die Ungeduld der Anrufer in einem Call Center in der Analyse explizit berücksichtigt wird. Einen umfassenden Überblick über Warteschlangenmodelle aus diesem Bereich geben Koole und Mandelbaum (2001) und Stolletz (2003).

In der wissenschaftlichen Literatur sind die verschiedensten Warteschlangenmodelle zu finden, die in irgendeiner Form zur Analyse von Call Centern herangezogen werden können. Dabei können wir zwei Arten von Modellen anhand der Homogenität der Anrufer und der Agenten unterscheiden. Dies sind auf der einen Seite Modelle von Call Centern, in denen sowohl die Anrufer als auch die Agenten als eine jeweils homogene Gruppe angesehen werden können, wie wir dies im Grundmodell in Abschnitt 2.2 angenommen haben. Auf der anderen Seite ist eine Vielzahl von Modellen vorstellbar, in denen entweder die Anrufer oder die Agenten heterogen sind, oder aber sogar beide eine heterogene Struktur aufweisen. Literatur zu einigen von diesen weitaus komplexeren Modellen werden wir später noch vorstellen, wenn wir derartige Systeme untersuchen.

Betrachten wir zunächst den einfacheren Fall von Warteschlangenmodellen mit homogenen Anrufern und homogenen Agenten. Wenn wir über solche Modelle reden oder lesen, dann stoßen wir häufig auf die von Kendall eingeführte Notation für Warteschlangenmodelle. Diese besteht i.d.R. aus einer Zeichenkette der Form $(.)/(.)/c/K$. Die erste Position gibt dabei Auskunft über die Verteilung des Ankunftsprozesses der Anrufer. Sind die Zwischenankunftszeiten der Anrufer wie im

Modell in Abschnitt 2.2 exponentialverteilt, so wird das Symbol M verwendet.[7] Allgemeine Verteilungen werden mit einem G abgekürzt und im Fall von rein deterministischen Ankünften benutzen wir das D.[8] In der zweiten Position der Notation ist die Verteilung der Bedienzeiten festgeschrieben. Diese werden genauso wie die Verteilungen der Zwischenankunftszeiten häufig mit M, G oder D abgekürzt. An der dritten Stelle folgt die Anzahl c identischer Agenten. Die Anzahl der Telefonleitungen bzw. die maximale Anzahl K von Anrufern im gesamten System folgt an letzter Stelle. Gehen wir von einem Modell mit unendlich vielen Wartepositionen aus, dann kann die letzte Position einfach weggelassen werden, oder aber wir lassen dort das Symbol "∞" für Unendlich stehen.

Das einfachste, aber auch am häufigsten benutzte Modell eines Call Centers ist das $M/M/c/\infty$-Modell, welches vielen auch unter dem Namen Erlang-C-Modell bekannt ist. Mit diesem Warteschlangenmodell mit unendlich vielen Wartepositionen und geduldigen Anrufern hat sich der dänische Ingenieur A. K. Erlang erstmals 1917 beschäftigt und die Formeln für einige Kenngrößen hergeleitet.[9] Viele kommerzielle Softwareprogramme zur Personalbedarfs- und -einsatzplanung basieren also auf einem Modell, das um ein Vielfaches älter ist als jedes deutsche Call Center. In vielen Lehrbücher zur Warteschlangentheorie ist eine Herleitung der Kenngrößen dieses Modells angegeben, so z.B. in Gross und Harris (1998) oder in Syski (1986).

Gehen wir nun davon aus, daß die Anzahl der Wartepositionen beschränkt ist, gelangen wir zum $M/M/c/K$ Modell mit $K - c$ Wartepositionen. Auch für dieses Modell läßt sich eine Herleitung der Kenngrößen noch in einigen Lehrbüchern finden (siehe z.B. Gross und Harris (1998), Abschnitt 2.4.).

Kommen wir nun zu Warteschlangenmodellen mit dem für Call Center regelmäßig sehr wichtigen Merkmal der Ungeduld. In der Notation von Kendall kann das Auflegen ungeduldiger Anrufer berücksichtigt werden. Verlassen die Anrufer die Warteschlange nach einer allgemeinverteilten, exponentialverteilten oder deterministischen Wartezeittoleranz, so wird dies durch das Anfügen von "$+G$", "$+M$" oder "$+D$" an die bereits beschriebene Notation gekennzeichnet. Damit wäre die Notation $M/M/c/K + M$ für unser Grundmodell aus Abschnitt 2.2 vollständig.

In der Tabelle 2.4 ist Literatur zu Modellen der Klassen $M/M/c/K + G$, $M/M/c/K + M$ und $M/M/c/K + D$ zusammengestellt. Allen Modellen ist gemein, daß sie das Zurückscheuen von Anrufern vor der Warteschlange nicht berücksichtigen (dies entspricht somit dem Fall $\beta = 0$). Neben der Verteilung der Wartezeittoleranz unterscheiden sich die Modelle noch in einer unterschiedlichen Berücksichtigung der maximalen Anzahl an Wartepositionen. Einige Arbeiten gehen von unendlich vielen Wartepositionen aus, was in der Tabelle durch $K = \infty$ als maximale Systemgröße dargestellt ist. Ist die Anzahl der Anrufer im System beschränkt,

---

[7] Hierbei steht das M für die bereits besprochene Markoveigenschaft, die sich aus der exponentialverteilten Zufallsvariable ergibt.

[8] Es gibt noch weitaus mehr Arten von Verteilungen, die dann auch jeweils eine bestimmte Abkürzung haben, siehe z.B. Gross und Harris (1998).

[9] Vgl. Brockmeyer et al. (1960) S. 138-155.

machen wir dies durch $K < \infty$ deutlich. Einige Aufsätze erlauben die Modellierung beider Fälle, was durch $K \leq \infty$ beschrieben ist.

Tabelle 2.4. $M/M/c/K + (.)$ Modelle mit Auflegern und ohne Zurückscheuen ($\beta = 0$)

Wartezeittoleranz	Referenzen	Max. Systemgröße
allgemein verteilt	Baccelli und Hebuterne (1981)	$K = \infty$
($M/M/c/K + G$)	Boxma und de Waal (1994)	$K = \infty$
	Zohar et al. (2002)	$K = \infty$
	Haviv und Ritov (2001)	$K = \infty$
exponential verteilt	Baccelli und Hebuterne (1981)	$K = \infty$
($M/M/c/K + M$)	Syski (1986)	$K = \infty$
	Fleming et al. (1994)	$K = \infty$
	Boxma und de Waal (1994)	$K = \infty$
	So und Tang (1996)	$K < \infty$
	Brandt et al. (1997)	$K < \infty$
	Garnett et al. (2002)	$K \leq \infty$
deterministisch	Barrer (1957)	$K = \infty$
($M/M/c/K + D$)	Gnedenko und Kovalenko (1989)	$K = \infty$
	Boxma und de Waal (1994)	$K = \infty$
	Boots und Tijms (1999a)	$K = \infty$
	Boots und Tijms (1999b)	$K = \infty$

Kommen wir nun zu Arbeiten, die sich mit beiden Arten der Ungeduld beschäftigen, dem Auflegen und dem Zurückscheuen. Das Zurückscheuen vor einer Warteschlange kann auf zwei unterschiedliche Arten modelliert werden. In dem Grundmodell aus Abschnitt 2.2 sind wir davon ausgegangen, daß ein Anteil β der Anrufer, die nicht sofort bedient werden können, vor der Warteschlange zurückscheut. Dabei haben wir unterstellt, daß dieser Anteil β unabhängig davon ist, wieviel Anrufer schon in der Warteschlange sind. Nun kann man aber auch Call Center modellieren, in denen dem Anrufer die voraussichtliche Wartezeit mitgeteilt wird. Diese hängt vom aktuellen Zustand des Systems ab, also davon, wieviele Anrufer vor ihm in der Schlange warten. Wartet nur ein einziger Anrufer, so wird der Parameter β viel kleiner sein als bei 100 wartenden Anrufern. Wir sprechen in diesem Fall von zustandsabhängigem Zurückscheuen. Die Tabelle 2.5 gibt einen Überblick zu Arbeiten mit konstantem Zurückscheuen, zustandsabhängigem Zurückscheuen und Arbeiten, die beides berücksichtigen. Die dritte Spalte gibt dabei die unterstellte Verteilung der Wartezeittoleranz der Anrufer an. Wie schon in Tabelle 2.4 gibt die letzte Spalte Auskunft über die angenommene maximale Anzahl an Anrufern im System.

Beide Tabellen zeigen, daß Warteschlangensysteme mit ungeduldigen Kunden Gegenstand der aktuellen Forschung sind. Die Frage, welche dieser Modelle mit homogenen Anrufern und Agenten für Call Center am geeignetsten ist, läßt sich leider

Tabelle 2.5. $M/M/c/K + (.)$ Modelle mit Auflegern und verschiedenen Arten des Zurückscheuens vor der Warteschlange

Zurückscheuen	Referenzen	Wartezeittoleranz	Max. Systemgröße
konstant	Montazer-Haghighi et al. (1986)	$+M$	$K = \infty$
	Stolletz (2003)	$+M$	$K < \infty$
zustands-abhängig	Abou-El-Ata und Hariri (1992)	$+M$	$K \leq \infty$
konstant und zustands-abhängig	Movaghar (1996)	$+G, M, D$	$K \leq \infty$
	Movaghar (1998)	$+G, M, D$	$K \leq \infty$
	Whitt (1999a)	$+M$	$K < \infty$
	Whitt (1999b)	$+M$	$K < \infty$
	Brandt und Brandt (1999)	$+G$	$K \leq \infty$
	Brandt und Brandt (2002)	$+G$	$K \leq \infty$

nicht pauschal beantworten. Hierzu muß genau analysiert werden, welche Merkmale der einzelnen Modelle für das betrachtete Call Center wichtig sind, bzw. welche Merkmale des Call Centers in einem Modell abgebildet werden sollten.

In weitaus komplexeren Modellen der Warteschlangentheorie werden sowohl heterogene Anrufergruppen als auch heterogene Agentengruppen betrachtet. Bei diesen Modellen von Call Centern müssen sogenannte Routing-Regeln spezifiziert werden,

3

Zentrale Zielgrößen: Woran wollen Sie sich orientieren?

3.1 Komponenten von Entscheidungsproblemen

In diesem Buch versuchen wir, das Call Center Management aus einer *entscheidungsorientierten Sicht* darzustellen und konzentrieren uns dabei auf die Strukturen und Prozesse der Leistungserstellung. Im täglichen Betrieb ist dabei die Personalbedarfs- und -einsatzplanung von überragender Bedeutung für den wirtschaftlichen Erfolg oder Mißerfolg des Call Centers. Dies folgt aus dem hohen Personalkostenanteil von 60-70% der Gesamtkosten in Verbindung mit der oft hohen Disponibilität des Personals. Die hohe Disponibilität des Personals ergibt sich daraus, daß in Call Centern oft in einem erheblichen Umfang in Teilzeitbeschäftigte eingesetzt werden, mit denen häufig vertraglich eine gewissen Flexibilität in bezug auf die Arbeitszeit vereinbart werden kann. Aus diesem Grund betrachten wir im folgenden jene Zielgrößen und Entscheidungsprobleme, die insbesondere im Bereich der operativen Personalbedarfs- und -einsatzplanung relevant sind.

Wenn man ein Entscheidungsproblem aus wissenschaftlicher Sicht analysiert, so besteht der erste Schritt darin, die vier folgenden Komponenten gedanklich voneinander zu trennen:

- **Die Entscheidungsvariablen:** Als Entscheidungsvariablen bezeichnen wir diejenigen Größen, deren Ausprägung unmittelbar durch eine *Entscheidung des Managements* festgelegt wird. Eine typische Entscheidungsvariable der operativen Personaleinsatzplanung im Inbound Call Center ist die Anzahl der Agenten, die in einem bestimmten Zeitabschnitt am Telefon sitzen.

- **Die Parameter:** Die Parameter des Entscheidungsproblems sind jene Größen, die wir in unserer Entscheidung sinnvollerweise berücksichtigen, die wir aber im *Kontext eines konkreten Entscheidungsproblems als gegeben betrachten.* Ein Beispiel ist die mittlere Gesprächsdauer im Rahmen der Personaleinsatzplanung im Inbound Call Center. Man sollte sich dabei im klaren sein, daß eine Größe wie die mittlere Gesprächsdauer, die im Kontext der Personaleinsatzplanung i.d.R. als exogen gegebener Parameter angesehen wird, in einem *anderen* Entscheidungskontext durchaus den Charakter einer Entscheidungsvariablen annehmen kann. So kann man z.B. auf einer übergeordneten Entscheidungsebene festlegen, daß die Gespräche einen bestimmten normierten Verlauf zu nehmen haben und daß für bestimmte Phasen des Kundenkontakts (z.B. die Identifikationsphase) automatisierte Lösungen mit Computern und Spracherkennungssystemen eingesetzt werden. Dadurch wird die mittlere Gesprächsdauer beeinflußt. Die übergeordnete Entscheidung für eine bestimmte Technologie beeinflußt also die Parameter der untergeordneten Entscheidungsebene. Ob eine Größe als Entscheidungsvariable oder als Parameter angesehen wird, hängt also von der jeweiligen Definition der konkreten Entscheidungssituation ab.

- **Die Zielgröße:** Die Zielgröße oder auch **Zielfunktion** ist eine Berechnungsvorschrift für diejenige Größe, die wir durch unsere Entscheidung maximieren oder minimieren wollen. Diese Größe erlaubt es uns, alternative Lösungen in bezug auf ihre Güte zu vergleichen. Ihr Wert hängt dabei von der Ausprägung der Entscheidungsvariablen ab. So könnte man in der Zielfunktion z.B. fordern, daß die Personalkosten des Mitarbeitereinsatzes minimiert oder die Erreichbarkeit des Call Centers maximiert werden soll.

- **Die Nebenbedingungen:** Die Nebenbedingungen beschränken den Bereich zulässiger Ausprägungen der Entscheidungsvariablen. In ihnen bringen wir zum Ausdruck, wie die Entscheidungsvariablen und die Parameter des Problems miteinander zusammenhängen. Sie beschreiben gewissermaßen die "Mechanik" des Entscheidungsproblems. Durch sie wird zum Ausdruck gebracht, welche Annahmen wir über das reale System getroffen haben, für das wir durch das Modell zu einer Entscheidung gelangen möchten. In den Nebenbedingungen schlägt sich also das nieder, was die Betriebswirte gerne als "Interdependenzen" bezeichnen.[1] So besteht im Bereich der Personaleinsatzplanung eine Interdependenz zwischen der Anzahl eingesetzter Agenten und der mittleren Wartezeit der Anrufer. In einer Nebenbedingung eines Entscheidungsmodells könnte man z.B. fordern, daß die Agentenzahl (eine Entscheidungsvariable) so gewählt wird, daß die mittlere Wartezeit der bedienten Anrufer einen bestimmten Maximalwert (ein Parameter) nicht überschreitet.

Die Parameter unseres Entscheidungsproblems können nun sogenannte *einwertige* Größen sein, wie z.B. die Anzahl der Telefonleitungen. Es können aber auch solche Größen sein, die verschiedene Ausprägungen annehmen können und deren Ausprägung vorab nicht bekannt ist, wie z.B. die Gesprächsdauer. In diesem Fall ist man häufig schon froh, wenn man zu plausiblen Annahmen bezüglich der *Wahrscheinlichkeitsverteilung* der betreffenden Größe gelangt. So nehmen wir häufig an, daß die Zeit zwischen dem Eintreffen zweier unmittelbar aufeinanderfolgender Anrufe der Exponentialverteilung folgt.[2] In diesem Fall wird die Planung insofern schwieriger, als die Nebenbedingungen u.U. nur noch mit einer bestimmten *Wahrscheinlichkeit*

[1] Vgl. dazu Küpper (2001, S. 32ff).
[2] Vgl. Abschnitt 2.2.

eingehalten werden können oder man sich darauf beschränkt, daß die nun ebenfalls zufällige Ausprägung der Zielfunktion z.B. *im Mittel* maximiert werden soll.

Bei all dem sollte man sich immer vor Augen halten, daß Entscheidungsprobleme nicht einfach "da" sind. Entscheidungsprobleme werden durch den Manager und dessen wissenschaftlichen Berater definiert und es hängt von deren Geschick ab, ob das formulierte Entscheidungsproblem in einem konkreten Kontext nützlich ist oder nicht. Die Struktur des Entscheidungsproblems ist also selbst das Ergebnis einer (übergeordneten) Entscheidung.[3]

3.2 Technische Zielgrößen im Inbound-Betrieb

Wenn wir die Parameter und die Entscheidungsvariablen eines Entscheidungsproblems identifiziert und strukturiert haben, stellt sich die zentrale Frage, welcher Art die Zielgröße oder Zielfunktion des Problems denn sein möge. Nach unserem Eindruck orientiert man sich in vielen Call Centern an solchen Größen, die wir in der Tabelle 2.1 auf Seite 19 bereits als Kenngrößen unseres grundlegenden Modells des Inbound Call Centers kennengelernt haben. Von besonders großer Bedeutung sind dabei aus unserer Sicht die folgenden Größen, die vom Planer zu Zielgrößen erhoben werden können:

- **Die Wartezeit:** Wenn man die Wartezeit der Anrufer zur Zielgröße erhebt, so nimmt man gedanklich die Kundenperspektive an und wird in der Regel verlangen, daß die Wartezeiten minimiert werden sollen. Da man nicht weiß, wann die Gespräche hereinkommen und wie lange sie dauern, mithin also eine Entscheidung unter Unsicherheit getroffen werden muß, könnte man fordern, daß die *mittlere* Wartezeit minimiert werden soll. Das klingt nun etwas einfacher als es in der Realität ist, denn gemäß unserem Grundmodell in Abbildung 2.1 auf Seite 14 können ja die Anrufer in unserem Call Center ein ganz unterschiedliches Schicksal haben. Sie können durch das Besetztzeichen blockiert werden (mit Wartezeit Null), sie können sofort auflegen, wenn sie nicht sofort einen Agenten erreichen (ebenfalls mit Wartezeit Null), sie können nach einer gewissen Wartezeit auflegen oder tatsächlich bedient werden, und das u.U. sogar ohne jede Wartezeit. Die mittlere Wartezeit aller Anrufer ist damit keine sehr sinnvolle Zielgröße. Uns interessiert stattdessen die *mittlere Wartezeit der bedienten Anrufer*, die wir in Tabelle 2.1 auf Seite 19 mit dem Symbol $\mathbf{E}[W|S]$ bezeichnet hatten.
  Neben der mittleren Wartezeit der bedienten Anrufer wird vor allem in der praxisorientierten Literatur und in der Software für die computergestützte Personalbedarfs- und -einsatzplanung oft der sogenannte *Servicelevel* als auf die Wartezeit bezogene Kenngröße des Inbound Call Centers genannt. Eine Forderung an die Wartezeit könnte z.B. lauten, daß 80% der Anrufer nicht länger als 20 Sekunden warten müssen, bis sie bedient werden. Diese Forderung wird auch gerne als "80/20-Servicelevel" bezeichnet. Wenn man (wie in der Praxis üblich)

---
[3] Vgl. Ballwieser (1993).

vereinfachend unterstellt, daß alle Anrufer geduldig sind und die Anzahl der Telefonleitungen unendlich ist, dann wird jeder Anrufer bedient, sofern das System überhaupt stabil ist. In diesem Fall gilt für einen einzelnen zufällig gewählten Anrufer, daß seine zufällige Wartezeit W mit einer Wahrscheinlichkeit von 80% nicht länger als 20 Sekunden ist, also $\mathrm{P}(W \leq 20 \text{ Sek.}) = 0.8$. Wir werden im folgenden den so definierten Servicelevel *nicht* als Zielgröße der Planung verwenden. Warum wir dies nicht tun, zeigen wir an dem Beispiel zweier fiktiver Call Center in der Tabelle 3.1.

Tabelle 3.1. Servicelevel und mittlere Wartezeit zweier Call Center

	Call Center 1	Call Center 2
Zustände und Wahrscheinlichkeiten	$\mathrm{P}(W = 0 \text{ Sek.}) = 0.8$ $\mathrm{P}(W = 24 \text{ Sek.}) = 0.2$	$\mathrm{P}(W = 20 \text{ Sek.}) = 0.9$ $\mathrm{P}(W = 300 \text{ Sek.}) = 0.1$
Servicelevel	$\mathrm{P}(W \leq 20 \text{ Sek.}) = 0.8$	$\mathrm{P}(W \leq 20 \text{ Sek.}) = 0.9$
Mittlere Wartezeit [Sek.]	$0.2 \cdot 24 = 4.8$	$0.9 \cdot 20 + 0.1 \cdot 300 = 48$

In dem ersten Call Center warten 80% der Anrufer überhaupt nicht und die anderen 20% der Anrufer "nur" genau 24 Sekunden. In dem zweiten Call Center warten 90% der Anrufer 20 Sekunden und die restlichen 10% genau 300 Sekunden. Bezogen auf die Wartezeitgrenze von 20 Sekunden sieht das zweite Call Center besser aus, weil in diesem 90% der Anrufer nicht länger als 20 Sekunden zu warten haben, im Gegensatz zu den 80% im Call Center 1. Die *mittlere* Wartezeit der Anrufer zeigt jedoch ein ganz anderes Bild: Im Call Center 2 ist diese mit 48 Sekunden 10 mal so groß wie im Call Center 1. Die mittlere Wartezeit gibt also ein Gesamtbild der Wartezeit *aller* Anrufer, während dies der Servicelevel für eine einzelne Wartezeitgrenze von z.B. 20 Sekunden nicht kann. Aus diesem Grund halten wir den Servicelevel für weniger aussagekräftig als die mittlere Wartezeit der Anrufer. Darüber hinaus ist er auch numerisch deutlich aufwendiger zu bestimmen, vgl. dazu Anhang A.

- **Die Bedienwahrscheinlichkeit oder "Erreichbarkeit":** Nach unserem Eindruck interessiert den Call Center Manager oft die Frage am meisten, wie groß der Anteil der Anrufer ist, der letztlich einen Agenten erreicht. Aus der Sicht des einzelnen Anrufers ist dies die Wahrscheinlichkeit, daß er mit einem Agenten sprechen wird, wenn er im Call Center anruft. Für diese Wahrscheinlichkeit hatten wir in Tabelle 2.1 auf Seite 19 das Symbol $\mathrm{P}(S)$ eingeführt. Wenn man die Erreichbarkeit als Zielgröße verwendet, so strebt man regelmäßig deren Maximierung an. Auch mit dieser Zielgröße wird das Ziel der Planung aus der Kun-

- **Die Auslastung:** Die Auslastung der Agenten bezeichnet den Anteil der Zeit, den diese mit der eigentlichen Gesprächsführung und eventueller Nacharbeit verbringen. Für diese Zielgröße hatten wir in Tabelle 2.1 den Ausdruck $\mathbf{E}[u]$ verwendet. Die Auslastung der Agenten hängt von deren Anzahl ab und steht damit in unmittelbarem Zusammenhang mit den Personalkosten. Will man die Personalkosten minimieren und dazu die Auslastung maximieren, so nimmt man also eine Planung aus der Perspektive des Call-Center-Betreibers vor.

Neben diesen Kenngrößen wird man sich in der Praxis u.U. noch weitere Größen anschauen, wie z.B.

- die Anzahl der Aufleger,
- die Anzahl der Wahlwiederholer oder
- die Anzahl der Anrufer, die mitten im Gespräch abbrechen (z.B. weil ihr Vorgesetzter den Raum betritt).

Alle diese Zielgrößen haben nun eines gemein: Sie sind technischer Natur und stellen nicht unmittelbar auf Kosten und Erlöse ab. Sie sind also nicht in "Geldeinheiten" (GE) plan- und meßbar. Darin liegt eine gewisse Attraktivität: Man kann sie berechnen, ohne auf irgendwelche Zahlen insbesondere der Kosten- und Leistungsrechnung zurückgreifen zu müssen, deren Adäquanz für ein bestimmtes Entscheidungsproblem u.U. in Zweifel gestellt werden kann, weil ihre Annahmen möglicherweise nicht transparent oder dem Entscheidungsproblem nicht angemessen sind.[4] Der Call Center Manager bekommt dagegen alle technischen Größen ggf. sogar in Echtzeit aus seiner Telekommunikationsanlage. So ist es nicht erstaunlich, daß nach unserem Eindruck viele Call Center Manager ihre operative Planung zu einem erheblichen Teil auf diese von uns als "technisch" bezeichneten Zielgrößen hin orientieren. Daß diese Vorgehensweise nicht in jedem Fall völlig abwegig sein muß, zeigt sich schon daran, daß an derartigen Zielen ausgerichtete Call Center zumindest eine Zeitlang profitabel operieren können. Dies gilt natürlich vor allem dann, wenn auch die Wettbewerber eines Call-Center-Betreibers ihre Planungslogik in gleicher Weise aufbauen. Aber nicht alles was geht, ist auch der Weisheit letzter Schluß. Aus diesem Grund werden wir nun der Frage nachgehen, wie man aus konzeptioneller Sicht ökonomische Zielgrößen bei der Personalbedarfs- und -einsatzplanung berücksichtigen kann.

3.3 Ökonomische Zielgrößen und Entscheidungsprobleme im Inbound Call Center

3.3.1 Tarifstrukturen bei Servicerufnummern für Inbound Call Center

Im folgenden wollen wir die Grundzüge einer Planungslogik für das zentrale Problemfeld der operativen Personalbedarfs- und -einsatzplanung vorstellen, die vor-

[4] Vgl. dazu Schweitzer und Küpper (1998).

rangig auf Inbound Call Center abstellt. Dabei werden wir in der Planung die *ökonomischen* Konsequenzen in bezug auf die Kosten und ggf. die Erlöse in Geldeinheiten bewertet abbilden.

Betrachtet man die Entscheidungsprobleme verschiedener Call-Center-Betreiber im Rahmen der Personalbedarfs- und -einsatzplanung näher, so zeigt sich, daß hier durchaus verschiedenartige Entscheidungssituationen vorliegen können, die jeweils einen spezialisierten Ansatz erfordern. Von zentraler Bedeutung ist dabei die Frage, welche Rolle das Inbound Call Center im Geschäftsmodell des Betreibers spielt. In Abhängigkeit des Geschäftsmodells wird der Betreiber des Call Centers unterschiedliche Arten von *Servicerufnummern* einsetzen, die von diversen Telekommunikationsdienstleistern angeboten werden. Aus diesem Grund beschäftigen wir uns zunächst mit den grundlegenden Tarifstrukturen bei Servicerufnummern.[5]

Wenn man diese Tarifstrukturen analysiert, dann müssen die wirtschaftlichen Beziehungen zwischen dem Anrufer (A), dem Telekommunikationsdienstleister (TKD) und dem Call-Center-Betreiber (CCB) untersucht werden. Dabei unterstellen wir zur Vereinfachung, daß der Telekommunikationsdienstleister auch die Servicerufnummer bereitstellt. Durch ihn werden die Anrufe in das Call Center geleitet. Darüber hinaus wird über die von ihm erstellte Telefonrechnung den Anrufern ggf. die erbrachte Leistung des Call-Center-Betreibers in Rechnung gestellt und ein Teil dieser Einnahmen an diesen weitergeleitet.

Entscheidend ist nun die Frage, wer in welchem Umfang den Telekommunikationsdienstleister bezahlt und ob und in welchem Umfang der Betreiber des Call Centers vom Anrufer für seinen Dienst bezahlt wird. Klassifiziert man die Dienste, so ergibt sich das Bild in Tabelle 3.2 für die Situation in Deutschland im Frühjahr 2003.

Tabelle 3.2. Tarifmodelle bei Servicerufnummern

Servicerufnummer	Leistung des TKD gezahlt durch	Leistung des CCB
0800	CCB	kostenfrei für A
0180-1 und 0180-3	CCB und A (Minutenbasis)	kostenfrei für A
0180-2 und 0180-4	CCB und A (je Anruf)	kostenfrei für A
0180-5	A (Minutenbasis)	kostenfrei für A
0190-x	A (Minutenbasis)	entgeltpflichtig für A via TKD je Anruf und/oder Minute

Im Fall der 0800er Servicenummern trägt der Betreiber des Call Centers die Telefonkosten, welche abhängig von der Dauer des Anrufs (Wartezeit und Gesprächszeit)

[5] Vgl. zu den folgenden Abschnitten insbesondere Helber et al. (2003).

sind. Damit sind die Anrufe für den Anrufer in bezug auf die Dienste des TKD und des CCB kostenfrei.

Bei den Tarifen 0180-1 bis 0180-4 teilen sich Anrufer und Call-Center-Betreiber die Telefonkosten derart, daß die Anrufer eine Pauschale je Gespräch oder je Verbindungsminute zahlen und der CCB die ggf. darüber hinaus anfallenden Verbindungskosten übernimmt. Lediglich im Fall der Tarife 0180-5 und 0190 muß der Anrufer die Telefonkosten alleine zahlen. Bei den Tarifen, in denen die Telefonkosten des Anrufers zeitabhängig sind, muß dieser häufig auch die Kosten eventueller Wartezeiten tragen.

Speziell im Fall der 0800er und der 0180er Nummern kann nun der Fall auftreten, daß zusätzlich zu den Kosten der Anrufe auch noch Erlöse durch die Anrufe generiert werden, die *nicht* durch den Telekommunikationsdienstleister abgerechnet werden.

Ein Beispiel ist die telefonische Bestellannahme eines Versandhandelsunternehmens. Die Annahme einer Kundenbestellung führt hier zu einem Deckungsbeitrag, der den Kosten gegenübergestellt werden sollte. Derartige Deckungsbeiträge sind daher bei der Personaleinsatzplanung ebenfalls entscheidungsrelevant.

Davon abzugrenzen ist der Fall der 0190er Nummern. Hier zahlen die Anrufer sowohl die Telefonkosten als auch (über den Telekommunikationsdienstleister) den im Call Center erbrachten Dienst. Ein Beispiel sind kommerzielle Computer-Hotlines. Die Dienste dieser Tarifgruppe können für den Anrufer sehr viel teurer werden als jene der Gruppen 0800 oder 0180, da hier u.a. eine freie Wahl des Minutentarifs durch den Call-Center-Betreiber möglich ist und der Tarif auch während eines Gesprächs mehrfach gewechselt werden kann.

Die Möglichkeit, den Tarif während des Gesprächs *zeitgesteuert* zu wechseln, erlaubt es dem Call-Center-Betreiber, z.B. in den ersten 30 Sekunden der Verbindung eine für den Anrufer kostenlose Ansage zu den Inhalten und Konditionen des Dienstes durchzuführen. Legt der Anrufer dann nicht auf, so könnte in der zweiten Phase des Gesprächs für eine sehr kurze Zeit (etwa eine Sekunde) ein sehr hoher Satz verrechnet werden, durch den eine fixe Erlöskomponente je Gespräch für den Call-Center-Betreiber generiert wird. Anschließend könnte durch einen erneuten Wechsel auf einen nun niedrigeren Satz eine gesprächsdauerabhängige Erlöskomponente realisert werden. Der resultierende Erlös in Abhängigkeit von der Gesprächsdauer könnte also z.B. wie in Abbildung 3.1 aussehen. Natürlich lassen sich auch andere zeitabhängige Erlösfunktionen konstruieren.

Von großer praktischer Bedeutung im Fall der 0190er Nummern ist, daß der Telekommunikationsdienstleister nicht erkennen kann, ob ein Anrufer im Call Center zu einem bestimmten Zeitpunkt bedient wird, oder ob er sich in einer Warteschleife gerade Musik anhören muß, die ihm möglicherweise nicht einmal gefällt. Das bedeutet, daß die Erlöse für den Call-Center-Betreiber u.U. solange anfallen, wie der Anrufer in der Leitung ist, unabhängig davon, ob er bedient wird oder nicht. Somit entstehen dem Anrufer bei einer 0190er Nummer u.U. unmittelbar zahlungswirksame Wartekosten.

Eine technische Möglichkeit für den Betreiber eines Call Centers, bei einer 0190er Nummer für den Anrufer zahlungswirksame Wartekosten zu verhindern, besteht darin, den Agenten zu Beginn des Gespräches nach einer kostenlosen War-

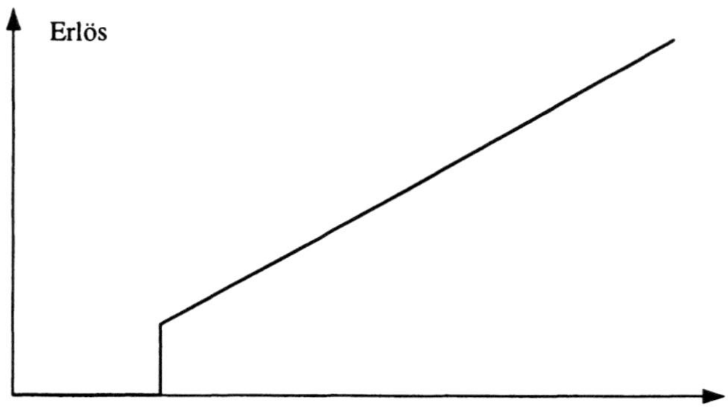

Abb. 3.1. Beispiel einer zeitabhängigen Erlösfunktion bei einer 0190er Servicerufnummer

tephase einen Tarifwechsel initiieren zu lassen, der dem Anrufer während des Gespräches angesagt wird und von diesem durch das Drücken einer Taste auf seinem Telefon zu quittieren ist, wenn das Gespräch fortgesetzt werden soll. Wir konzentrieren uns jedoch im folgenden auf diejenigen Dienste, bei denen der Erlös proportional zur Verbindungsdauer ist.

Gerade bei solchen Diensten, die auf Seiten der Anrufer zusätzlich zu den Wartezeiten auch noch zu Wartekosten führen, muß man realistischerweise von einer gewissen Ungeduld der Anrufer ausgehen. Läßt man die Anrufer warten, so legen diese zu einem für den Call-Center-Betreiber nicht vorhersehbaren Zeitpunkt auf. So entgehen dem Betreiber des Call Centers Erlöse, die bei geringeren Wartezeiten hätten realisiert werden können. Auch aus diesem Grund ist es wichtig, ein Modell des Call Centers wie jenes in Abschnitt 2.2 zu verwenden, mit dem das Auflegen der Anrufer prognostiziert werden kann.

3.3.2 Entscheidungssituationen im Überblick: Kostenminimierung oder Gewinnmaximierung?

Nachdem wir uns mit den grundlegenden Tarifstrukturen der Servicerufnummern vertraut gemacht haben, wollen wir uns jetzt drei Grundmodelle der Personalbedarfsermittlung im Inbound Call Center anschauen. Es sind insofern Grundmodelle, als sie für jeweils deutlich unterschiedliche Entscheidungssituationen einen formalen Rahmen zur Beschreibung des Entscheidungsproblems liefern.[6] Im konkreten Anwendungsfall sind diese Modelle u.U. noch zu erweitern oder in ihrem Einsatz auf den Bereich des Call Centers zu beschränken, auf den ihre Annahmen hinreichend gut passen.

Dabei unterscheiden wir hinsichtlich der Erlös- und Kostenfunktionen sowie der Berücksichtigung des Services für die Anrufer drei strukturell verschiedene Fälle,

[6] Vgl. zum folgenden Helber et al. (2003).

Tabelle 3.3. Grundstruktur der Optimierungskalküle im Überblick

Fall	Erlöse	Kosten	Service der Anrufer
Betreuungs-Call-Center	keine	- Lohnkosten der Agenten - u.U. Telefonkosten	explizit in Nebenbedingungen
Vertriebs-Call-Center	je bedientem Anrufer	- Lohnkosten der Agenten - u.U. Telefonkosten	implizit in Zielfunktion
Dienstleistungs-Call-Center	je Anrufer im System (wartend oder in Bedienung)	- Lohnkosten der Agenten	implizit in Zielfunktion

die in Tabelle 3.3 einander gegenübergestellt sind. Als Entscheidungsvariable sehen wir die Anzahl c der gleichzeitig eingesetzten Agenten in einem Zeitintervall von vielleicht 30 oder 60 Minuten Dauer an und die Zahl q der in diesem Intervall freigeschalteten Wartepositionen. Wir verwenden zur Kennzeichnung der Entscheidungsmodelle die Notation in der Tabelle 2.1 auf Seite 19 und in der Tabelle 3.4.

Tabelle 3.4. Notation

c	Anzahl von Agenten, die in einer Periode gleichzeitig eingesetzt werden
d	Dauer (Länge) der Periode [ZE]
$\mathbf{E}[\cdot]$	Erwartungswert einer Zufallsvariablen
$L^s(c,q)$	Zufällige Anzahl Anrufer im System (wartend oder in Bedienung) beim Einsatz von c Agenten und q Wartepositionen (Zufallsvariable)
l	Lohnkostensatz [GE/ZE]
$K(c,q)$	Kosten bei Einsatz von c Agenten und q Wartepositionen [GE/ZE]
k	Telefonkostensatz [GE/ZE]
$\lambda^{eff}(c,q)$	Ankunftsrate von Anrufen bei Agenten beim Einsatz von c Agenten und q Wartepositionen
q	Anzahl von Wartepositionen, die in einer Periode gleichzeitig angeboten werden
r_A	Deckungsbeitrag je bedientem Anruf [GE]
r_Z	Erlös je Zeiteinheit [GE/ZE]

Die drei Fälle in der Tabelle 3.3 werden in den folgenden Abschnitten detailliert analysiert.

3.3.3 Das Betreuungs-Call-Center

In vielen Call Centern gilt, daß die Betreuung der Anrufer zwar Kosten mit sich bringt, aber keine unmittelbar zurechenbaren Erlöse. Bei den Kosten handelt es sich um die Personalkosten für den Einsatz der Agenten und u.U. zusätzlich um Telefonkosten. Dies gilt bei Support-Hotlines von Unternehmen, die kostenlose telefonische Hilfe zum Einsatz ihrer Produkte anbieten. Auch die Call Center der Verwaltung im öffentlichen Bereich fallen oft in diese Kategorie. Wir bezeichnen sie daher als "Betreuungs-Call-Center". In dieser Situation wird man versuchen, die kostenminimale Agentenzahl c zu bestimmen, bei der gerade noch vorgegebene Nebenbedingungen für den Service der Anrufer eingehalten werden. Dazu bietet es sich an, eine obere Grenze für die Wartezeit bedienter Anrufer $\mathbf{E}[W(c,q)|S]$ vorzugeben. Man sollte jedoch berücksichtigen, daß bei ungeduldigen Anrufern, wenigen Agenten c und wenigen Wartepositionen q der Anteil $\mathrm{P}(S(c,q))$ der *bedienten* Anrufer sehr gering sein kann und gleichzeitig die wenigen bedienten Anrufer nicht lange warten müssen. Aus diesem Grund wird man in einer weiteren Nebenbedingung zusätzlich fordern, daß ein bestimmter Mindestanteil $\mathrm{P}(S)_{min}$ der Anrufer letztlich bedient wird.

Entscheidungsrelevant sind zum einen die Personalkosten der Agenten. Diese ergeben sich in jeder Periode aus dem Produkt des Minutensatzes l, der Periodendauer d in Minuten und der Anzahl eingesetzter Agenten c. Darüber hinaus sind vom Call-Center-Betreiber u.U. zusätzlich Telefonkosten zu tragen. Das gilt dann, wenn entweder eine 0800er oder eine 0180er Nummer mit zeitproportionalen Telefonkosten für die Anbieter eingesetzt wird, siehe Tabelle 3.2 auf Seite 44. In diesem Fall erhält man die Telefonkosten als Produkt des Telefonkostensatzes k, der Periodendauer d und der mittleren Anzahl von Anrufern im System $\mathbf{E}[L_s(c,q)]$ (wartend oder in Bearbeitung).

Viele Call-Center-Betreiber wälzen im Gegensatz dazu die Telefonkosten vollständig auf die Anrufer ab. Dazu verzichten sie entweder auf eine Servicerufnummer oder setzen eine 0180-5er Nummer ein. In unserem Modell läßt sich auch dieser Fall problemlos abbilden, indem man den Telefonkostensatz k auf den Wert Null setzt.

Mit diesem Annahmen gelangen wir zu dem folgenden Optimierungsmodell der Kostenminimierung im "Betreuungs-Call-Center":

$$\text{Minimiere } K(c,q) = \underbrace{ldc}_{\text{Löhne}} + \underbrace{kd\,\mathbf{E}[L_s(c,q)]}_{\text{Telefonkosten}} \tag{3.1}$$

unter Beachtung der Nebenbedingungen

$$\mathbf{E}[W(c,q)|S] \leq \mathbf{E}[W|S]_{max} \tag{3.2}$$

$$\mathrm{P}(S(c,q)) \geq \mathrm{P}(S)_{min}. \tag{3.3}$$

Unser Entscheidungsproblem hat mit der Agentenzahl c und der Anzahl Wartepositionen q zwei unterschiedliche Entscheidungsvariablen. Von diesen sind zwei verschiedene Nebenbedingungen mit partiell gegenläufigen Wirkungen der Entscheidungsvariablen einzuhalten: Wenn man in einer Periode die Anzahl eingesetzter Agenten vergrößert, so reduziert man die mittlere Wartezeit der bedienten Anrufer. Gleichzeitig steigt deren Anteil. Anders wirkt sich dagegen eine Steigerung der Anzahl an Wartepositionen aus: Bietet man in einer Periode mehr Wartepositionen an, so vergrößert sich prinzipiell der Anteil bedienter Anrufer (der erwünschte Effekt), aber es steigt auch die mittlere Wartezeit der bedienten Anrufer (der unerwünschte Effekt).

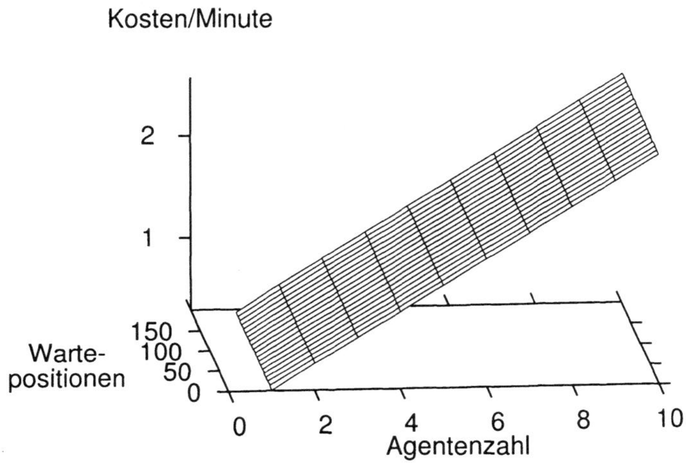

Abb. 3.2. Kostenfunktion eines Betreuungs-Call-Centers bei einem geringen Anrufaufkommen

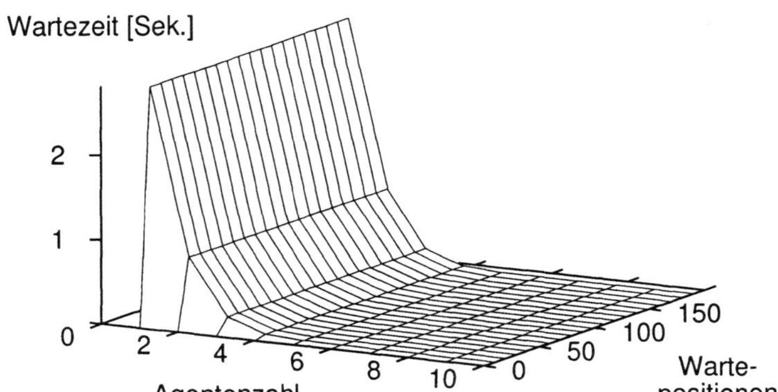

Abb. 3.3. Mittlere Wartezeit bedienter Anrufer in einem Betreuungs-Call-Center bei einem geringen Anrufaufkommen

Diesen Zusammenhang zwischen Kosten, Wartezeit und Erreichbarkeit studieren wir nun am Beispiel eines fiktiven Betreuungs-Call-Centers. Wir gehen davon aus, daß dem Betreiber des Call Centers der Einsatz eines Agenten Lohnkosten in Höhe von $l = 0.25$ GE je Minute verursacht. Die vom Betreiber des Call Center zu tragenden Telefonkosten für jeden Anrufer im System betragen $k = 0.1$ GE je Minute.

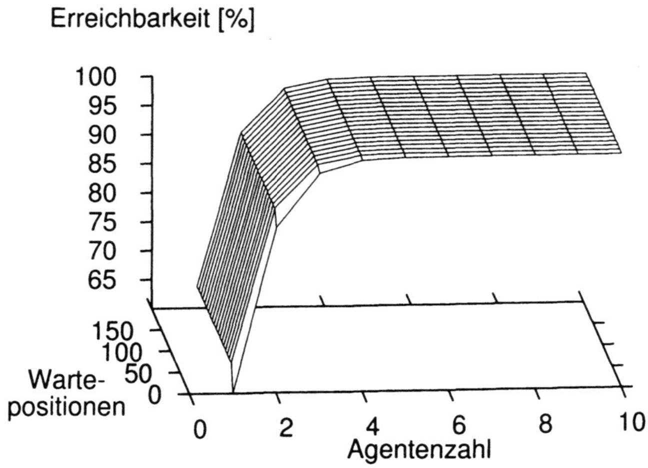

Abb. 3.4. Erreichbarkeit eines Betreuungs-Call-Centers bei einem geringen Anrufaufkommen

Von den Anrufern seien 90% prinzipiell bereit zu warten ($\beta = 0.1$), ihre mittlere Wartezeittoleranz beträgt $\frac{1}{\nu} = 0.5$ Minuten. Die mittlere Gesprächsdauer beträgt $\frac{1}{\mu} = 2$ Minuten. Für diesen Parametersatz betrachten wir nun zwei verschiedene Fälle: Im ersten Fall ist das Anrufaufkommen mit 10 Anrufen in 30 Minuten relativ gering. Die dem System angebotene Arbeitslast beträgt $\frac{10}{30} \cdot 2 \approx 0.667$ Erlangs. In dem zweiten Fall gehen wir von 2000 Anrufen in 30 Minuten aus, so daß sich eine Arbeitslast von ca. 133.33 Erlangs ergibt. Im Fall des kleinen Call Centers mit der geringen Arbeitslast erhalten wir für die Kosten, die mittlere Wartezeit der bedienten Anrufer $\mathbf{E}[W(c,q)|S]$ und die Erreichbarkeit $\mathrm{P}(S(c,q))$ in Abhängigkeit der Agentenzahl c und der Anzahl freigeschalteter Wartepositionen q die Ergebnisse in den Abbildungen 3.2, 3.3 und 3.4. Betrachtet man diese Abbildungen, so wird deutlich, daß die zentrale Stellgröße die Anzahl der eingesetzten Agenten ist. Die Kosten sind praktisch linear von der Agentenzahl c abhängig, die Telefonkosten der *wartenden* Anrufer spielen gemäß Abbildung 3.2 keine große Rolle. Im Hinblick auf die Wartezeit und die Erreichbarkeit macht es gemäß den Abbildungen 3.3 und 3.4 zwar einen Unterschied, ob man statt keiner Warteposition *einige wenige* solcher Positionen anbietet, jede weitere Warteposition hat dann aber keine allzu große Bedeutung mehr.

In den Abbildungen 3.5, 3.6 und 3.7 wird der gleiche Sachverhalt für die große Arbeitslast von 133.33 Erlangs bei 2000 Anrufen pro 30 Minuten dargestellt. Hier zeigt sich im Prinzip das gleiche Bild: Entscheidend für die Kosten und für die Erreichbarkeit ist die Anzahl der eingesetzten Agenten c und nicht die Anzahl der Wartepositionen q. Das bedeutet jedoch nicht, daß die Anzahl der Wartepositionen unwichtig ist. Dazu betrachten wir die Abbildungen 3.6 und 3.7 für den Fall, daß man deutlich zu wenige Agenten hat, um eine Erreichbarkeit von fast 100% zu erreichen. Dann wird durch die Anzahl der Wartepositionen bestimmt, wie lange die letztlich bedienten Anrufer warten müssen. Schaltet man viele Wartepositionen frei, so wer-

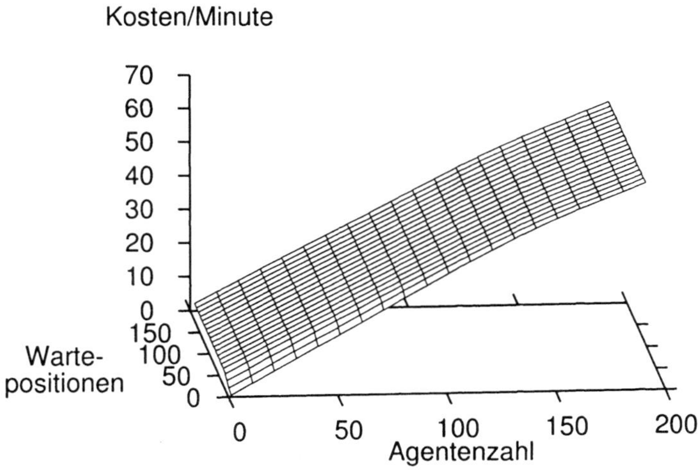

Abb. 3.5. Kostenfunktion eines Betreuungs-Call-Centers bei einem großen Anrufaufkommen

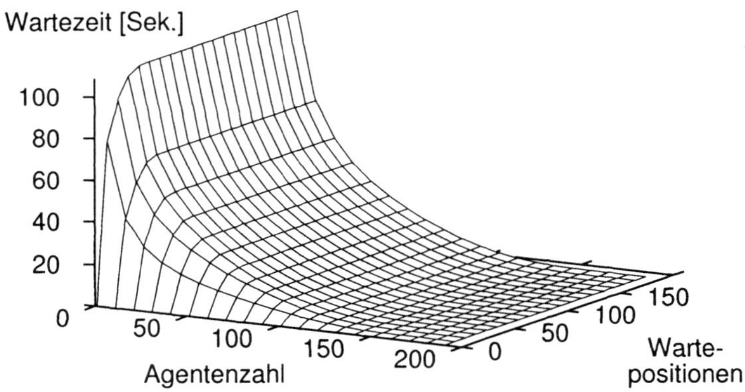

Abb. 3.6. Mittlere Wartezeit bedienter Anrufer in einem Betreuungs-Call-Center bei einem großen Anrufaufkommen

den viele Anrufer, die überhaupt in das System hineinkommen, so lange warten, bis ihre individuelle Schmerzgrenze erreicht ist und dann (vermutlich schlecht gelaunt) auflegen. Die besonders geduldigen Anrufer werden jedoch "belohnt" und dürfen letztlich das Gespräch mit dem Agenten führen. Schaltet man jedoch bei einem ohnehin überlasteten System keine Wartepositionen frei, so ändert dies offenbar an der Erreichbarkeit des System gemäß Abbildung 3.7 praktisch nichts. Die Wartezeit der bedienten Anrufer wird jedoch auf Null reduziert und es gibt keine Anrufer mehr, die erst nach einer gewissen Wartezeit auflegen. Dann ist auch die Frage der individuellen Wartezeittoleranz der Anrufer unerheblich. Der Betrieb des Call Centers ähnelt dann ein wenig dem einer Lotterie, bei dem jeder Anrufer die gleiche Chance hat und auch sofort erfährt, ob er gewonnen hat (und einen Agenten erreicht), oder ob er verloren hat, und von dem System wieder hinausgeworfen wird.

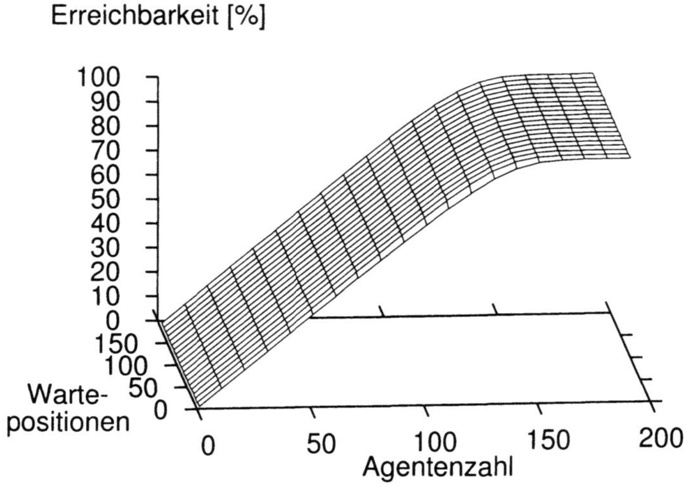

Abb. 3.7. Erreichbarkeit eines Betreuungs-Call-Centers bei einem großen Anrufaufkommen

3.3.4 Das Vertriebs-Call-Center

Eine gänzlich andere Entscheidungssituation liegt z.B. im Versandhandel dann vor, wenn durch die Agenten Bestellungen aufgenommen werden und somit jedem Gespräch ein erfolgswirksamer Umsatz zuzurechnen ist. Zieht man die variablen Kosten jedes Umsatzvorganges (insbesondere die Beschaffungskosten der umgesetzen Waren) von dem Umsatz eines jeden Anrufes ab, so verbleibt für jeden Anruf ein (mittlerer) Erfolgsbeitrag r_A, der den Charakter eines Deckungsbeitrages hat. Wir bezeichnen diesen Typ des Inbound Call Centers auch als "Vertriebs-Call-Center". In der Realität werden in Call Centern des Versandhandels zusätzlich auch Gespräche über andere Themen wie Katalogversand, Kreditgewährung, Bestellungsverfolgung oder Retourenanforderung geführt, die nicht unmittelbar erlöswirksam sind. Wir nehmen daher an, daß diese Gespräche z.B. durch Verwendung speziell eingerichteter Telefonnummern oder durch eine automatisierte interaktive Sprach- oder Tastatureingabe der Anrufer von jenen Gesprächen getrennt werden können, die unmittelbar erfolgswirksam der Bestellungsannahme dienen. Aus diesem Grund konzentrieren wir uns in einem generischen Modell im folgenden auf diejenigen Anrufe, die unmittelbar zu Deckungsbeiträgen führen. Dabei gehen wir davon aus, daß der *mittlere* Deckungsbeitrag r_A je Anruf bekannt ist. Der Gewinn einer Periode hängt dann ab von den Deckungsbeiträgen der angenommenen Bestellungen, den (variablen) Personal- und Telefonkosten des Call Centers für die Annahme eben dieser Bestellungen und einem Block von Fixkosten K_{Fix}.

Dies führt zu dem folgenden Entscheidungsmodell, welches lediglich aus einer gewinnorientierten Zielfunktion besteht:

$$\text{Maximiere } G(c,q) = \underbrace{r_A \lambda^{eff}(c,q)}_{\text{DB Bestell.}} - \Big(\underbrace{ldc + kd\,\mathbf{E}[L_s(c,q)]}_{\text{Var. Kosten CC}}\Big) - K_{Fix} \quad (3.4)$$

Ein Teil der Anrufer erhält aufgrund der beschränkten Anzahl $K = c + q$ von Leitungen das Besetztzeichen oder legt aus Ungeduld während des Wartens auf. Aus diesem Grund ist die Rate $\lambda^{eff}(c,q)$ der effektiv bei den Agenten ankommenden Anrufe kleiner als die Anrufrate λ, d.h. $\lambda^{eff}(c,q) < \lambda$. Dies ist bei der Berechnung der Deckungsbeiträge in der Zielfunktion zu berücksichtigen. Dieses Entscheidungsmodell benötigt im Gegensatz zu jenem in Abschnitt 3.3.3 *keine* Nebenbedingung für die Wartezeit oder den Anteil bedienter Anrufer mehr, weil diese Größen gerade die aus Sicht des Call-Center-Betreibers *gewinnmaximierende Ausprägung* erhalten sollen.

Daher wird es in einer gewinnmaximierenden Lösung u.U. zu längeren geplanten Wartezeiten und einem geringeren Anteil bedienter Anrufer kommen. Dies entspricht der Vorgehensweise in der Praxis, insbesondere in den (Nacht-)Zeiten geringeren Anrufaufkommens einen, bezogen auf die Wartezeit und Erreichbarkeit, schlechteren Service als tagsüber zu bieten. Dies ist auch gut begründet, weil in den Zeiten geringen Anrufaufkommens die *Economies of Scale* des Inbound Call Centers nicht genutzt werden können.[7]

Auch in diesem Modell ist in der Zielfunktion (3.4) der Telefonkostensatz k gleich Null zu setzen, wenn eine 0180-5er Nummer verwendet wird oder man auf den Einsatz einer Servicerufnummer gänzlich verzichtet.

Nun kann man sich wieder die Frage stellen, wie die Gewinnfunktion (3.4) für eine einzelne Periode aussieht in Abhängigkeit davon, wieviele Agenten eingesetzt und wieviele Telefonleitungen freigeschaltet werden. Dazu erweitern wir unser Beispiel aus Abschnitt 3.3.3 und nehmen ergänzend an, daß jeder Anruf einen Deckungsbeitrag r_A von 10 GE verursacht. Die Fixkosten setzen wir der Einfachheit halber gleich Null, da sie auf die optimale Ausprägung der Entscheidungsvariablen ja keinen Einfluß haben. In dem Call Center sind 400 Telefonleitungen installiert, so daß bei 200 telefonierenden Agenten maximal weitere 200 Anrufer im System warten können.

Wir analysieren erneut die beiden Fälle aus Abschnitt 3.3.3 mit 10 bzw. 2000 Anrufen innerhalb von 30 Minuten. Im ersten Fall ergibt sich die Gewinnfunktion in Abbildung 3.8. Treffen in 30 Minuten in dem Call Center dagegen 2000 Anrufe ein, so erhält man die Gewinnfunktion in Abbildung 3.9.

In beiden Fällen zeigt sich wieder, daß der entscheidende Einfluß auf den Gewinn von der Anzahl eingesetzter Agenten ausgeht. Zwar sind die Gewinnfunktionen nicht differenzierbar, weil sie nur für ganzzahlige Werte der Anzahl an Agenten c und Wartepositionen q definiert sind, aber sie sind insofern "gutmütig", als sie ein einziges Maximum aufweisen und man dieses offenbar mit der Methode des steilsten Anstiegs finden kann.

Von großer praktischer Bedeutung ist nun in Abbildung 3.9, daß das Gewinnmaximum ziemlich "flach" verläuft. Das bedeutet, daß der Gewinn je Minute für

[7] Dieser Aspekt wird im Abschnitt 4 noch intensiv diskutiert. Vgl. auch Helber und Stolletz (2003).

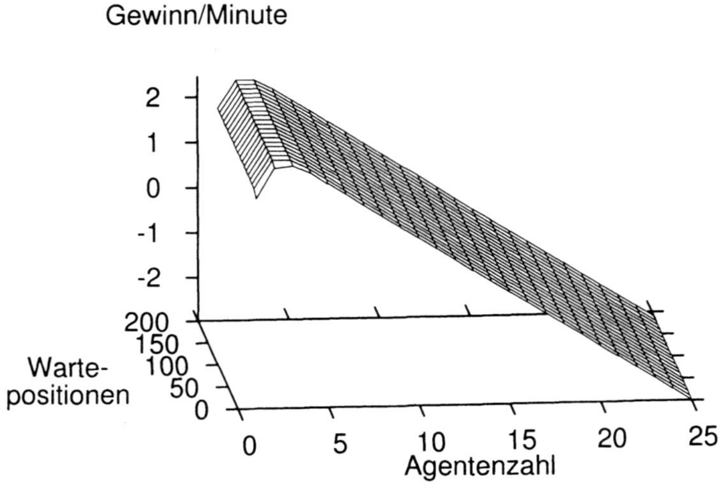

Abb. 3.8. Gewinnfunktion eines Vertriebs-Call-Centers bei einem geringen Anrufaufkommen

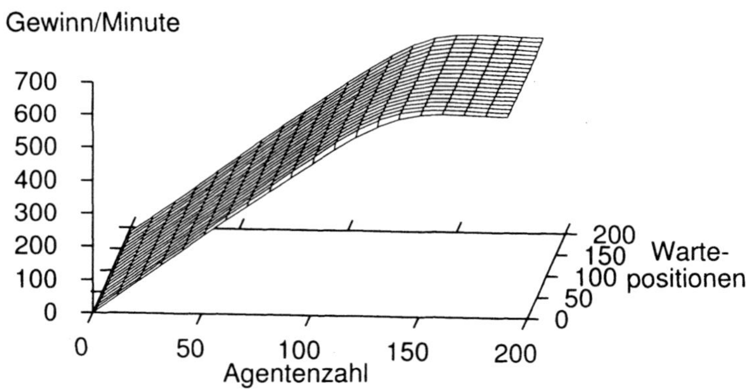

Abb. 3.9. Gewinnfunktion eines Vertriebs-Call-Centers bei einem hohen Anrufaufkommen

einen Personaleinsatz von 150-180 Agenten mehr oder weniger auf dem gleichen Niveau liegt. Für den Manager eines solchen Vertriebs-Call-Centers ist das eine sehr gute Nachricht, weil sie bedeutet, daß kleinere Abweichungen zwischen dem prognostizierten und dem tatsächlich realisierten Anrufaufkommen nicht zwingend zu dramatischen Gewinneinbrüchen führen müssen, wenn er eine solche gewinnzielorientierte Planung durchführt.[8] Schaut man sich jedoch im Vergleich dazu die Gewinnfunktion des kleinen Call Centers in Abbildung 3.8 an, so sieht man, daß ein

[8] Eine kleine Einschränkung ist auch hier angebracht: In unserem Modell des Call Centers aus Abschnitt 2.2 gehen wir davon aus, daß es nur eine Art von Anrufern gibt und abgewiesene Anrufer nicht zurückrufen. Im "richtigen Leben" eines Call Centers im Versandhandel dreht sich ein gewisser Anteil der Anrufe um Retourenanforderungen, bei denen man davon ausgehen kann, daß abgewiesene Anrufer so oft im Call Center anrufen, bis sie durchkommen. Sie haben ja schließlich keine Alternative zur Aufgabe ihrer Retourenanforderung

gewinnorientierter Manager hier auf einem sehr viel schmaleren Grat wandelt, weil in diesem Fall die Gewinnfunktion im Gewinnmaximum nicht so "glatt" ist.

Die mittleren Wartezeiten der bedienten Anrufer und die Erreichbarkeiten in den beiden Fällen entsprechen denen der Abbildungen 3.3 bzw. 3.6 sowie Abbildungen 3.4 bzw. 3.7 in Abschnitt 3.3.3, weil die Parameter der Ankunfts- und Bearbeitungsprozesse der Anrufe aus dem Beispiel zum Betreuungs-Call-Center übernommen sind.

3.3.5 Das Dienstleistungs-Call-Center

Im Dienstleistungs-Call-Center wird durch die Agenten eine Dienstleistung (von u.U. zweifelhaftem Ruf) erbracht, die der Anrufer ebenso bezahlt wie die Telefonkosten. Technisch wird dies in Deutschland vorrangig über die 0190er-Dienste realisiert, bei denen die Anrufer zusätzlich zu ihrer Wartezeit auch noch Wartekosten zu tragen haben. Wenn die Anrufer bereits für das Warten bezahlen müssen, erscheint es besonders wichtig zu sein, die Ungeduld der Anrufer und die Steuerung der Wartezeiten durch die Einrichtung von Wartepositionen in dem warteschlangentheoretischen Modell zu berücksichtigen, wie dies in dem Modell in Abschnitt 2.2 auch geschieht.

Die Erlöse im Dienstleistungs-Call-Center fallen nicht mehr pro *bedientem* Anrufer an, sondern sind in mehr oder weniger komplexer Form von der Dauer der Warte- und Gesprächszeit abhängig, z.B. so wie in Abbildung 3.1 auf Seite 46. Im einfachsten Fall fällt für jeden Anrufer im System (wartend oder in Bedienung) ein Erlös von r_Z Geldeinheiten je Zeiteinheit an. Aus dem Warteschlangenmodell in Abschnitt 2.2 erhält man den Erwartungswert $\mathbf{E}[L_s(c,q)]$ der Anzahl Anrufer im System. Aus Sicht des Call-Center-Betreiber fallen auf der Kostenseite lediglich die Personalkosten der Agenten an, weil die Anrufer ja auch ihre Telefonkosten selbst tragen müssen. Dies führt auf das folgende kurzfristige Entscheidungskalkül:

$$\text{Maximiere } G(c,q) = \underbrace{r_Z d\,\mathbf{E}[L_s(c,q)]}_{\text{Erlöse}} - \underbrace{(ldc + K_{Fix})}_{\text{Kosten}} \tag{3.5}$$

Auch in diesem Entscheidungskalkül ergeben sich wie im Fall des Vertriebs-Call-Centers die Wartezeiten der Anrufer modellendogen aus der gewinnmaximierenden Agentenzahl und der Zahl der Wartepositionen. Aus diesem Grund gibt es auch hier keine Nebenbedingung für den Anteil der bedienten Anrufer oder deren Wartezeit. Es handelt sich um ein ausgesprochen kurzfristig orientiertes Kalkül, in welchem die Kundenzufriedenheit konsequent *keinerlei* Beachtung findet. Wenn der Anbieter eines Tele-Dienstes den Aufbau einer positiven Reputation und einer langfristigen Kundenbindung anstrebt, so wird er in seinem eigenen Interesse verhindern

---

(oder glauben dies zumindest). Dadurch verdrängen sie jedoch u.U. diejenigen Anrufer, die etwas bestellen möchten, und zu diesem Zeitpunkt noch eine Alternative haben. Insofern ist man in diesem Bereich aus guten Gründen sehr wohl um ein präzise Prognose den Anrufaufkommens bemüht. Wie man so etwas richtig macht, zeigen wir später in Abschnitt 8.

wollen, daß Anrufer nach ggf. längerer Wartezeit und entsprechenden Wartekosten wieder auflegen, ohne bedient worden zu sein. Schließlich möchte er seine Kunden nicht dauerhaft verprellen. Dies kann er dadurch erreichen, daß er überhaupt keine Wartepositionen vorsieht und den Anrufern sofort das Besetztzeichen gibt, wenn alle Agenten beschäftigt sind. Alternativ kann er dem Anrufer eine kurze (kostenlose) Information geben, daß gegenwärtig keine Agenten frei sind und danach die Verbindung abbrechen. Dieser Ansatz läßt sich in unserem Modell ohne weiteres integrieren, indem man die Anzahl der Wartepositionen q auf den Wert Null setzt.

Auch für den Fall des Dienstleistungs-Call-Centers wollen wir uns die Gewinnfunktion für eine einzelne Periode in Abhängigkeit der Agentenzahl und der Anzahl an Wartepositionen anschauen. Dazu betrachten wir einen Fall mit einem Anrufaufkommen von 200 Anrufen je Halbstundenintervall und gehen davon aus, daß die mittlere Gesprächsdauer $\frac{1}{\mu} = 1200$ Sekunden beträgt. Damit ist die Arbeitslast im Call Center mit 133.33 Erlangs genauso groß wie jene im Fall des hohen Anrufaufkommens in dem Vertriebs-Call-Center mit der Gewinnfunktion in Abbildung 3.9 auf Seite 54.

In einem Dienstleistungs-Call-Center kann der Anzahl freigeschalteter Wartepositionen aus der Sicht des Call-Center-Betreibers eine große Bedeutung zukommen. Dazu unterstellen wir, daß die Anrufer vergleichsweise geduldig sind und keiner von ihnen sofort auflegt, wenn er warten muß ($\beta = 0$). Die mittlere Wartezeittoleranz ν^{-1} beträgt 600 Sekunden. Das wäre also der Fall, daß die Anrufer den Dienst sehr dringend benötigen und (vermutlich zähneknirschend) bereit sind, vergleichsweise lange zu warten. Der Erlös r_Z beträgt 2 GE je Minute für jeden Anrufer im System (wartend oder in Bedienung). Die Lohnkosten betragen wie im Fall des Vertriebs-Call-Centers 0.25 GE je Minute. Auch in diesem Fall stehen wieder 400 Telefonleitungen zur Verfügung, so daß bei 200 telefonierenden Agenten weitere 200 Anrufer im System warten können.

Die Analyse der Gewinnfunktion für eine einzelne Periode in Abbildung 3.10 zeigt, daß es auch im Fall des Dienstleistungs-Call-Centers ein klares Gewinnmaximum gibt, welches ebenfalls im Bereich von ca. 140 Agenten liegt. Bei *diesem* Agenteneinsatz ist die Anzahl der freigeschalteten Wartepositionen von untergeordneter Bedeutung, sofern zumindest einige wenige Wartepositionen freigeschaltet werden. Selbst wenn man wie in diesem Modell davon absieht, daß lange Wartezeiten die Anrufer massiv verärgern können, sorgt hier das Eigeninteresse des gewinnmaximierenden Call-Center-Betreibers dafür, daß viele der langen und profitablen Gespräche geführt werden, und den Anrufern dazu hinreichend kurze Wartezeiten geboten werden, sofern ihm dazu genügend Agenten zur Verfügung stehen. Die mittleren Wartezeiten der bedienten Anrufer sind in der Abbildung 3.11 dargestellt. Man erkennt, daß beim gewinnmaximierenden Einsatz von ca. 140 Agenten die Wartezeiten relativ gering sind (sie liegen im Mittel bei knapp 10 Sekunden).

Anders sieht es dagegen aus, wenn der Call-Center-Betreiber die gewinnmaximierende Agentenzahl *nicht* einsetzen kann. Dann besteht für ihn ein starker Anreiz, die Anrufer über eine große Zahl von Wartepositionen lange (und für ihn gewinn-

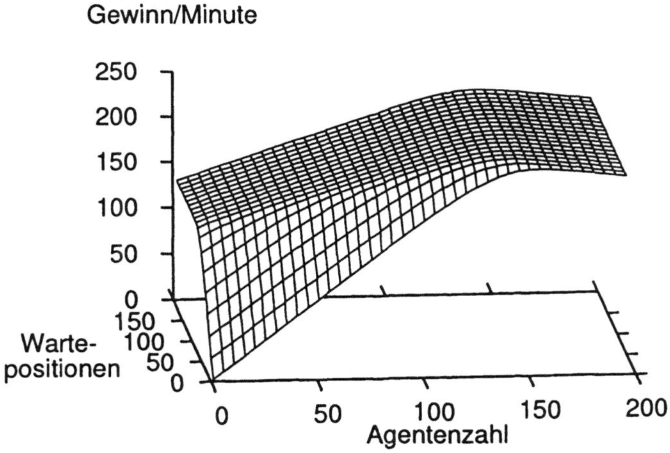

Abb. 3.10. Gewinnfunktion bei einer 0190er Nummer (Dienstleistungs-Call-Center), Periode mit hohem Anrufaufkommen und sehr geduldigen Anrufern

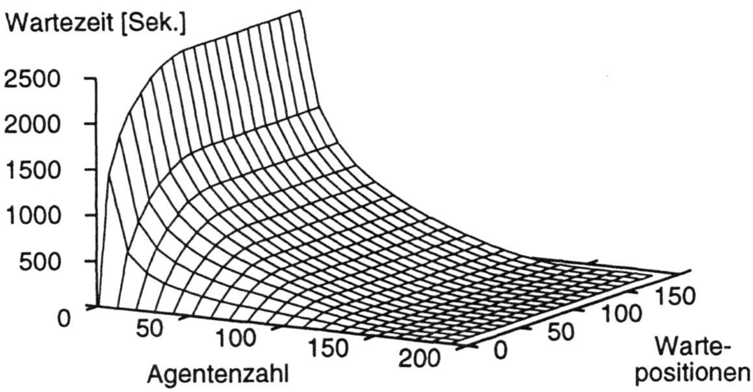

Abb. 3.11. Mittlere Wartezeit bedienter Anrufer in einer Periode mit hohem Anrufaufkommen und sehr geduldigen Anrufern

bringend) warten zu lassen.[9] Neben der z.T. etwas umstrittenen Natur der über die 0190er-Nummern angebotenen Dienste führt aus unserer Sicht der Anreiz, die Anrufer über das Warten gewissermaßen zu "melken", zu dem zweifelhaften Ruf derartiger Dienste. Ein kundenorientierter Call-Center-Betreiber wird daher nur eine geringe Zahl von Wartepositionen freischalten - im Extremfall gar keine.

[9] Wenn man die Abbildung 3.10 genau betrachtet, so zeigt sich, daß selbst bei einer sehr geringen Zahl von Agenten ab einer Zahl von ca. 150 Wartepositionen der Gewinn je Minute nicht mehr weiter steigt, wenn man die Zahl der Wartepositionen vergrößert. Der Gewinn sinkt jedoch auch nicht, solange diese Wartepositionen annahmegemäß für den Call-Center-Betreiber kostenlos zur Verfügung stehen.

Insgesamt zeigt die Analyse der Kapitel 3.3.3 bis 3.3.5, daß eine sorgfältige Analyse des Geschäftsprozesses und des gewählten Tarifs der Servicenummer erforderlich ist, um einen an ökonomischen Zielkriterien orientierten Agenteneinsatz im Inbound Call Center zu erreichen.

3.3.6 Literaturhinweise

In der Literatur spielen nach unserem Eindruck erfolgszielorientierte Zielsetzungen beim Betrieb von Call Centern eine eher untergeordnete Rolle. In der Arbeit von Duder und Rosenwein (2001) wird der Trade-Off zwischen den Kosten des Einsatzes von Agenten und den vom Call-Center-Betreiber getragenen Telefonkosten wartender Anrufer analysiert. Dabei wird jedoch die Ungeduld der Anrufer im Gegensatz zu der Vorgehensweise in Abschnitt 2.2 nicht direkt im bedientheoretischen Modell des Call Centers abgebildet. Statt dessen wird gemäß einem Ansatz von Andrews und Parsons (1993) auf der Grundlage einer Regressionsrechnung aus empirischen Daten auf das Auflegeverhalten geschlossen. Im Kontext der simulationsbasierten Entwurfsplanung für Call Center formuliert Brigandi (1995) Kosten- und Erlösfunktionen, wobei die Erlöse ausschließlich von der Anzahl *bedienter* Anrufer abhängen.

In Thompson (1997) werden diverse *periodenübergreifende* Ansätze der Agentenallokation vorgestellt. Diese orientieren sich jedoch nicht an den im Call Center generierten Erlösen. Darüber hinaus bauen sie auf einem aus unserer Sicht ungeeigneten warteschlangentheoretischen Modell auf, in welchem die Anrufer als geduldig und die Anzahl der Telefonleitungen als unbeschränkt angesehen wird.

3.4 Ökonomische Zielgrößen und Entscheidungsprobleme im Outbound Call Center

Bislang haben wir uns auf den Inbound-Betrieb konzentriert, der nach unserem Eindruck in der Praxis auch die überragende Bedeutung hat. Nun wollen wir uns noch ein wenig den Zielgrößen im Outbound-Betrieb widmen. Dabei betrachten wir nicht den Fall, daß in einem Inbound Call Center gelegentlich ein Kunde von einem Inbound-Agenten zurückgerufen wird, sondern konzentrieren uns auf den reinen Outbound-Betrieb, in dem eine Anzahl von Agenten nur Outbound-Gespräche führt.

Während wir in den Abschnitten 3.3.3 bis 3.3.5 solche Entscheidungsprobleme betrachtet haben, in denen es um den Personaleinsatz in einer *einzelnen* Periode ging, ist das Entscheidungsproblem im Fall des Outbound Call Centers im einperiodigen Fall theoretisch uninteressant und praktisch irrelevant. Die Outbound-Gespräche

stellen wir im folgenden bereits hier ein mehrperiodiges Modell der Kostenminimierung im Outbound-Betrieb dar, welches wir in der Folge zur Analyse der *Economies of Scale* (in Abschnitt 4.3) noch zu einem gewinnorientierten Modell weiterentwickeln werden. Diese Modelle können damit *auch* als Instrumente der Personaleinsatzplanung im Outbound Call Center angesehen werden.

Im reinen Outbound-Betrieb tritt häufig die Problemstellung auf, in einem begrenzten Zeitraum Gesprächspartner anzurufen, um in den Gesprächen eine bestimmte Aufgabe zu erledigen. Dabei können zwei verschiedene Konstellationen unterschieden werden. Zum einen kann die Aufgabe so formuliert werden, daß jeder einzelne Adressat dieser sogenannten *Kampagne* gemäß einer vorliegenden Datei angerufen werden soll und dazu - sofern notwendig - jeweils bis zu z.B. drei Versuche unternommen werden sollen. Diese Formulierung der Aufgabenstellung stellt auf den Input des Call-Center-Betreibers ab. Es ist jedoch auch möglich, die Aufgabe so zu formulieren, daß eine bestimmte Zahl von in einer zu definierenden Weise *erfolgreichen* Gesprächen geführt wird. Dadurch wird der Output der Kampagne festgelegt und die Perspektive des Auftraggebers der Kampagne eingenommen. Von dieser zweiten Form der Aufgabenstellung wollen wir im folgenden ausgehen.

Der Zeitraum, in dem die Gespräche zu führen sind, kann dabei aus den verschiedensten Gründen beschränkt sein. So soll im Vorfeld von Wahlen durch telefonische Meinungsumfragen häufig die politische Stimmung zu einem bestimmten Zeitpunkt (etwa unmittelbar im Anschluß an ein "Fernsehduell" von wichtigen Politikern) erfaßt werden. Im privaten Sektor spielen im Rahmen des Customer Relationship Managements computergestützte Verkaufskampagnen eine große Rolle, bei denen über diverse Kommunikationskanäle ehemalige oder potentielle Kunden angesprochen werden sollen, um an diese Sachgüter oder Dienstleistungen zu verkaufen oder die Geschäftsbeziehung anderweitig zu pflegen.

Für die Durchführung derartiger Kampagnen werden häufig externe Dienstleister eingesetzt, weil die Auftraggeber die dazu erforderlichen personellen und technischen Ressourcen selbst nicht aufbauen können oder wollen. Aus der Sicht eines derartigen Dienstleisters stellt sich dann die Aufgabe, in einer Kampagne ein gegebenes Volumen von Outbound-Anrufen in einem bestimmten Zeitraum möglichst kostenminimal durchzuführen.

Wir gehen im folgenden davon aus, daß für einen Zeitraum von D Tagen mit je H Stunden insgesamt K Kampagnen zu telefonieren sind. Jede Kampagne ist durch eine Zielgruppe gekennzeichnet, für welche entsprechende Telefonnummern vorliegen. Für jede Kampagne ist auch der genaue Zeitraum spezifiziert, innerhalb dessen sie durchgeführt werden soll.

Während im Inbound-Betrieb die Erreichbarkeit der Agenten wichtig ist, kommt im Outbound-Betrieb der Erreichbarkeit der Anzurufenden die zentrale Rolle zu. Diese wird für jede Zielgruppe von dem Wochentag und der Tageszeit abhängen. Da sich z.B. in Familien häufig mehrere Personen einen Telefonanschluß teilen, kann es vorkommen, daß man zwar unter der Telefonnummer jemanden erreicht, es sich aber nicht um die gewünschte Person handelt. Für jedes tatsächlich mit einem Angehörigen der Zielgruppe von Kampagne k in Stunde h von Tag d geführte Gespräch ist also eine gewisse mittlere "Gesprächsanbahnungs-" oder "Suchzeit" s_{kdh} zu veranschlagen, die das *vielfach erfolglose* Wählen, Warten auf die Annahme des Anrufes und das Durchfragen zu dem gewünschten Gesprächspartner umfaßt.[10] Daran schließt sich die mittlere Gesprächszeit g_{kdh} an. Nun führt u.U. nur ein bestimmter Teil e_k der Gespräche mit einem Angehörigen der Zielgruppe von Kampagne k zum angestrebten Erfolg, wie z.B. einer Bestellung. Für das Management des Call Centers stellt sich im einfachsten Fall die Aufgabe, für jede Stunde h jedes Tages d die Anzahl X_{kdh} an Agenten zu bestimmen, die für die Kampagne k telefonieren. Dabei darf jede Kampagne u.U. nur in bestimmten Zeiträumen stattfinden.

Zudem unterstellen wir, daß die Aufgabenstellung für den Call-Center-Betreiber outputorientiert formuliert ist und für jede Kampagne zu einer vorgegebenen Anzahl v_k erfolgreicher Gespräche führen soll. Wir nehmen ferner an, daß jeder Agent jede Kampagne telefonieren kann. Die Gesamtzahl Y_{dh} von eingesetzten Agenten in Stunde h von Tag d ist nach oben durch y_{dh}^{max} und nach unten durch y_{dh}^{min} begrenzt. Eine obere Schranke kann sich z.B. aus der Anzahl an (physischen) Arbeitsplätzen im Call Center ergeben. Zudem unterstellen wir, daß der maximale Anstieg der Agentenzahl von einer Stunde zur nächsten durch Δy^+ und analog der maximale Rückgang durch Δy^- begrenzt ist. Der so über den Tag bestimmte Personalbedarf soll also von Periode zu Periode nicht zu stark schwanken, so daß die anschließend zu lösenden Probleme der Schicht- und Personaleinsatzplanung für die einzelnen Agenten nicht zu schwierig werden. Insgesamt soll das Personal so eingesetzt werden, daß bei einem Lohnkostensatz l_{dh} die Lohnkosten minimiert werden. Dazu formulieren wir ein Entscheidungsmodell mit der folgenden Notation:

---

[10] Das Wählen und Warten auf den Gesprächspartner kann auch computergestützt durch einen sog. "Power dialer" oder einen "Predictive dialer" durchgeführt werden, bei dem nur angenommene Anrufe an einen Agenten durchgeschaltet werden. Durch den Einsatz dieser Technologie kann man die Produktivität der Agenten im Outbound-Betrieb steigern. Sie birgt aber auch die Gefahr, daß die Angerufenen den Anruf des Computers annehmen und für sie dann kein Agent verfügbar ist. Dies kann der Außenwirkung des anrufenden Unternehmens durchaus abträglich sein.

Indizes:

$k = 1, \ldots, K;$	Kampagnenindex
$d = 1, \ldots, D;$	Tagesindex
$h = 1, \ldots, H;$	Stundenindex

Parameter:

e_k	Erwarteter Anteil der erfolgreichen Gespräche von Kampagne k
g_{kdh}	Erwartete Dauer der Gesprächsführung für ein Gespräch von Kampagne k in Stunde h von Tag d als Anteil einer Stunde (dimensionslos)
l_{dh}	Lohnkostensatz für Stunde h von Tag d [GE]
s_{kdh}	Erwartete Dauer der Gesprächsanbahnung für ein Gespräch von Kampagne k in Stunde h von Tag d als Anteil einer Stunde (dimensionslos)
v_k	Anzahl erfolgreich zu führender Gespräche in Kampagne k
x_{kdh}^{max}	Maximaler Agenteneinsatz in Stunde h von Tag d für Kampagne k
y_{dh}^{max}	Maximaler Agenteneinsatz in Stunde h von Tag d
y_{dh}^{min}	Minimaler Agenteneinsatz in Stunde h von Tag d
Δy^+	Maximaler Aufbau der Agentenzahl je Stunde
Δy^-	Maximaler Abbau der Agentenzahl je Stunde

Entscheidungsvariablen:

X_{kdh}	Anzahl Agenten, die in Stunde h von Tag d für Kampagne k telefonieren
Y_{dh}	Gesamtzahl Agenten, die in Stunde h von Tag d telefonieren

Mit dieser Notation kann man das folgende lineare Entscheidungsmodell formulieren:

$$\text{Minimiere} \sum_{k=1}^{K} \sum_{d=1}^{D} \sum_{h=1}^{H} l_{dh} X_{kdh} \tag{3.6}$$

unter Beachtung der Nebenbedingungen

$$\sum_{d=1}^{D}\sum_{h=1}^{H}\frac{e_k}{s_{kdh}+g_{kdh}}X_{kdh}=v_k, \qquad k=1,\ldots,K; \tag{3.7}$$

$$X_{kdh}\leq x_{kdh}^{max}, \qquad k=1,\ldots,K;d=1,\ldots,D; \; h=1,\ldots,H \tag{3.8}$$

$$\sum_{k=1}^{K}X_{kdh}=Y_{dh}, \qquad d=1,\ldots D;h=1,\ldots,H; \tag{3.9}$$

$$Y_{dh}\leq y_{dh}^{max}, \qquad d=1,\ldots,D;h=1,\ldots,H; \tag{3.10}$$

$$Y_{dh}\geq y_{dh}^{min}, \qquad d=1,\ldots,D;h=1,\ldots,H; \tag{3.11}$$

$$Y_{dh}-Y_{d,h-1}\leq \Delta y^{+}, \qquad d=1,\ldots,D;h=2,\ldots,H; \tag{3.12}$$

$$Y_{d,h-1}-Y_{dh}\leq \Delta y^{-}, \qquad d=1,\ldots,D;h=2,\ldots,H; \tag{3.13}$$

$$X_{kdh}\geq 0, \qquad k=1,\ldots,K;d=1,\ldots,D; \; h=1,\ldots,H; \tag{3.14}$$

$$Y_{dh}\geq 0, \qquad d=1,\ldots,D;h=1,\ldots,H; \tag{3.15}$$

In der Zielfunktion (3.6) wird gefordert, daß die Lohnkosten für die Agenten über alle Perioden und Kampagnen minimiert werden. Die Nebenbedingung (3.7) sorgt dafür, daß im Mittel die erforderliche Anzahl erfolgreicher Gespräche geführt wird. Durch die Bedingungen (3.8) kann sichergestellt werden, daß in bestimmten Stunden h von Tag d für eine Kampagne k gerade nicht telefoniert wird, wenn man den Parameter x_{kdh}^{max} auf den Wert Null setzt. Ansonsten ist dieser Parameter auf einen großen Wert zu setzen, z.B. y_{dh}^{max}. Die *insgesamt* eingesetzte Zahl von Agenten in einer Periode Y_{dh} wird in Gleichung (3.9) errechnet und durch die Ungleichungen (3.10) und (3.11) nach oben und unten beschränkt. Durch die Nebenbedingungen (3.12 und 3.13) wird der maximale Personalauf- und -abbau nach oben und unten beschränkt. Die Zahl eingesetzter Agenten kann nicht negativ sein (Ungleichungen (3.14) und (3.15)).[11]

Obwohl sich dieses Modell im Vergleich zur realen Planungssituation bei einem Dienstleister durch einige überaus heroische Vereinfachungen auszeichnet, macht es bereits deutlich, daß der Personaleinsatzplaner im Outbound Call Center vor einer Aufgabe beträchtlicher Komplexität steht. Nun, glücklicherweise kann auch hier geholfen werden, wenn man denn die richtigen Instrumente kennt.

[11] Der Fachmann wird jetzt monieren, daß die Variable Y_{dh} redundant ist. Ja das ist sie, und zwar mit Absicht, um ein leichter lesbares Modell zu schaffen. Außerdem wird er fragen, warum wir die Ganzzahligkeitsbedingung für die Anzahl eingesetzter Agenten vergessen haben. Wir haben sie nicht vergessen, sondern zur Reduzierung der Rechenzeit für die Lösung des Modells bewußt darauf verzichtet und empfehlen, die nicht-ganzzahligen Ergebnisse auf- oder abzurunden. Der Personaleinsatz richtet sich ja ohnehin nur nach *erwarteten* erfolgreichen Gesprächen je Agent und Periode. Zum Ende der Kampagne wird man den Personaleinsatz in jedem Fall noch ein wenig nachsteuern müssen, wenn man bislang zu viele oder zu wenige erfolgreiche Gespräche geführt hat.

Dazu kann man dieses Modell in eine kommerzielle Modellierungssprache wie z.B. MPL übertragen und mit einem kommerziellen Solver wie z.B. CPLEX lösen. Wie dieses Modell in der Software MPL letztlich aussehen kann, sehen Sie in der Abbildung 3.12. Was dabei herauskommt, wenn man das Modell unter Verwendung einer derartigen Modellierungssprache implementiert und löst, zeigen wir nun an einem kleinen Beispiel.

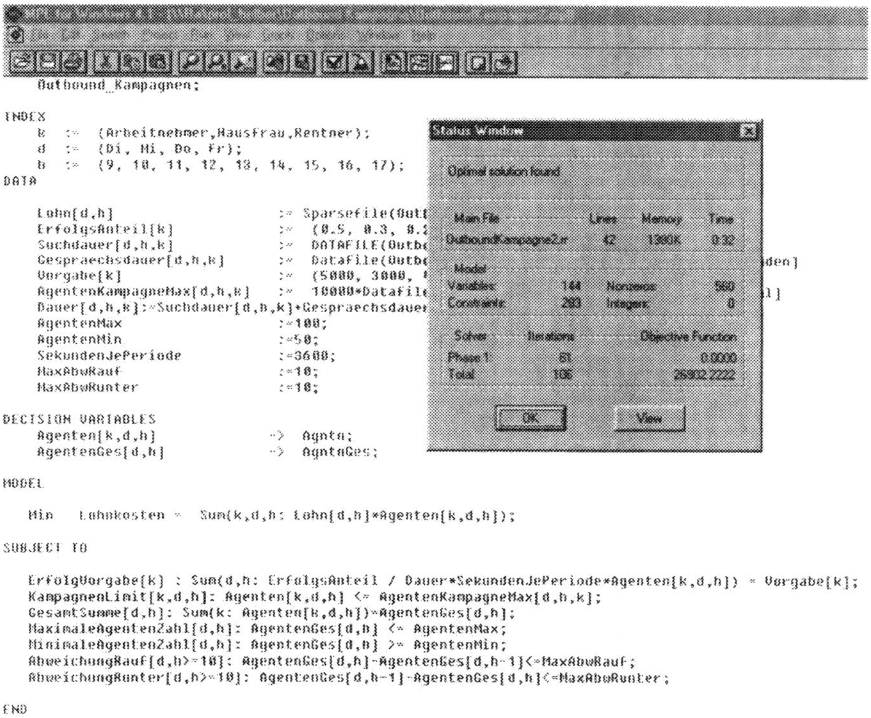

Abb. 3.12. Entscheidungsmodell zur Kampagnenplanung in der Modellierungssprache MPL

Wir gehen davon aus, daß in einem fiktiven Outbound Call Center für den Zeitraum von Dienstag bis Freitag der Agenteneinsatz auf Stundenbasis geplant werden soll. Das Call Center operiert täglich von 9:00 -18:00 Uhr. In dem Betrachtungszeitraum sollen drei Kampagnen durchgeführt werden, die sich an drei verschiedene Zielgruppen wenden, und zwar an *Arbeitnehmer*, *Hausfrauen* und *Rentner*. In den Tabellen 3.5 und 3.6 unterstellen wir, daß die Arbeitnehmer tagsüber mit einer Gesprächsanbahnungsdauer von 240 Sekunden sehr schlecht zu erreichen sind, abgesehen vom Freitagnachmittag. Die Gruppe der Hausfrauen ist um die Mittagszeit relativ schlecht zu erreichen wegen der Zubereitung von Mahlzeiten und der Betreuung der aus der Schule kommenden Kinder, während die Gruppe der Rentner am späten Vor- und Nachmittag etwas schlechter zu erreichen ist als zu den übrigen Zeiten, weil sie ihre Aktivitäten außer Haus auf diese Zeiträume konzentriert.

Tabelle 3.5. Gesprächsanbahnungsdauer s_{kdh} je Kampagne von Dienstag bis Donnerstag [Sek.]

Uhrzeit	Arbeitnehmer	Hausfrauen	Rentner
9:00-10:00	240	60	60
10:00-11:00	240	60	60
11:00-12:00	240	60	90
12:00-13:00	240	60	60
13:00-14:00	240	120	60
14:00-15:00	240	120	60
15:00-16:00	240	120	90
16:00-17:00	240	60	90
17:00-18:00	120	60	60

Tabelle 3.6. Gesprächsanbahnungsdauer s_{kdh} je Kampagne am Freitag [Sek.]

Uhrzeit	Arbeitnehmer	Hausfrauen	Rentner
9:00-10:00	240	60	60
10:00-11:00	240	60	60
11:00-12:00	240	60	90
12:00-13:00	240	60	60
13:00-14:00	120	120	60
14:00-15:00	120	120	60
15:00-16:00	60	120	90
16:00-17:00	60	60	90
17:00-18:00	60	60	60

Die reine Gesprächsdauer unterscheidet sich ebenfalls aufgrund der unterschiedlichen Gesprächsinhalte der jeweiligen Kampagnen und beträgt im Mittel bei den Arbeitnehmern 120 Sekunden, bei den Hausfrauen 150 Sekunden und bei den Rentnern 180 Sekunden. In den drei Kampagnen führen bei den Arbeitnehmern im Mittel 50% der Gespräche zum gewünschten Erfolg (z.B. der Beantwortung eines Fragenkataloges oder der Aufgabe einer Bestellung), während dies bei den Hausfrauen nur in 30% und bei den Rentnern nur in 20% der geführten Gespräche der Fall ist. Mit den Arbeitnehmern sind 5000 erfolgreiche Gespräche zu führen, mit den Hausfrauen 3000 und mit den Rentnern 4000. Wir unterstellen ferner, daß aus hier nicht interessierenden Gründen die Arbeitnehmer nur donnerstags oder freitags angerufen werden dürfen, die Rentner nur dienstags oder mittwochs und die Hausfrauen über den gesamten Zeitraum. Der Lohnsatz je Stunde und Agenten beträgt normalerweise 10 GE, mit Ausnahme der Zeit von 17:00-18:00 Uhr, wo er auf 20 GE ansteigt.

Vor dem Hintergrund dieser Datenbasis wollen wir nun im folgenden vier verschiedene Planungsszenarien durchspielen, die wir im Überblick in Tabelle 3.7 mit ihren Annahmen und den minimal möglichen Kosten zusammengestellt haben.

Im ersten Fall sind wir davon ausgegangen, daß Agenten beliebig verfügbar sind und ihre Anzahl von Stunde zu Stunde beliebig auf- und abgebaut werden kann. Diese (unrealistische) Annahme erlaubt es uns, mit 24166.67 GE eine untere Grenze der Lohnkosten für die drei Kampagnen anzugeben, die auch durch die geschickte-

Tabelle 3.7. Planungsszenarien im Überblick

Fall	y_{dh}^{min}	y_{dh}^{max}	Δy^+	Δy^-	Minimale Kosten [GE]
1	0	∞	∞	∞	24166.67
2	0	100	∞	∞	26083.33
3	0	100	10	10	26533.33
4	50	100	10	10	26902.22

ste zeitliche Einplanung auf keinen Fall unterschritten werden kann. Eine mögliche "optimale Lösung" im Fall 1 sieht nun so aus, daß Freitag von 15:00-16:00 Uhr 500 Agenten nur die Arbeitnehmer anrufen. Am Donnerstag von 12:00-13:00 Uhr rufen 583.33 Agenten die Hausfrauen an und am Dienstag von 10:00-11:00 Uhr 1333.33 Agenten die Rentner.[12] In den übrigen Zeiten werden keine Agenten eingesetzt! Ein solcher "Plan" würde im richtigen Leben zu erhöhter Heiterkeit Anlaß geben, weil der Personaleinsatz im Zeitablauf sehr stark schwankt. Betrachten wir daher nun den Fall 2 mit einer Maximalzahl von 100 einsetzbaren Agenten. Die Lösung führt auf den Agenteneinsatz in Tabelle 3.8. Auch mit diesem Plan könnte man in der Praxis noch keinen Blumentopf gewinnen. Zwar werden nie mehr als 100 Agenten eingesetzt, aber der Auf- und Abbau der Agentenzahl wird in der Praxis so nicht realisierbar sein. Besonders deutlich wird dies im Fall des Freitags, wo zunächst von 9:00 bis 10:00 Uhr 100 Agenten eingesetzt werden, die man dann für drei Stunden nach Hause schickt, um sie anschließend wieder von 13:00 bis 18:00 Uhr zurückzuholen.

Aus diesem Grund fordern wir im Szenario 3, daß zusätzlich von Stunde zu Stunde eines Tages der Agenteneinsatz um maximal 10 Agenten zu- oder abnehmen darf. Das Ergebnis in Tabelle 3.9 sieht nun schon ganz vernünftig aus. Lediglich der geringe Personaleinsatz am Mittwochnachmittag könnte schwierig zu realisieren sein, wenn in dem Call Center viele Vollzeit-Kräfte beschäftigt sind. Aus diesem Grund fordern wir in Szenario 4 zusätzlich, daß zu jedem Zeitpunkt mindestens 50 Agenten eingesetzt werden. Dies führt zu dem Plan in Tabelle 3.10. Analysiert man dieses Ergebnis, so zeigt sich, daß die Arbeitnehmer fast ausschließlich am Freitagnachmittag angerufen werden. In diesem Zeitraum sind sie annahmegemäß ja auch am besten zu erreichen. Die Hausfrauen werden weitgehend vor 13:00 und nach 16:00 Uhr angerufen, während die Rentner nur relativ wenig zwischen 11:00 und 12:00 sowie zwischen 15:00 und 17:00 Uhr angerufen werden, wenn ihre unterstellte Erreichbarkeit gemäß Tabelle 3.5 relativ gering ist. Außerdem werden die Arbeitnehmer nur donnerstags und freitags und die Rentner nur montags und dienstags angerufen. Auch dies entspricht der Vorgabe. Bemerkenswert ist, daß die Lohnkosten der Lösung von Fall 4, die eine Vielzahl von Nebenbedingungen bezüglich des Agenteneinsatzes einhält, "nur" um ca. 11% über der unteren Schranke aus Fall 1 liegen.

Insgesamt macht das Beispiel deutlich, daß durch ein einfaches lineares Entscheidungsmodell die Personaleinsatzplanung für die Kampagnen im Outbound-Betrieb

[12] Solche Ergebnisse mit nicht-ganzzahligen Werten für den Agenteneinsatz kommen dadurch zustande, daß wir auf die Ganzzahligkeitsbedingung verzichtet haben. In der Praxis würde man nun auf- oder abrunden.

eines Call Centers unterstützt und auf das Erfolgsziel des Unternehmens hin ausgerichtet werden kann. Das angegebene Entscheidungsmodell ist dabei als ein *generisches* Modell zu sehen, welches die Grundstruktur einer bestimmten Problemsicht abbildet und im konkreten Anwendungsfall noch anzupassen sein wird. Die Rechenzeit für die Lösung des Modells ist im übrigen vernachlässigbar, weil wir darauf verzichtet haben, für die Entscheidungsvariablen X_{kdh} und Y_{dh} die Ganzzahligkeit zu fordern.

Für den Fall 4 zeigen wir in der Abbildung 3.13 exemplarisch, wie die errechnete Lösung in der Modellierungsumgebung MPL dargestellt wird.

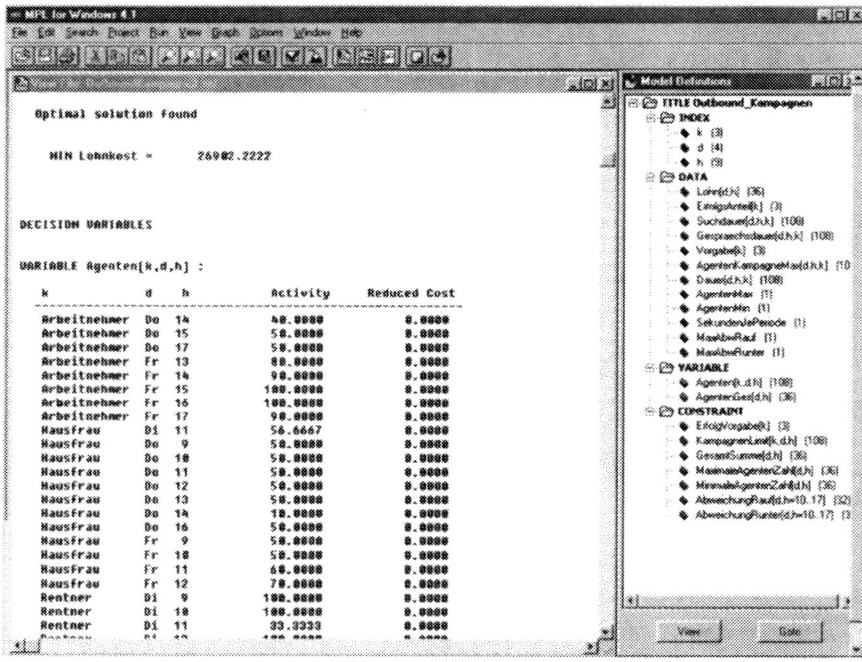

Abb. 3.13. MPL-Ausgabe der Lösung von Fall 4

Tabelle 3.8. Agenteneinsatz je Kampagne im Fall 2

Tag und Uhrzeit	Arbeitnehmer	Hausfrauen	Rentner	Gesamt
Di 09:00-10:00	0.00	0.00	100.00	100.00
Di 10:00-11:00	0.00	0.00	100.00	100.00
Di 11:00-12:00	0.00	0.00	100.00	100.00
Di 12:00-13:00	0.00	0.00	100.00	100.00
Di 13:00-14:00	0.00	0.00	100.00	100.00
Di 14:00-15:00	0.00	0.00	100.00	100.00
Di 15:00-16:00	0.00	0.00	100.00	100.00
Di 16:00-17:00	0.00	25.00	75.00	100.00
Di 17:00-18:00	0.00	0.00	0.00	0.00
Mi 09:00-10:00	0.00	0.00	100.00	100.00
Mi 10:00-11:00	0.00	0.00	100.00	100.00
Mi 11:00-12:00	0.00	58.33	0.00	58.33
Mi 12:00-13:00	0.00	0.00	100.00	100.00
Mi 13:00-14:00	0.00	0.00	100.00	100.00
Mi 14:00-15:00	0.00	0.00	100.00	100.00
Mi 15:00-16:00	0.00	0.00	100.00	100.00
Mi 16:00-17:00	0.00	0.00	0.00	0.00
Mi 17:00-18:00	0.00	0.00	0.00	0.00
Do 09:00-10:00	0.00	100.00	0.00	100.00
Do 10:00-11:00	0.00	100.00	0.00	100.00
Do 11:00-12:00	0.00	100.00	0.00	100.00
Do 12:00-13:00	0.00	100.00	0.00	100.00
Do 13:00-14:00	0.00	0.00	0.00	0.00
Do 14:00-15:00	0.00	0.00	0.00	0.00
Do 15:00-16:00	0.00	0.00	0.00	0.00
Do 16:00-17:00	0.00	0.00	0.00	0.00
Do 17:00-18:00	66.66	0.00	0.00	66.66
Fr 09:00-10:00	0.00	100.00	0.00	100.00
Fr 10:00-11:00	0.00	0.00	0.00	0.00
Fr 11:00-12:00	0.00	0.00	0.00	0.00
Fr 12:00-13:00	0.00	0.00	0.00	0.00
Fr 13:00-14:00	100.00	0.00	0.00	100.00
Fr 14:00-15:00	100.00	0.00	0.00	100.00
Fr 15:00-16:00	100.00	0.00	0.00	100.00
Fr 16:00-17:00	100.00	0.00	0.00	100.00
Fr 17:00-18:00	100.00	0.00	0.00	100.00

Tabelle 3.9. Agenteneinsatz je Kampagne im Fall 3

Tag und Uhrzeit	Arbeitnehmer	Hausfrauen	Rentner	Gesamt
Di 09:00-10:00	0.00	0.00	100.00	100.00
Di 10:00-11:00	0.00	0.00	100.00	100.00
Di 11:00-12:00	0.00	0.00	100.00	100.00
Di 12:00-13:00	0.00	0.00	100.00	100.00
Di 13:00-14:00	0.00	0.00	90.00	90.00
Di 14:00-15:00	0.00	0.00	80.00	80.00
Di 15:00-16:00	0.00	0.00	70.00	70.00
Di 16:00-17:00	0.00	0.00	60.00	60.00
Di 17:00-18:00	0.00	0.00	50.00	50.00
Mi 09:00-10:00	0.00	0.00	100.00	100.00
Mi 10:00-11:00	0.00	0.00	100.00	100.00
Mi 11:00-12:00	0.00	0.00	90.00	90.00
Mi 12:00-13:00	0.00	0.00	81.53	81.53
Mi 13:00-14:00	0.00	0.00	71.53	71.53
Mi 14:00-15:00	0.00	0.00	61.53	61.53
Mi 15:00-16:00	0.00	0.00	51.53	51.53
Mi 16:00-17:00	0.00	0.00	41.53	41.53
Mi 17:00-18:00	0.00	0.00	31.53	31.53
Do 09:00-10:00	0.00	70.55	0.00	70.55
Do 10:00-11:00	0.00	60.55	0.00	60.55
Do 11:00-12:00	0.00	50.55	0.00	50.55
Do 12:00-13:00	0.00	40.55	0.00	40.55
Do 13:00-14:00	30.55	0.00	0.00	30.55
Do 14:00-15:00	20.55	0.00	0.00	20.55
Do 15:00-16:00	20.00	0.00	0.00	20.00
Do 16:00-17:00	0.00	10.00	0.00	10.00
Do 17:00-18:00	0.00	0.00	0.00	0.00
Fr 09:00-10:00	0.00	100.00	0.00	100.00
Fr 10:00-11:00	0.00	90.00	0.00	90.00
Fr 11:00-12:00	0.00	100.00	0.00	100.00
Fr 12:00-13:00	28.88	61.11	0.00	90.00
Fr 13:00-14:00	100.00	0.00	0.00	100.00
Fr 14:00-15:00	100.00	0.00	0.00	100.00
Fr 15:00-16:00	100.00	0.00	0.00	100.00
Fr 16:00-17:00	100.00	0.00	0.00	100.00
Fr 17:00-18:00	100.00	0.00	0.00	100.00

Tabelle 3.10. Agenteneinsatz je Kampagne im Fall 4

Tag und Uhrzeit	Arbeitnehmer	Hausfrauen	Rentner	Gesamt
Di 09:00-10:00	0.00	0.00	100.00	100.00
Di 10:00-11:00	0.00	0.00	92.88	92.88
Di 11:00-12:00	0.00	56.66	26.22	82.88
Di 12:00-13:00	0.00	0.00	92.88	92.88
Di 13:00-14:00	0.00	0.00	82.88	82.88
Di 14:00-15:00	0.00	0.00	72.88	72.88
Di 15:00-16:00	0.00	0.00	62.88	62.88
Di 16:00-17:00	0.00	0.00	52.88	52.88
Di 17:00-18:00	0.00	0.00	50.00	50.00
Mi 09:00-10:00	0.00	0.00	100.00	100.00
Mi 10:00-11:00	0.00	0.00	100.00	100.00
Mi 11:00-12:00	0.00	0.00	90.00	90.00
Mi 12:00-13:00	0.00	0.00	100.00	100.00
Mi 13:00-14:00	0.00	0.00	90.00	90.00
Mi 14:00-15:00	0.00	0.00	80.00	80.00
Mi 15:00-16:00	0.00	0.00	70.00	70.00
Mi 16:00-17:00	0.00	0.00	60.00	60.00
Mi 17:00-18:00	0.00	0.00	50.00	50.00
Do 09:00-10:00	0.00	50.00	0.00	50.00
Do 10:00-11:00	0.00	50.00	0.00	50.00
Do 11:00-12:00	0.00	50.00	0.00	50.00
Do 12:00-13:00	0.00	50.00	0.00	50.00
Do 13:00-14:00	0.00	50.00	0.00	50.00
Do 14:00-15:00	40.00	10.00	0.00	50.00
Do 15:00-16:00	50.00	0.00	0.00	50.00
Do 16:00-17:00	0.00	50.00	0.00	50.00
Do 17:00-18:00	50.00	0.00	0.00	50.00
Fr 09:00-10:00	0.00	50.00	0.00	50.00
Fr 10:00-11:00	0.00	50.00	0.00	50.00
Fr 11:00-12:00	0.00	60.00	0.00	60.00
Fr 12:00-13:00	0.00	70.00	0.00	70.00
Fr 13:00-14:00	80.00	0.00	0.00	80.00
Fr 14:00-15:00	90.00	0.00	0.00	90.00
Fr 15:00-16:00	100.00	0.00	0.00	100.00
Fr 16:00-17:00	100.00	0.00	0.00	100.00
Fr 17:00-18:00	90.00	0.00	0.00	90.00

Teil II

Strukturen: Geben Sie Ihren Call Centern einen effizienten Aufbau

4

Economies of Scale: Warum ist Ihre Betriebsgröße so wichtig?

4.1 Drei Inbound Call Center im Vergleich

Ob ein Call Center effizient arbeiten kann, hängt maßgeblich davon ab, wie es strukturiert ist und welche Technologien eingesetzt werden. Als Struktur bezeichnen wir die aufbauorganisatorische längerfristig wirksame Zuordnung der Aufgaben zu den zu ihrer Lösung eingesetzten personellen und technischen Ressourcen. Im folgenden werden wir zunächst Betriebsgrößeneffekte (die berühmten *Economies of Scale*) analysieren. Danach widmen wir uns den Problemen und Chancen des Einsatzes von Technologien der automatisierten Anrufverteilung und -behandlung. Anschließend betrachten wir die Vorteile solcher Call Center, die sowohl im Inbound- als auch im Outbound-Betrieb operieren.

Wer ein Inbound Call Center einrichtet, sollte eine grundlegende Regel nicht nur kennen, sondern auch beachten. Diese Regel besagt, daß kleine Call Center nicht wirtschaftlich arbeiten können. Wie so viele Daumenregeln führt auch diese zu vielen Fragen: Wann genau ist ein Call Center klein? Warum sollte ein großes Call Center wirtschaftlicher arbeiten können als ein kleines? Wird es immer wirtschaftlicher, je größer es wird? Und was genau heißt eigentlich wirtschaftlich? Diesen Fragen wollen wir im folgenden anhand einer Beispielrechnung nachgehen, in der wir wieder unser Grundmodell aus Abschnitt 2.2 verwenden und auf das Beispiel im Abschnitt 2.3 zurückgreifen, in dem wir in den Abbildungen 2.6 bis 2.8 auf Seite 23ff. der Frage nachgegangen sind, wie die Agentenzahl sich auf die Kenngrößen

- Erreichbarkeit der Agenten,
- mittlere Wartezeit der bedienten Anrufer und
- Auslastung der Agenten

auswirkt. Dazu betrachten wir nun drei verschiedene Inbound Call Center mit den Parametern in Tabelle 4.1. Das kleine Call Center hat ein geringes Anrufaufkommen von 36 Anrufen in 30 Minuten, so daß sich eine Arbeitslast von 2.4 Erlangs ergibt.

Im mittleren Call Center ergeben sich bei 360 Anrufen 24 Erlangs und im großen Call Center bei 3600 Anrufen 240 Erlangs.[1]

Tabelle 4.1. Parameter der drei Inbound Call Center

	Kleines CC	Mittleres CC	Großes CC
Anrufe je 30 Minuten	36	360	3600
Anrufrate λ [Sek.$^{-1}$]	0.02	0.2	2.0
Anzahl Leitungen $K = c + q$	10	100	1000
Mittlere Gesprächsdauer $\frac{1}{\mu}$ [Sek.]	120	120	120
Arbeitslast $a = \frac{\lambda}{\mu}$	2.4	24	240
Wahrscheinlichkeit des Zurückschreckens β	0.1	0.1	0.1
Mittlere Wartezeittoleranz $\frac{1}{\nu}$ [Sek.]	30	30	30

In der Abbildung 4.1 vergleichen wir für das kleine, das mittlere und das große Call Center den Einfluß der Agentenzahl auf die erreichbare Auslastung. Während im Fall des kleinen Call Centers bei zwei Agenten lediglich eine Auslastung von ca. 71% erreicht werden kann, kommen wir im Fall des mittleren Call Centers bei 20 Agenten auf eine Auslastung von 94% und im Fall des großen Call Centers bei 200 Agenten auf eine Auslastung von über 99%.

Die Bedienwahrscheinlichkeit oder Erreichbarkeit in Abbildung 4.2 beträgt im kleinen Call Center bei zwei Agenten nur 59%, im mittleren Call Center bei 20 Agenten bereits 78% und im großen Call Center mit 200 Agenten 83%.

Der Vergleich der mittleren Wartezeiten der bedienten Anrufer gestaltet sich dagegen etwas schwieriger, weil er sich aufgrund der unterschiedlichen Erreichbarkeiten in den verschiedenen Fällen auf unterschiedliche große Anteile der Anrufer bezieht. So beträgt gemäß Abbildung 4.3 die mittlere Wartezeit der bedienten Anrufer bei zwei Agenten im kleinen Call Center 5.49 Sekunden, bei 20 Agenten im mittleren Call Center 4.54 Sekunden und im großen Call Center bei 200 Agenten 3.06 Sekunden. Analysiert man jedoch den Fall mit einem einzigen Agenten in dem kleinen Call Center, 10 Agenten in dem mittleren Call Center und 100 Agenten in dem großen Call Center, so zeigt die Abbildung 4.3, daß sich nun die *umgekehrte* Reihung ergibt: In dem kleinen Call Center liegt die mittlere Wartezeit der bedienten Anrufer unter 10 Sekunden, in dem mittleren unter 20 Sekunden und in dem großen sogar über 20 Sekunden. Dies sind jedoch relativ pathologische Fälle von hoffnungslos überlasteten Systemen.

In der Abbildung 4.4 wird der Zusammenhang zwischen der Auslastung der Agenten und ihrer Erreichbarkeit aus Sicht der Anrufer für die drei Call Center im Vergleich dargestellt und in der Abbildung 4.5 der Zusammenhang zwischen der Auslastung der Agenten und der mittleren Wartezeit der bedienten Anrufer. Auch diese Abbildungen zeigen deutlich, daß bei gleicher Auslastung der Agenten im

[1] Zur Berechnung der Arbeitslast a siehe Gleichung (2.4) auf Seite 20.

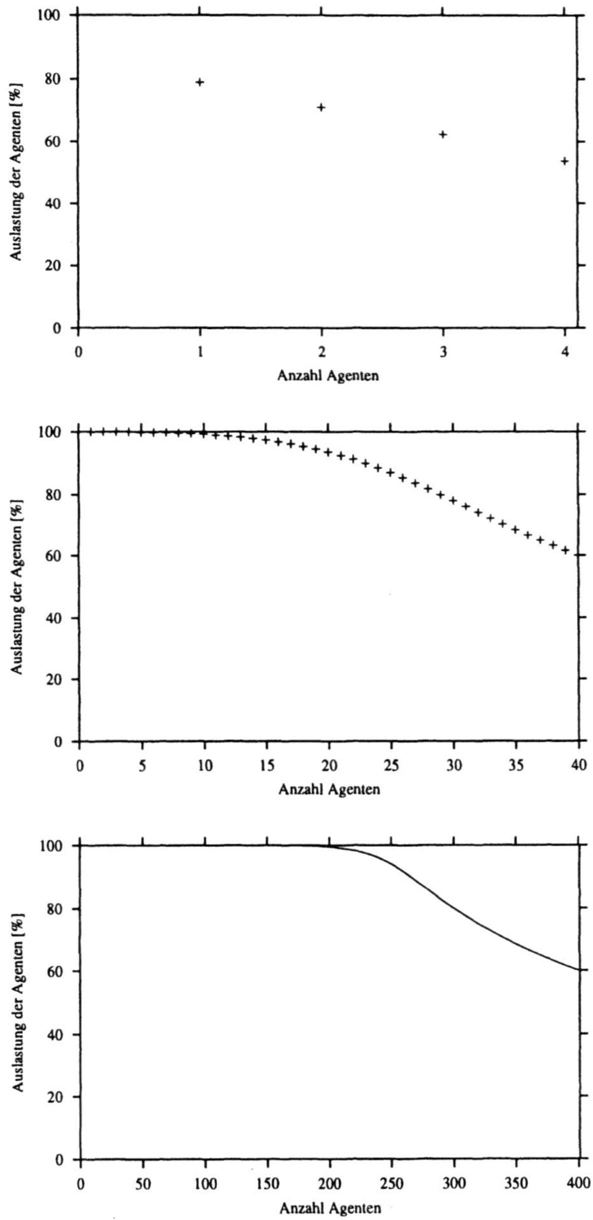

Abb. 4.1. Auslastung der Agenten in Abhängigkeit der Agentenzahl im kleinen, mittleren und großen Call Center

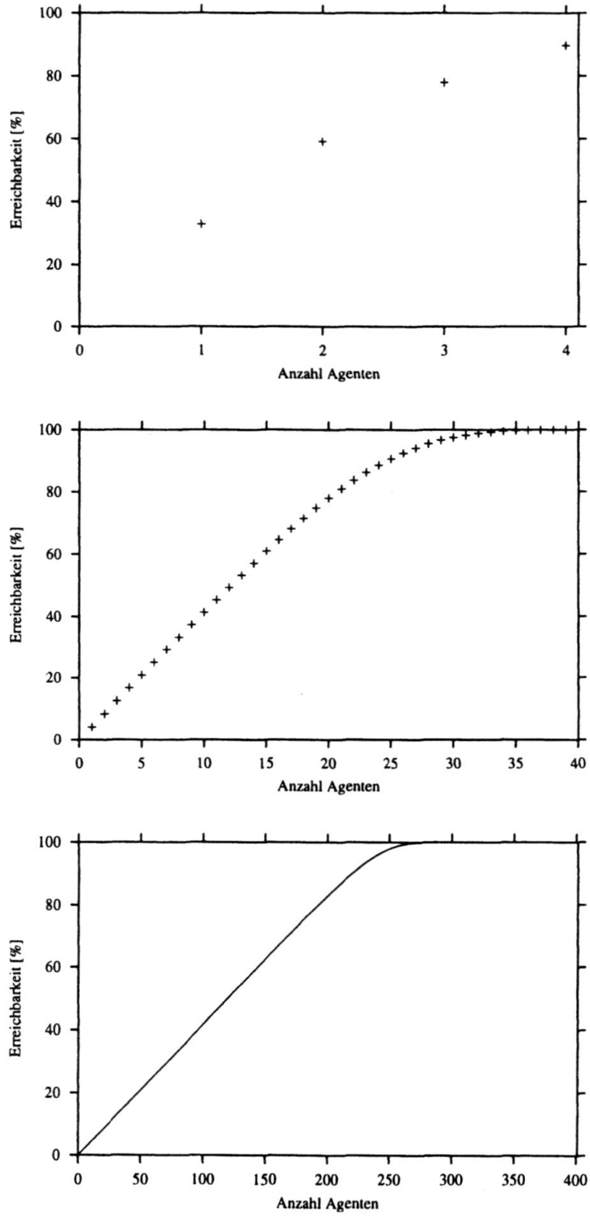

Abb. 4.2. Bedienwahrscheinlichkeit der Anrufer in Abhängigkeit der Agentenzahl im kleinen, mittleren und großen Call Center

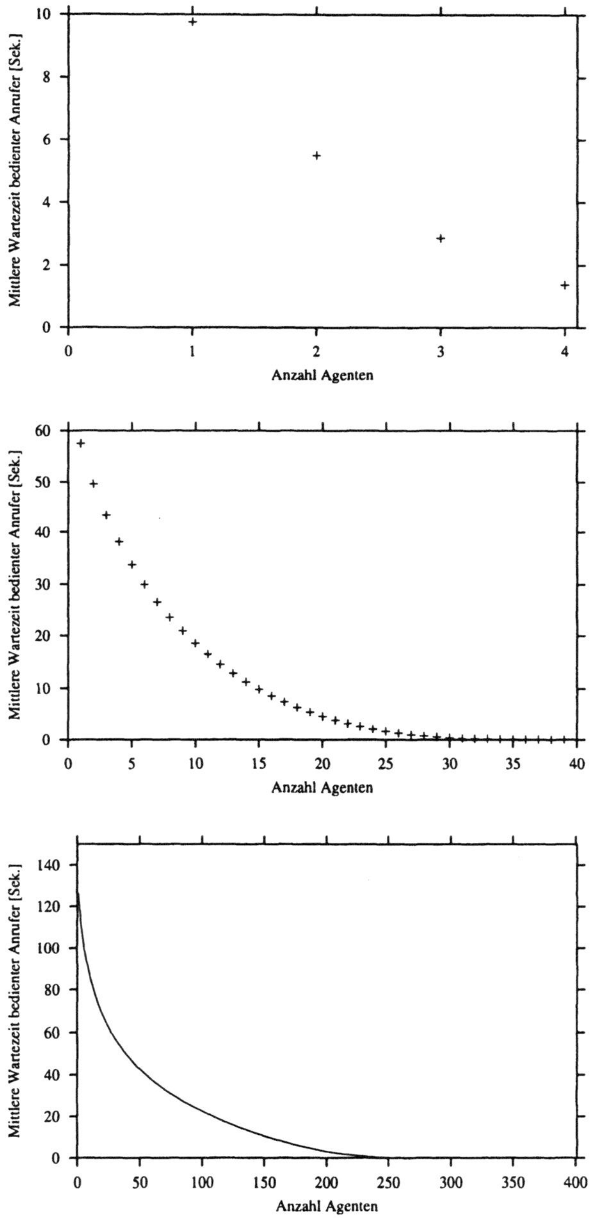

Abb. 4.3. Mittlere Wartezeit der bedienten Anrufer in Abhängigkeit der Agentenzahl im kleinen, mittleren und großen Call Center

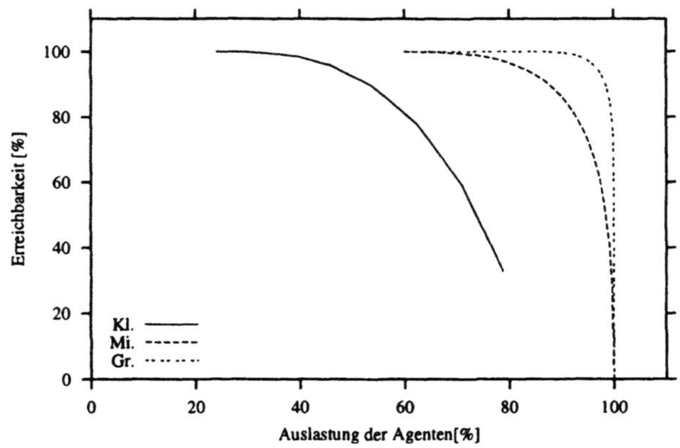

Abb. 4.4. Bedienwahrscheinlichkeit der Anrufer in Abhängigkeit der Auslastung der Agenten im kleinen, mittleren und großen Call Center

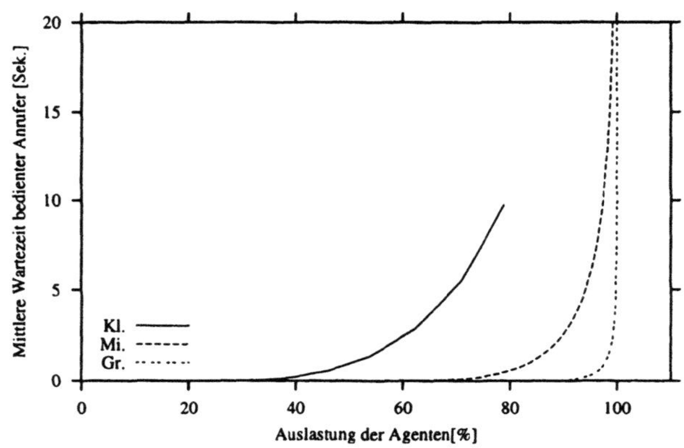

Abb. 4.5. Wartezeit der bedienten Anrufer in Abhängigkeit der Auslastung der Agenten im kleinen, mittleren und großen Call Center

großen Call Center eine bessere Erreichbarkeit der Agenten bei gleichzeitig geringeren Wartezeiten der bedienten Anrufer geboten werden kann.

Dies alles ist auf die Zufälligkeit des Anrufeingangs und der Bearbeitung zurückzuführen. Wenn man mit einem rein deterministischen Modell des Call Centers rechnet, kann man diesen Zusammenhang nicht erkennen.

Man sollte nicht aus den Augen verlieren, daß ein Call Center nicht schon alleine deswegen groß ist, weil in ihm viele Agenten arbeiten. Entscheidend für die Nutzung der Betriebsgrößeneffekte ist, daß alle Agenten *die gleiche Warteschlange bedienen*. Um es andersherum zu formulieren: Wenn man das große Call Center derart zerlegt, daß 10 verschiedene Agentengruppen von je 20 Agenten gebildet werden, und wenn man jeder dieser 10 Gruppen genau ein Zehntel des Anrufaufkommens von insgesamt 3600 Anrufen in 30 Minuten zuweist, also jeweils 360 Anrufe, dann hat man zwar noch viele Agenten, aber man hat kein großes Call Center mehr. Statt eines großen und wirtschaftlich arbeitenden Call Centers hat man dann 10 weniger wirtschaftlich arbeitende mittelgroße Call Center. Der Grund dafür ist, daß in den 10 kleineren Call Centern auch 10 dezentrale Warteschlangen existieren und nun der Fall eintreten kann, daß in einer der 10 Warteschlangen Anrufer stehen und warten, während gleichzeitig Agenten in einem oder mehreren anderen Call Centern unbeschäftigt sind. Dies kann in einem System mit nur *einer* zentralen Warteschlange nicht passieren, so daß letzteres immer effizienter arbeitet.

Man könnte nun annehmen, daß dies ein unrealistisch pessimistisches Szenario sei. Aus unserer Sicht ist dem nicht so. Wir haben konkrete Call-Center-Konfigurationen gesehen, die insgesamt noch etwas größer und dabei in noch mehr dezentrale (logische) Call Center zerlegt waren, mit jeweils eigenen Warteschlangen für jedes logische Call Center, so daß die oben aufgezeigten Economies of Scale dort gerade nicht genutzt werden konnten.

4.2 Praxisfall zu den Economies of Scale

Für einen deutschlandweit operierenden Klienten hatten wir die Struktur der telefonischen Kundenbetreuung aus betriebswirtschaftlicher Sicht zu analysieren. Dabei stellte sich heraus, daß durch Anwendung des Modells aus Abschnitt 2.2 und der Einsichten zu den Economies of Scale aus Abschnitt 4.1 Empfehlungen für eine effizientere Struktur begründet werden konnten. Im folgenden zeigen wir, wie wir das im einzelnen gemacht haben. Dabei geben wir die in dem Unternehmen vorgefundene Gesamtstruktur in den Grundzügen wieder, verändern aber zum Schutz der Interessen unseres Klienten die konkreten Daten.

Die telefonische Kundenbetreuung richtete sich an drei verschiedene Kundengruppen, die wir als A, B und C bezeichnen. Die Betreuung der Kundengruppen B und C erfolgte durch zwei zentrale Call Center mit jeweils 40 Agenten, während die Kundengruppe A durch eine Struktur mit je einem Kundenbetreuer in 120 dezentralen Niederlassungen und 50 Agenten in einem zentralen Call Center vorgenommen wurde. Die drei zentralen (logischen) Call Center waren im gleichen Gebäude untergebracht und arbeiteten mit weitgehend identischer Hard- und Software. Sie wurden von unserem Auftraggeber in ihrer Gesamtheit daher auch als "das Call Center" bezeichnet. Die Gesamtstruktur wird im Überblick in Abbildung 4.6 dargestellt. Das System war so konfiguriert, daß die Anrufe der Kundengruppe A zunächst in einer der 120 dezentralen Niederlassungen eingingen. Dort entschied sich dann ihr weiteres Schicksal: Wenn der Kundenbetreuer in der Niederlassung frei war, dann hat er das Gespräch angenommen und die Kundenbetreuung durchgeführt. War dieser eine Kundenbetreuer in der Niederlassung jedoch bereits im Gespräch mit einem anderen Anrufer oder anderweitig beschäftigt, so wurde der neue Anruf sofort und endgültig in das zentrale Call Center weitergeleitet, in dem 50 Agenten die undankbare Aufgabe hatten, die "übergelaufenen" Anrufe der Kundengruppe A zu bedienen. Unser Klient klagte darüber, daß insbesondere im Bereich der Kundengruppe A der Service für die Kunden "nicht so gut" sei, und bat uns, den Sachverhalt näher zu untersuchen.

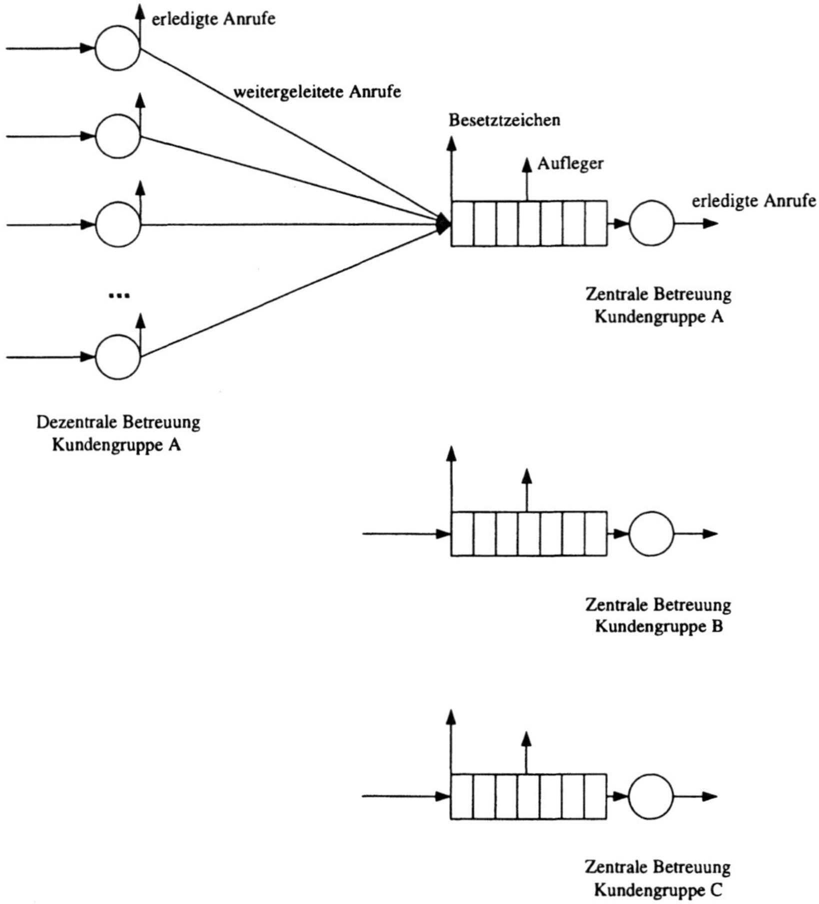

Abb. 4.6. Struktur mit dezentralen Kundenbetreuern und zentralem Call Centern für die Kundengruppe A sowie zentralen Call Centern für die Kundengruppen B und C

Zur Analyse des Systems haben wir unser Modell aus Abschnitt 2.2 herangezogen und zunächst angenommen, daß Anrufer unseres Klienten in bezug auf die Wartezeiten recht leidensfähig sind und keiner von ihnen sofort auflegt, wenn er in eine Warteschlange gerät ($\beta = 0$). Die mittlere Wartezeittoleranz $\frac{1}{\nu}$ haben wir in Höhe der mittleren Gesprächsdauer $\frac{1}{\mu}$ angenommen, die hier für alle drei Kundengruppen einheitlich 120 Sekunden beträgt. Wir haben ferner angenommen, daß in allen Fällen in den zentralen Call Centern für jede Kundengruppe 100 Wartepositionen freigeschaltet werden.

Tabelle 4.2. Ergebnisse für eine Brutto-Auslastung im Bereich der Kundengruppe A von 90% sowie B und C von 80%

	KG A insgesamt	KG A in Niederlassung	KG A im zentralen Call Center	KG B	KG C	Pooling 1: KG A zusammenfassen	Pooling 2: KG A, B und C im CC zusammenfassen	Pooling 3: Alles zusammenfassen
Brutto-Auslastung $\frac{\lambda}{c\mu}$ [%]	90.00	56.04	171.49	80.00	80.00	90.00	115.19	86.80
Mittl. Gesprächsdauer $\frac{1}{\mu}$ [Sek.]	120	120	120	120	120	120	120	120
Anrufe je 30 Minuten	2295	19.13	1286.2	480.0	480.0	2295.00	2246.21	3255.00
Anrufe je Sekunde	1.275	0.011	0.715	0.267	0.267	1.275	1.248	1.808
Anzahl Agenten bzw. Kundenbetreuer	170	120	50	40	40	170	130	250
Erreichbarkeit $P(S)$ [%]	76.64	43.96	58.31	99.27	99.27	99.66	86.65	99.96
Mittl. Wartezeit $\mathbf{E}[W\|S]$ [Sek.]	27.09	0	63.53	0.82	0.82	0.39	16.77	0.04
Netto-Auslastung $\mathbf{E}[u]$ [%]	68.97	56.04	100.00	79.42	79.42	89.70	99.81	86.77

Tabelle 4.3. Ergebnisse für eine Brutto-Auslastung im Bereich der Kundengruppe A von 130% sowie B und C von 80%

	KG A insgesamt	KG A in Niederlassung	KG A im zentralen Call Center	KG B	KG C	Pooling 1: KG A zusammenfassen	Pooling 2: KG A, B und C im CC zusammenfassen	Pooling 3: Alles zusammenfassen
Brutto-Auslastung $\frac{\lambda}{c\mu}$ [%]	130.00	64.81	286.46	80.00	80.00	130.00	159.41	114.00
Mittl. Gesprächsdauer $\frac{1}{\mu}$ [Sek.]	120	120	120	120	120	120	120	120
Anrufe je 30 Minuten	3315.00	27.63	2148.4	480.0	480.0	3315.00	3108.43	4275.00
Anrufe je Sekunde	1.842	0.015	1.194	0.267	0.267	1.842	1.727	2.375
Anzahl Agenten bzw. Kundenbetreuer	170	120	50	40	40	170.00	130	250
Erreichbarkeit P(S) [%]	57.82	35.19	34.91	99.27	99.27	76.92	62.73	87.68
Mittl. Wartezeit $\mathbf{E}[W\|S]$ [Sek.]	47.21	0	120.65	0.82	0.82	31.12	54.55	15.54
Netto-Auslastung $\mathbf{E}[u]$ [%]	75.16	64.81	100.00	79.42	79.42	100.00	100.00	99.96

Dabei haben wir unterstellt, daß die Bereiche B und C mit einer Brutto-Auslastung von 80% arbeiten.[2] Bei 40 Agenten in einem zentralen Call Center und einer Gesprächsdauer von 120 Sekunden ist das dann der Fall, wenn in 30 Minuten 480 Anrufe einer Kundengruppe eingehen bzw. in einer Sekunde ca. 0.267 Anrufe. Dann ist gemäß Tabelle 4.2 die Erreichbarkeit der Agenten für die Kundengruppen B und C mit über 99% makellos und die mittleren Wartezeiten von 0.82 Sekunden sind kaum wahrnehmbar.

Zur Betreuung der Kundengruppe A werden insgesamt 170 Agenten oder dezentrale Kundenbetreuer eingesetzt. Wenn man unterstellt, daß die mittlere Gesprächsdauer ebenfalls 120 Sekunden beträgt und die Brutto-Auslastung der 170 Kundenbetreuer von Kundengruppe A 90% beträgt, dann führt dies auf ein Anrufvolumen von 2295 Anrufen pro halber Stunde oder 1.275 pro Sekunde. Nimmt man nun an, daß der Anrufeingang in jeder der 120 Niederlassungen gleich groß ist, dann gehen in jeder Niederlassung 0.010625 Anrufe je Sekunde ein oder ein Anruf alle 94.11 Sekunden. Diese Zeit zwischen dem Eingang aufeinanderfolgender Anrufe in einer einzelnen Niederlassung ist nun wichtig, um die Erreichbarkeit der Niederlassung zu bestimmen. Dazu kann man sich für eine Brutto-Auslastung aller Kundenbetreuer und Agenten für die Kundengruppe A von 90% folgendes überlegen:

1. Die mittlere Gesprächsdauer beträgt 120 Sekunden.
2. Wenn ein Gespräch in einer Niederlassung beendet ist, dauert es im Mittel 94.11 Sekunden, bis das nächste Gespräch in *dieser* Niederlassung eintrifft, wenn wir unterstellen, daß die Zwischenankunftzeiten der Anrufe exponentialverteilt sind.[3] Anrufe, die während des letzten Gesprächs eingetroffen sind, wurden ja bereits an die Zentrale weitergeleitet.
3. Daraus ergibt sich, daß die mittlere Dauer eines Zyklus aus Sprechen und Warten auf den nächsten Anruf insgesamt $120 + 94.11 = 214.11$ Sekunden beträgt.
4. Der Anteil der Zeit, den ein Kundenbetreuer in der Niederlassung im Gespräch verbringt, ist damit $\frac{120}{120+94.11} = 56.04\%$. Damit beträgt auch die Auslastung der 120 dezentralen Kundenbetreuer 56.04% (bezogen auf die Tätigkeit des Telefonierens).
5. Damit ist der Anteil der Zeit, während dessen der dezentrale Kundenbetreuer in der Niederlassung auf Anrufe wartet und somit erreichbar ist, $100\% - 56.04\% = 43.96\%$.
6. Da alle Niederlassungen als identisch angenommen wurden, folgt daraus, daß 43.96% der Anrufer der Kundengruppe A sofort (ohne jede Wartezeit) bedient werden, und zwar von einem der 120 Kundenbetreuer in einer der 120 Niederlassungen. Die anderen 56.04% der Anrufe werden sofort weitergeleitet in das zentrale Call Center. Das sind insgesamt ca. 1286.2 Anrufe in 30 Minuten (oder 0.715 Anrufe je Sekunde) mit einer mittleren Gesprächsdauer von 120 Sekunden. Wenn man dieses Arbeitsvolumen durch die Anzahl von 50 Agenten im zentralen Call Center teilt, so ergibt sich eine Brutto-Auslastung der Agenten

[2] Zum Verhältnis von Brutto- und Netto-Auslastung bei ungeduldigen Anrufern und begrenzter Leitungskapazität siehe Seite 20.

[3] Siehe Seite 18.

für Kundengruppe A im zentralen Call Center von $\frac{0.715 \cdot 120}{50} = 171.49\%$. Die 50 Agenten im zentralen Call Center kommen also unter Druck. Sie telefonieren nun praktisch 100% ihrer Zeit, und trotzdem ist *ihre* Erreichbarkeit nur noch 58.31%. Die letztlich von Agenten im zentralen Call Center bedienten Kunden der Kundengruppe A müssen im Mittel 63.53 Sekunden warten. Die Gesamterreichbarkeit der Betreuer für die Kundengruppe A ergibt sich dann zu

$$\frac{100\% \cdot 43.96\% + 58.31\% \cdot (100\% - 43.96\%)}{100\%} = 76.64\%,$$

die mittlere Wartezeit bedienter Anrufer $\mathbf{E}[W|S]$ zu

$$0 \text{ Sek.} \cdot 43.96\% + 63.53 \text{ Sek.} \cdot (100\% - 43.96\%) = 27.09 \text{ Sek.},$$

und die Auslastung der Kundenbetreuer und Agenten für Kundengruppe A insgesamt zu

$$\frac{56.04\% \cdot 120 + 100\% \cdot 50}{120 + 50} = 68.97\%.$$

Die von unserem Klienten gewählte Konfiguration führte tatsächlich dazu, daß die Agenten für die Kundengruppe A überlastet waren, während die große Zahl der dezentralen Kundenbetreuer vergleichsweise wenig ausgelastet wurden.

Die gemessene Erreichbarkeit und Auslastung der zentralen Agenten von Kundengruppe A sowie die Wartezeit der von ihnen bedienten Anrufer lag tatsächlich in der durch das Modell berechneten Größenordnung. Das hat dazu geführt, daß das Management des betroffenen Bereichs ein gewisses Vertrauen in die Sinnhaftigkeit des von uns verwendeten Modells entwickelte (und wir auch).

Wir haben daraufhin auf der Suche nach Verbesserungsmöglichkeiten drei alternative Konfigurationen durchgerechnet, die wir in den Tabellen 4.2 und 4.3 als "Pooling 1"bis "Pooling 3" bezeichnen, weil in ihnen in unterschiedlicher Weise Mitarbeiter zu einer gemeinsamen Gruppe mit einer *gemeinsamen Warteschlange* zusammengefaßt wurden:

- **Pooling 1:** Hier wird unterstellt, daß die dezentralen Kundenbetreuer und die Agenten der Kundengruppe A zu einem logischen Call Center mit einer gemeinsamen Warteschlange zusammengefaßt werden. Die Bereiche B und C bleiben unverändert.
- **Pooling 2:** In dieser Konfiguration wird angenommen, daß Anrufe wie bisher von den Kundenbetreuern in das zentrale Call Center überlaufen. Dort sind nun aber alle Agenten für alle Arten von Anrufen (Kundengruppen A, B und C) qualifiziert und werden zu einem logischen Call Center mit einer gemeinsamen Warteschlange zusammengezogen.
- **Pooling 3:** Diese Konfiguration geht davon aus, daß sowohl die Kundenbetreuer in den Niederlassungen als auch alle Agenten im zentralen Call Center zu einem logischen Call Center zusammengefaßt werden und damit jeder Mitarbeiter in den Niederlassungen und im zentralen Call Center alle Arten von Anrufen der drei Kundengruppen erledigen kann.

In jeder dieser drei Pooling-Varianten wird eine andere Zahl von Mitarbeitern und Anrufern zusammengeführt. Im Fall der Variante "Pooling 1" ändert sich für die Kundengruppen B und C nichts. Die Tabelle 4.2 zeigt, daß nun die Erreichbarkeit der Kundenbetreuer für die Kundengruppe A von 76.64% auf 99.66% steigt und die Wartezeit der bedienten Anrufer von 27.09 auf 0.39 Sekunden zurückgeht. Nun können die Agenten für Kundengruppe A im zentralen Call Center aufatmen, denn ihre Auslastung geht von 100% auf 89.7% herunter. Das geht zu Lasten der Kundenbetreuer in den dezentralen Niederlassungen, die nun statt zu 56.04% auf einmal zu 89.7% durch Telefonate ausgelastet werden.

Aus technischen Gründen wäre es für unseren Klienten leichter gewesen, die Agenten der Kundengruppen A, B und C zu einer gemeinsamen Gruppe zusammenzufassen. Die Ergebnisse zu dieser Variante "Pooling 2" in Tabelle 4.2 zeigen aber, daß dies zu Lasten der Kundengruppen B und C gehen würde, weil in dieser Konfiguration die Erreichbarkeit der zentralen Agenten 89.65% und die mittlere Wartezeit der bedienten Anrufer 16.77 Sekunden betragen würde. Das wäre zwar eine Verbesserung für die Kundengruppe A, aber eine Verschlechterung für die in diesem konkreten Fall sehr wichtigen Kundengruppen B und C.

Aus Sicht der Anrufer ist die als "Pooling 3" bezeichnete Lösung am besten, bei der alle Kundenbetreuer und Agenten zusammengefaßt werden und nur eine Warteschlange bedienen. In dieser Konfiguration geht die mittlere Wartezeit auf 0.04 Sekunden zurück bei einer Erreichbarkeit der Kundenbetreuung von 99.96%. Den Preis hierfür zahlen die dezentralen Kundenbetreuer und die bisherigen Agenten der Kundengruppen B und C, deren Auslastung von 56.04% bzw. 79.42% auf 86.77% ansteigt.

In dem konkreten Fall war letztlich die Frage offen, wie groß eigentlich die Brutto-Auslastung im Bereich der Kundengruppe A war. Der Anteil der Aufleger dieser Kundengruppe im zentralen Call Center war sehr groß. Aus der Natur des Dienstes folgte, daß zumindest ein Teil der Anrufer erneut anrufen muß, es also zu Wahlwiederholungen kommt. Aus diesem Grund war nicht klar, wieviele Anrufer hinter der bekannten Zahl von Anrufen tatsächlich stehen, wie groß also realistischerweise die Brutto-Auslastung ist. Aus diesem Grund haben wir in einem zweiten Szenario die Modellrechnung wiederholt für die Annahme einer Brutto-Auslastung im Bereich der Kundengruppe A von 130%. Die Ergebnisse in der Tabelle 4.3 zeigen, daß in diesem Fall sich zwar durch die verschiedenen Pooling-Varianten die Situation der Anrufer von Gruppe A verbessert, sich aber im Gegenzug sowohl die Situation der Anrufer aus den Kundengruppen B und C als auch die der vorher für diese Gruppen eingesetzten Agenten verschlechtert. Die Situation der Agenten für Kundengruppe A im zentralen Call Center verschlechtert sich nicht, weil ihre Auslastung bereits in der Ausgangslösung bei 100% liegt. Schlimmer geht es nimmer.[4]

[4] Es könnte allenfalls ein Trost sein zu sehen, daß nun auch die anderen 80 Agenten der Kundengruppen B und C zu praktisch 100% ausgelastet sind. Auf die Dauer wirkt dieser Trost jedoch sicher nicht.

In der Diskussion mit dem Management kristallisierte sich schließlich auf der Grundlage der oben skizzierten modellhaften Analyse ein Maßnahmenpaket heraus, das u.a. aus den folgenden Komponenten bestand:

- Kurzfristige Zusammenfassung der Agenten im zentralen Call Center
- Langfristige Zusammenfassung aller Agenten und Kundenbetreuer
- Maßnahmen zur Reduktion der Anrufzahl im Bereich der Kundengruppe A
- Maßnahmen zur Reduktion der Anrufdauer im Bereich der Kundengruppe A

Durch eine modellgestützte Analyse der Kundenbetreuung konnten also konkrete Maßnahmen durchgerechnet und in ihrer Wirkung zumindest näherungsweise abgeschätzt werden. Dabei zeigte sich, daß sich durch eine geschickte Nutzung der Economies of Scale die Effizienz der Kundenbetreuung deutlich verbessern ließ.

4.3 Economies of Scale im Outbound Call Center

Auch im Outbound-Betrieb kann die Wirtschaftlichkeit des Call Centers davon abhängen, wie groß es ist. Ein großer Call-Center-Betreiber hat im Vergleich zu einem kleinen aus produktionswirtschaftlicher Sicht die beiden folgenden Vorteile:

- Zum einen kann er bei einer größeren Zahl gleichzeitig bearbeiteter Kampagnen den Einsatz seiner Agenten für eine bestimmte Kampagne auf die Zeiträume eines Tages konzentrieren, in denen die jeweilige Zielgruppe am besten zu erreichen ist. So kann er die Kosten je Anruf minimieren.
- Zum anderen ist er in der Lage, auch große Outbound-Anrufzahlen in kurzer Zeit abzuwickeln. Diese von ihm vorgehaltene quantitative Leistungsfähigkeit kann er sich durch einen Preisaufschlag separat vergüten lassen, weil ihm für derartige großvolumige "Eilaufträge" durch die kleineren Call-Center-Betreiber keine Konkurenz erwachsen kann, da diese generell nicht zur Durchführung derartiger Kampagnen in der Lage sind.

Um diese beiden Effekte zu zeigen, greifen wir auf unser Entscheidungsmodell zur Planung von Outbound-Kampagnen aus dem Abschnitt 3.4 zurück und erweitern dieses nun zu einem Modell der Kampagnen-Programmplanung. Wir unterstellen dazu, daß in einem bestimmten Zeitraum eine bestimmte Menge von Kampagnen durchführbar ist und der Call-Center-Betreiber aus dieser Menge diejenigen Kampagnen auszuwählen hat, welche er durchführen will. Mit jeder durchgeführten Kampagne ist ein vorab festgelegtes Honorar für den Call-Center-Betreiber verbunden. Die Entscheidung soll so getroffen werden, daß der operative Gewinn als Differenz der Erlöse, der variablen Kosten des Personaleinsatzes[5] und eventueller Fixkosten maximiert wird. In dem formalen Entscheidungsmodell verwenden wir die folgende Notation:

---

[5] Diese mögen auch die Telefonkosten beinhalten.

Indizes:

$k = 1, \ldots, K;$	Kampagnenindex
$d = 1, \ldots, D;$	Tagesindex
$h = 1, \ldots, H;$	Stundenindex

Parameter:

e_k	Erwarteter Anteil der erfolgreichen Gespräche von Kampagne k
g_{kdh}	Erwartete Dauer der Gesprächsführung für Kampagne k in Stunde h von Tag d als Anteil einer Stunde (dimensionslos)
K_{Fix}	Fixkosten [GE]
l_{dh}	Lohnkostensatz für Stunde h von Tag d [GE]
r_k	Erlös/Honorar für Kampagne k [GE]
s_{kdh}	Erwartete Dauer der Gesprächsanbahnung für Kampagne k in Stunde h von Tag d als Anteil einer Stunde (dimensionslos)
p^+	Maximaler prozentualer Aufbau der Agentenzahl je Stunde
p^-	Maximaler prozentualer Abbau der Agentenzahl je Stunde
v_k	Anzahl erfolgreich zu führender Gespräche in Kampagne k
y_{dh}^{max}	Maximaler Agenteneinsatz in Stunde h von Tag d
y_{dh}^{min}	Minimaler Agenteneinsatz in Stunde h von Tag d

Entscheidungsvariablen:

X_{kdh}	Anzahl Agenten, die in Stunde h von Tag d für Kampagne k telefonieren
Y_{dh}	Gesamtzahl Agenten, die in Stunde h von Tag d telefonieren
Z_k	Binärvariable, erhält den Wert 1, wenn die Kampagne k durchgeführt wird, 0 sonst

Mit dieser Notation formulieren wir das folgende lineare Entscheidungsmodell:

$$\text{Maximiere } \sum_{k=1}^{K} r_k Z_k - \sum_{k=1}^{K} \sum_{d=1}^{D} \sum_{h=1}^{H} l_{dh} X_{kdh} - K_{Fix} \tag{4.1}$$

unter Beachtung der Nebenbedingungen

$$\sum_{d=1}^{D}\sum_{h=1}^{H}\frac{e_k}{s_{kdh}+g_{kdh}}X_{kdh}=v_k Z_k, \qquad k=1,\ldots,K; \tag{4.2}$$

$$X_{kdh}\le x_{kdh}^{max}, \qquad k=1,\ldots,K; d=1,\ldots,D; h=1,\ldots,H; \tag{4.3}$$

$$\sum_{k=1}^{K}X_{kdh}=Y_{dh}, \qquad d=1,\ldots D; h=1,\ldots,H; \tag{4.4}$$

$$Y_{dh}\le y_{dh}^{max}, \qquad d=1,\ldots,D; h=1,\ldots,H; \tag{4.5}$$

$$Y_{dh}\ge y_{dh}^{min}, \qquad d=1,\ldots,D; h=1,\ldots,H; \tag{4.6}$$

$$Y_{dh}-(1+p^{+})Y_{d,h-1}\le 0, \qquad d=1,\ldots,D; h=2,\ldots,H; \tag{4.7}$$

$$(1-p^{-})Y_{d,h-1}-Y_{dh}\le 0, \qquad d=1,\ldots,D; h=2,\ldots,H; \tag{4.8}$$

$$X_{kdh}\ge 0, \qquad k=1,\ldots,K; d=1,\ldots,D; h=1,\ldots,H; \tag{4.9}$$

$$Y_{dh}\ge 0, \qquad d=1,\ldots,D; h=1,\ldots,H; \tag{4.10}$$

$$Z_k\in\{0,1\} \qquad k=1,\ldots,K; \tag{4.11}$$

In der Zielfunktion (4.1) wird nun der Gewinn als Differenz der Erlöse für die durchgeführten Kampagnen, der variablen Kosten für den Personal- und Telefoneinsatz und der Fixkosten maximiert. In der Zielfunktion und in der Nebenbedingung (4.2) ist die Binärvariable Z_k für die Entscheidung über die Durchführung von Kampagne k enthalten und sorgt in der Nebenbedingung dafür, daß Agenten nur für die ausgewählten Kampagnen eingeplant werden. Wir unterstellen abweichend zu dem Modell in Abschnitt 3.4 in den Nebenbedingungen (4.7) und (4.8), daß nicht der absolute, sondern der *prozentuale* Personalauf- und abbau von Stunde zu Stunde nach oben begrenzt ist. Dies erweist sich als zweckmäßig, wenn wir Call Center unterschiedlicher Größe miteinander vergleichen wollen.

Die Betriebsgrößenvorteile großer Outbound Call Center zeigen wir im folgenden an dem Beispiel hypothetischer Call-Center-Betreiber verschiedener Größe, die im Kundenauftrag Outbound-Kampagnen durchführen, so wie dies im Abschnitt 3.4 geschildert wurde. Wir gehen davon aus, daß aus insgesamt 12 verschiedenen Kampagnen mit den Daten in Tabelle 4.4 ein gewinnmaximierendes Programm zusammengestellt werden soll, welches die Kapazitätsgrenze des jeweiligen Call-Center-Betreibers nicht überschreitet. Für die in Abschnitt 3.4 bereits eingeführten Zielgruppen der Arbeitnehmer sind die Kampagnen A1 bis A4 konzipiert, für die Hausfrauen die Kampagnen H1 bis H4 und für die Rentner die Kampagnen R1 bis R4. Es wird wieder ein Zeitraum von Dienstag bis Freitag betrachtet, mit den Gesprächsanbahnungsdauern s_{kdh} gemäß Tabelle 3.5 und 3.6 auf Seite 64. Die Gesprächsdauer g_{kdh} mit den Arbeitnehmern, Hausfrauen und Rentnern beträgt wieder 120, 150 bzw. 180 Sekunden für alle Tage d und Stunden h. Die Wahrscheinlichkeit, daß im Gespräch das angestrebte Ziel erreicht wird, sei wieder 50% bei Arbeitnehmern, 30% bei Hausfrauen und 20% bei Rentnern. Mit dieser Wahrscheinlichkeit ergibt sich in Tabelle 4.4 aus der vorgegebenen Nettoanrufzahl der erfolgreich zu führenden

Gespräche die Bruttoanrufzahl der insgesamt zu führenden Gespräche, im Fall der Kampagne A1 zu $\frac{5000}{0.5} = 10000$. Aus der Gesprächsdauer von 120 Sekunden für die Arbeitnehmer und der Bruttoanrufzahl von 10000 folgt eine reine Sprechzeit von ca. 333 Stunden. Bei einem unterstellten Stundensatz von 70 GE ergibt sich ein Erlös oder Honorar für die Kampagne A1 von 23333 GE.

Die Kampagnen in Tabelle 4.4 unterscheiden sich voneinander in bezug auf ihr Volumen, den Zeitraum und den Stundensatz. Der angenommene Stundensatz in der vorletzten Spalte der Tabelle ist umso höher, je kleiner der Zeitraum ist, der für die Durchführung der Kampagne zur Verfügung steht, weil durch ihn auch die vorgehaltene Leistungsfähigkeit entgolten werden muß.

Tabelle 4.4. Potentielle Kampagnen im Überblick

Kampagne	Zeitraum	Nettoanrufzahl	Bruttoanrufzahl	Gesamtgesprächsdauer [Stunden]	Stundensatz [GE]	Gesamterlös [GE]
A1	Do-Fr	5000	10000	333.3	70	23333
A2	Di-Fr	7000	14000	466.7	50	23333
A3	Di-Fr	8000	16000	533.3	50	26667
A4	Di-Fr	10000	20000	666.7	50	33333
H1	Di-Fr	3000	10000	416.7	50	20833
H2	Mi-Fr	6000	20000	833.3	60	50000
H3	Di	9000	30000	1250	80	100000
H4	Di-Mi	15000	50000	2083	70	145833
R1	Di-Mi	4000	20000	1000	70	70000
R2	Mi	5000	25000	1250	80	100000
R3	Di-Fr	7000	35000	1750	50	87500
R4	Di-Fr	14000	70000	3500	50	175000

Man kann nun das Entscheidungsmodell (4.1) bis (4.11) für verschiedene Werte der maximal einsetzbaren Agentenzahl y_{dh}^{max} lösen. Wenn man dies tut, so erhält man für jede Kapazität des Call Centers eine Entscheidung über die ausgewählten Kampagnen, den für sie im Zeitablauf erforderlichen Personaleinsatz und den resultierenden Gewinn. In den Abbildungen 4.7 und 4.8 wird für ausgewählte Maximalzahlen der einsetzbaren Agenten (als Maß der Größe des Call Centers) der maximal mögliche Gewinn angegeben. Man erkennt in Abbildung 4.7, daß bei einer Vergrößerung des Call Centers von maximal 25 auf maximal 50 und dann 100 Agenten der realisierbare Gewinn überlinear ansteigt. Betrachtet man nun Abbildung 4.8, so erkennt man, daß ab einer Maximalanzahl von etwa 200 Agenten der Grenzgewinn zurückgeht, um dann bei etwa 600 Agenten gegen Null zu gehen. In Tabelle 4.7 wird die (maximale) Betriebsgröße und der resultierende maximale Gewinn als Vielfaches der Werte des (kleinen) Call Centers mit maximal 25 Agenten angegeben. Man erkennt, daß bezogen auf das kleine Call Center eine Verachtfachung der maximalen Agentenzahl (von 25 auf 200) zum 17.9-fachen Gewinn führt. Diese relative Betrachtung macht ebenfalls deutlich, daß große Outbound Call Center wirtschaftlicher arbeiten können als kleine.

Es ist auch ganz instruktiv, sich den Agenteneinsatz je Kampagne anzusehen, der in der gewinnmaximierenden Lösung eines kleinen Call Centers mit maximal 25 und eines großen Call Centers mit maximal 400 Agenten herauskommt. Dazu vergleichen wir die Ergebnisse in den Tabellen 4.5 und 4.6. Wenn nur maximal 25 Agenten eingesetzt werden können, dann ist es gewinnmaximierend, ausschließlich die Kampagne H1 durchzuführen. Damit sind die Agenten in unterschiedlichem Umfang praktisch den ganzen Zeitraum von Dienstag bis Freitag beschäftigt. Können dagegen bis zu 400 Agenten eingesetzt werden, dann führt man im Gewinnmaximum gemäß Tabelle 4.6 die Kampagnen A1, A3, H1, H2, H3, H4, R2 und R4 durch. So können auch die maximal 400 Agenten fast durchgehend voll ausgelastet werden. Nun verändert sich aber die zeitliche Struktur des Programms. So wird von dem großen Call Center die Kampagne H1, die das kleine Call Center vier Arbeitstage lang durchgehend beschäftigt, innerhalb von zwei bestimmten Stunden durchgeführt, und zwar am Donnerstag von 12:00-13:00 Uhr und am Freitag von 9:00-10:00 Uhr. Zu diesen Zeiten ist die Zielgruppe gemäß den Tabellen 3.5 und 3.6 auf Seite 64 mit den geringsten Gesprächanbahnungsdauern zu erreichen. Analog werden die Arbeitnehmer in den Kampagnen A1 und A3 nur am Freitagnachmittag und Donnerstagabend angerufen, wenn sie am besten erreichbar sind. In 30 von 36 Ein-Stunden-Intervallen wird in dem Fall des großen Call Centers die gesamte aktuell eingesetzte Agentenschaft auf eine einzige Kampagne konzentriert, in den verbleibenden sechs Ein-Stunden-Intervallen werden lediglich zwei Kampagnen parallel telefoniert. In dem Programm des großen Call Centers sind nun auch die gut bezahlten Kampagnen A1, H3, H4 und R2 enthalten, die innerhalb von nur einem oder zwei Tagen durchgeführt werden müssen.

Das vorgestellte Entscheidungsmodell und das numerische Beispiel erheben nicht den Anspruch, die Entscheidungssituation des Betreibers eines Outbound Call Centers im Rahmen der Kampagnen-Programmplanung exakt zu treffen. Die Situation, einseitig und zu einem einzigen Zeitpunkt abschließend aus einem gegebenen "Angebot" potentieller Kampagnen auswählen zu können, wird sich so wohl nicht oft stellen. Dennoch macht das Beispiel deutlich, daß die Betreiber großer Outbound Call Center aus produktionswirtschaftlichen wie aus absatzwirtschaftlichen Gründen Wettbewerbsvorteile gegenüber den Betreibern kleiner Outbound Call Center haben.

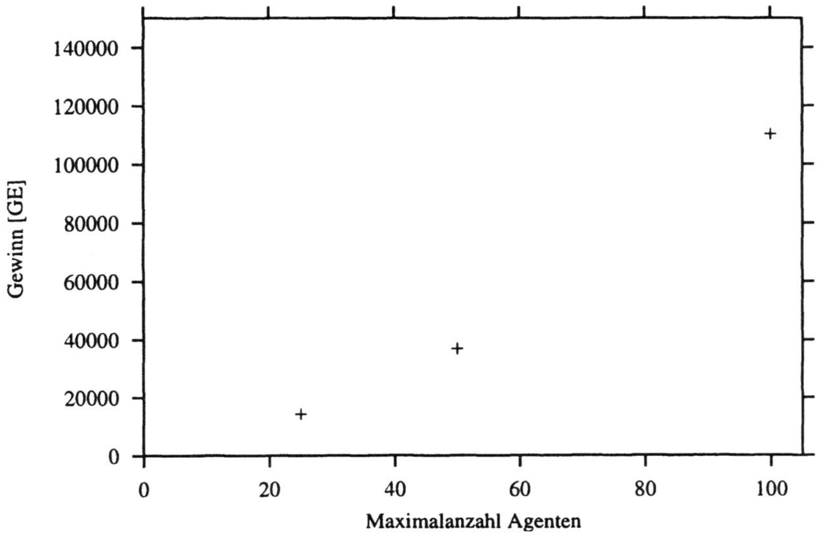

Abb. 4.7. Gewinn in Abhängigkeit der maximalen Agentenzahl (Bereich geringer Agentenzahl)

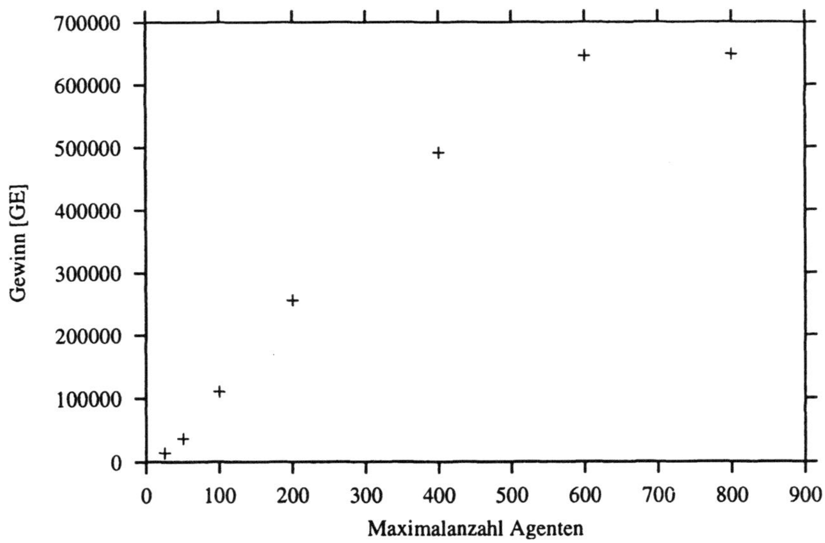

Abb. 4.8. Gewinn in Abhängigkeit der maximalen Agentenzahl

Tabelle 4.5. Agenteneinsatz je durchgeführte Kampagne bei maximal 25 Agenten

Zeit	H1	Gesamt
Di 09-10	25.0	25.0
Di 10-11	23.7	23.7
Di 11-12	22.5	22.5
Di 12-13	21.4	21.4
Di 13-14	20.3	20.3
Di 14-15	19.3	19.3
Di 15-16	18.3	18.3
Di 16-17	17.4	17.4
Di 17-18	16.5	16.5
Mi 09-10	9.8	9.8
Mi 10-11	9.3	9.3
Mi 11-12	8.8	8.8
Mi 12-13	8.4	8.4
Mi 13-14	7.9	7.9
Mi 14-15	7.5	7.5
Mi 15-16	7.2	7.2
Mi 16-17	6.8	6.8
Mi 17-18	6.5	6.5
Do 09-10	25.0	25.0
Do 10-11	23.7	23.7
Do 11-12	22.5	22.5
Do 12-13	21.4	21.4
Do 13-14	20.3	20.3
Do 14-15	19.3	19.3
Do 15-16	18.3	18.3
Do 16-17	17.4	17.4
Do 17-18	16.5	16.5
Fr 09-10	25.0	25.0
Fr 10-11	23.7	23.7
Fr 11-12	22.5	22.5
Fr 12-13	21.4	21.4
Fr 13-14	20.3	20.3
Fr 14-15	19.3	19.3
Fr 15-16	18.3	18.3
Fr 16-17	17.4	17.4
Fr 17-18	16.5	16.5

Tabelle 4.6. Agenteneinsatz je durchgeführte Kampagne bei maximal 400 Agenten

Zeit	A1	A3	H1	H2	H3	H4	R2	R4	Gesamt
Di 09-10	0.0	0.0	0.0	0.0	0.0	400.0	0.0	0.0	400.0
Di 10-11	0.0	0.0	0.0	0.0	172.2	227.7	0.0	0.0	400.0
Di 11-12	0.0	0.0	0.0	0.0	400.0	0.0	0.0	0.0	400.0
Di 12-13	0.0	0.0	0.0	0.0	400.0	0.0	0.0	0.0	400.0
Di 13-14	0.0	0.0	0.0	0.0	0.0	0.0	0.0	400.0	400.0
Di 14-15	0.0	0.0	0.0	0.0	91.7	0.0	0.0	308.2	400.0
Di 15-16	0.0	0.0	0.0	0.0	400.0	0.0	0.0	0.0	400.0
Di 16-17	0.0	0.0	0.0	0.0	0.0	400.0	0.0	0.0	400.0
Di 17-18	0.0	0.0	0.0	0.0	395.3	0.0	0.0	0.0	395.3
Mi 09-10	0.0	0.0	0.0	0.0	0.0	400.0	0.0	0.0	400.0
Mi 10-11	0.0	0.0	0.0	0.0	0.0	288.8	111.1	0.0	400.0
Mi 11-12	0.0	0.0	0.0	0.0	0.0	400.0	0.0	0.0	400.0
Mi 12-13	0.0	0.0	0.0	0.0	0.0	400.0	0.0	0.0	400.0
Mi 13-14	0.0	0.0	0.0	0.0	0.0	0.0	400.0	0.0	400.0
Mi 14-15	0.0	0.0	0.0	0.0	0.0	0.0	400.0	0.0	400.0
Mi 15-16	0.0	0.0	0.0	0.0	0.0	0.0	400.0	0.0	400.0
Mi 16-17	0.0	0.0	0.0	0.0	0.0	400.0	0.0	0.0	400.0
Mi 17-18	0.0	0.0	0.0	0.0	0.0	0.0	400.0	0.0	400.0
Do 09-10	0.0	0.0	0.0	5.6	0.0	0.0	0.0	394.3	400.0
Do 10-11	0.0	0.0	0.0	0.0	0.0	0.0	0.0	400.0	400.0
Do 11-12	0.0	0.0	0.0	400.0	0.0	0.0	0.0	0.0	400.0
Do 12-13	0.0	0.0	400.0	0.0	0.0	0.0	0.0	0.0	400.0
Do 13-14	0.0	0.0	0.0	0.0	0.0	0.0	0.0	400.0	400.0
Do 14-15	0.0	0.0	0.0	0.0	0.0	0.0	0.0	400.0	400.0
Do 15-16	0.0	0.0	0.0	0.0	0.0	0.0	0.0	380.0	380.0
Do 16-17	0.0	0.0	0.0	361.0	0.0	0.0	0.0	0.0	361.0
Do 17-18	133.3	0.0	0.0	0.0	0.0	0.0	0.0	209.6	342.9
Fr 09-10	0.0	0.0	183.3	0.0	0.0	0.0	0.0	216.6	400.0
Fr 10-11	0.0	0.0	0.0	0.0	0.0	0.0	0.0	400.0	400.0
Fr 11-12	0.0	0.0	0.0	400.0	0.0	0.0	0.0	0.0	400.0
Fr 12-13	0.0	0.0	0.0	0.0	0.0	0.0	0.0	400.0	400.0
Fr 13-14	0.0	0.0	0.0	0.0	0.0	0.0	0.0	400.0	400.0
Fr 14-15	0.0	0.0	0.0	0.0	0.0	0.0	0.0	400.0	400.0
Fr 15-16	0.0	400.0	0.0	0.0	0.0	0.0	0.0	0.0	400.0
Fr 16-17	0.0	400.0	0.0	0.0	0.0	0.0	0.0	0.0	400.0
Fr 17-18	400.0	0.0	0.0	0.0	0.0	0.0	0.0	0.0	400.0

Tabelle 4.7. Betriebsgrößen- und Gewinnverhältnisse

Vielfaches der Maximalgröße des 25er-Call-Centers	Vielfaches des Maximalgewinns des 25er-Call-Centers
1.0	1.0
2.0	2.6
4.0	7.7
8.0	17.9
16.0	34.4
24.0	45.3
32.0	45.4

5

Interactive Voice Response (IVR): Lassen Sie Maschinen sprechen

5.1 Funktionsweise und Anwendungsgebiete von IVR-Systemen

Sprachdialogsysteme bzw. Interactive-Voice-Response-Systeme (IVR-Systeme) haben mittlerweile in vielen Call Centern Einzug gehalten. Bei dieser interaktiven Mensch-Maschine-Kommunikation beeinflußt der Anrufer den "Gesprächs"-Verlauf über die Tonwahlerkennung oder direkt über die Spracherkennung. Mit Hilfe der Tonwahlerkennung können z.B. Kundennummern, Persönliche Identifikations-Nummern (PINs) oder Kontonummern leicht über die Tastatur des Telefons eingegeben werden. Spracherkennungssysteme werden über bestimmte gesprochene Worte des Anrufers gesteuert.

Viele IVR-Systeme folgen dabei einem *starren Anrufverlauf*. Ein Beispiel solch eines IVR-Dialogs bei einer Direkt-Bank könnte folgendermaßen aussehen:

IVR:	*Herzlich willkommen bei Ihrer XY-Bank. Zugang zu Ihrem Konto erhalten Sie über die "Eins". Für die PIN-Sperre und allgemeine Informationen wählen Sie bitte die "Zwei". Um den Dialog zu beenden, wählen Sie bitte die "Neun".*
Anrufer	sagt "Eins".
IVR:	*Geben Sie bitte Ihre Kontonummer ein.*
Anrufer	gibt über die Tastatur die Nummer ein.
IVR:	*Geben Sie bitte Ihre PIN ein.*
Anrufer	gibt über die Tastatur die Nummer ein.
IVR:	*Ihr aktueller Kontostand beträgt 0,99 Euro. Für allgemeine Kontofunktionen wählen Sie die "Eins", für die PIN-Verwaltung die "Fünf", für allgemeine Informationen die "Sechs". Mit der "Neun" können Sie den Dialog beenden.*
Anrufer	wählt die "Eins".
IVR:	*Einen Überweisungsauftrag können Sie mit der "Eins" erteilen. Weitere Serviceangebote erreichen Sie mit der "Acht". Sie beenden das Gespräch mit der "Neun".*
Anrufer	wählt die "Eins".

Die für die Überweisung nötigen Daten werden nun nacheinander vom System abgefragt. Während des gesamten Dialogs können die Daten durch Nennen der entsprechenden Ziffer oder aber über die Telefontastatur eingegeben werden. Erfolgt überhaupt keine oder eine fehlerhafte Eingabe, so wird dem Anrufer das entsprechende Menü nochmals vorgestellt. Erfolgt wieder keine richtige Eingabe (z.B. wegen zu wenigen Ziffern bei der Kontonummer), wird der Anrufer zu einem Agenten weitergeleitet.

Bei IVR-Systemen mit einem starren Anrufverlauf wird nach solchen Eingabeaufforderungen die Eingabe einer Ziffer oder einer Ziffernfolge erwartet. Spracherkennungssysteme reagieren auf vorab definierte Steuerworte. Dies können z.B.

- gesprochene Ziffern oder Ziffernfolgen,
- Kommandos wie *"Ja"*, *"Nein"*, *"Weiter"* oder *"Hilfe"* oder
- auf die Anwendung zugeschnittene Schlüsselworte, wie z.B. *"Heute"* oder *"Morgen"* (z.B. bei der vollautomatischen Bahnauskunft) sein.

Anhand der erfolgten Eingabe schlägt das System die nächste Auswahl bzw. Eingabeaufforderung vor.

Weitaus komplexere Systeme lassen sogenannte *natürlichsprachliche Dialoge* zu. Hier reagiert der Anrufer nicht mehr auf bestimmte Abfragen oder Eingabeaufforderungen mit kurzen Sprachkommandos, sondern er trägt sein Anliegen in ganzen Sätzen vor. Der Anrufer spricht sozusagen mit dem System wie mit einem Call-Center-Agenten und das Spracherkennungssystem muß aus dem fließend Gesprochenen dann bestimmte Schlüsselworte herausfiltern. Anhand der erkannten Wörter reagiert das System auf eine vorab festgelegte Weise. Um die Anrufer auf diese Art bedienen zu können, müssen die folgenden Voraussetzungen erfüllt sein:

- Das Spracherkennungssystem muß soweit gereift und "trainiert" sein, daß die Schlüsselworte auf jeden Fall erkannt werden. Dabei ist auf die Aussprache in verschiedenen Dialekten zu achten. Derzeit wird schon von einer guten Spracherkennung gesprochen, wenn lediglich 95% der Eingaben sinnvoll erkannt wurden.
- Das Vokabular des Spracherkennungssystems muß gut auf die konkrete Anwendung abgestimmt werden. Über die Einführungsphase hinaus sollten falsch oder nicht verstandene Inhalte aufgezeichnet und das System daraufhin angepaßt werden.
- Nennt ein Anrufer mehrere Schlüsselworte in einem Satz, sollte das System in der Lage sein, diese richtig zu verknüpfen und anhand der Kombination zu reagieren.

Der Einsatz eines natürlichsprachlichen Dialogs ist somit auf Gebiete begrenzt, in denen die Anzahl der Schlüsselworte nicht allzu hoch ist und aus ihnen eindeutig auf das Anliegen der Anrufer geschlossen werden kann.

Neben der verwendeten Technik eines Dialogsystems unterscheiden sich die Anwendungen dahingehend, ob überhaupt noch ein Agent benötigt wird. Im Fall eines *vollautomatischen IVR*-Systems kommunizieren die Anrufer u.U. ausschließlich mit dem Sprachcomputer. Dieses System kann daher als eine Art Selbstbedienung des Anrufers aufgefaßt werden, bei der der Anrufer keinen Agenten benötigt.

Anwendungen finden sich häufig bei einfachen Auskunfts- und Informationsdiensten, z.B. der Ansage von Öffnungszeiten. Es finden sich jedoch auch Beispiele weitaus anspruchsvollerer vollautomatischer Sprachdialogsysteme, z.B. die Fahrplanauskunft der Deutschen Bahn AG. Unter einer kostenlosen 0800er Rufnummer erhalten die Anrufer Fahrplanauskünfte von diesem System, wobei ein Wechsel zu einem Agenten nicht möglich ist.[1] Vollautomatische IVR-Systeme mit der Möglichkeit des Wechsels zu einem Agenten finden sich z.B. in der oben besprochenen Anwendung im Telefon-Banking.

Bei einer *halbautomatischen IVR* findet die interaktive Sprach- und Tonwahlerkennung häufig vor oder nach dem Gespräch mit einem Agenten statt. Somit kommuniziert der Anrufer nicht ausschließlich mit einer Maschine. Sehr häufig erhalten die Anrufer vor Beginn des eigentlichen Gesprächs automatisch eine Begrüßung oder einige allgemeine Informationen "vom Band", bevor sie zu einem Agenten durchgestellt werden. Durch diese Informationen können die Agenten von einigen Standardfragen entlastet werden, was wiederum zu einer verringerten Gesprächszeit führt.

Eine weitere wichtige Funktion von halbautomatischen IVR-Systemen ist die Vor-Klassifizierung von Anrufern. Neben allgemeinen Informationen kann dem Anrufer ein Menü von Angeboten unterbreitet werden. Dadurch kann sich der Anrufer schon vor dem Durchstellen zu einem Agenten klassifizieren. Ein Beispiel wäre:

> *Herzlich willkommen bei der XY-Kundenbetreuung. Sind Sie Privatkunde und wünschen Beratung zu einem XY-Produkt, so wählen Sie bitte die "Eins". Firmenkunden wählen bitte die "Zwei". Für technische Unterstützung zu einem XY-Produkt wählen sie die "Drei". Bei allen anderen Fragen verbinden wir Sie mit unserer Zentrale.*

Dadurch kann der Anrufer direkt der seinem Anliegen entsprechenden Agentengruppe bzw. dem entsprechendem Wartefeld zugeordnet werden. Diese Klassifizierung ist für solche Call Center von Vorteil, in denen die Agentengruppen mit unterschiedlichen Qualifikationen für unterschiedliche Kundengruppen ausgestattet sind und die verschiedenen Anrufergruppen durch eine gemeinsame Telefonnummer in das Call Center gelangen.

Bei einer vorgeschalteten IVR-Anlage durchläuft ein Anrufer somit zuerst den IVR-Dialog. Anschließend kann es zu Wartezeiten kommen, bevor der Anrufer mit einem Agenten verbunden wird. Damit ergibt sich für die Bearbeitung eines einzelnen Anrufers die in Abbildung 5.1 dargestellte Belegung einer Telefonleitung bzw. eines Agenten.

Während der IVR-Zeit und der möglichen Wartezeit beansprucht der Anrufer keinen Agenten, jedoch belegt er eine Telefonleitung. Bei nachgelagerten IVR-Anlagen, wie z.B. bei der automatischen Nummernansage einer Telefonauskunft, belegt der Anrufer über die Gesprächszeit mit dem Agenten hinaus eine Telefonleitung.

[1] Darüber hinaus bietet die Deutsche Bahn AG einen Informationsservice über eine kostenpflichtige Nummer, der den Anrufer mit einem Agenten im Call Center verbindet (Stand Frühsommer 2003).

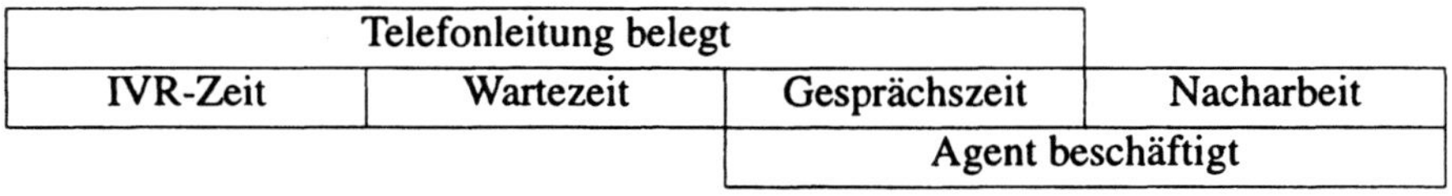

Abb. 5.1. Belegung der Leitung und des Agenten während eines Anrufs in einem Call Center mit einer vorgeschalteten IVR-Anlage

Damit können IVR-Systeme dem Call-Center-Betreiber die folgenden Vorteile bieten:

- Die Anzahl der von den Agenten zu bearbeitenden Anrufe verringert sich durch die Selbstbedienung der Anrufer bei vollautomatischen IVR-Systemen.
- Die mittlere Gesprächsdauer kann durch gezielte Informationen vor dem eigentlichen Gespräch verringert werden.
- Die Agenten können von anspruchslosen und ermüdenden Routinetätigkeiten entlastet werden.
- Die Anrufe können vor dem Kontakt mit einem Agenten klassifiziert werden.

Beim Einsatz von IVR-Systemen ist jedoch Vorsicht geboten. Nicht für jede Art von Service und erst recht nicht für jede Anrufergruppe ist der Einsatz von IVR-Anlagen sinnvoll. Nehmen die Anrufer den automatischen Sprachdialog nicht an, so lassen sie sich von dem System mit einem Agenten verbinden. Dies kann dann sogar zu einer Verlängerung der Gesprächsdauer führen, wenn sich die Anrufer zunächst beim Agenten über den IVR-Dialog beschweren. Im schlimmsten Fall gehen diese Anrufer sogar verloren.

Um die oben genannten Vorteile nutzen zu können, sollte beim Design eines IVR-Systems berücksichtigt werden, daß

- die Zahl der angebotenen Alternativen in einer Abfrage nicht zu groß ist,
- diese jeweils klar beschrieben sind und sich
- jeweils gegenseitig ausschließen.

Gerade bei einer sehr detailliert en Vor-Klassifizierung können unklare Abfragen dazu führen, daß sich die Anrufer einer weiteren Klassifizierung widersetzen, indem sie sofort einen Agenten verlangen (*"... oder drücken Sie die "Null", um mit einem Mitarbeiter verbunden zu werden"*).

5.2 Ein Beispiel: Call Center mit und ohne IVR-System

Wie sich der Einsatz von IVR-Systemen nun konkret auswirken kann, soll anhand eines Vergleichs von Call Centern mit und ohne IVR-System gezeigt werden. Dazu betrachten wir ein Call Center mit $c = 20$ Agenten, in welchem im Mittel 100 Anrufe in 30 Minuten eingehen ($\lambda = \frac{100}{30}$ Anrufe pro Minute). Die mittlere Gesprächszeit ohne Einsatz eines IVR-Systems beträgt 5 Minuten und 30 Sekunden. Daraus ergibt sich die Bearbeitungsrate von $\mu = \frac{1}{5.5}$ Anrufen pro Minute. Das Call Center verfügt über $K = 100$ Telefonleitungen, so daß bei diesem Anrufvolumen nahezu kein Anrufer blockiert wird. Wir unterstellen in diesem Beispiel, daß alle Anrufer geduldig sind. Die Tabelle 5.1 stellt nun einige Leistungskenngrößen für dieses Call Center mit und ohne IVR-System gegenüber. In dem ersten Fall wird das Call Center ohne IVR-System betrieben und es ergibt sich eine mittlere Wartezeit $\mathbf{E}[W]$ von ca. zwei Minuten. Die Agenten sind dabei zu 91.7% ausgelastet sind.

Tabelle 5.1. Vergleich der Leistungsgrößen eines Call Centers mit und ohne IVR-System ($c = 20$ Agenten, $K = 100$ Leitungen und $\lambda = \frac{100}{30}$ Anrufe pro Minute)

	Fall I ohne IVR	*Fall II* halbautomatische IVR	*Fall III* vollautomatische IVR
λ	100/30	100/30	100/30
λ^*	-	-	90/30
$1/\mu$ [Min.]	5:30	5:00	5:00
$\mathbf{E}[W]$ [Sek.]	120.9	30.4	9.6
$\mathbf{E}[u]$ [%]	91.7	83.3	75.0
$\mathbf{E}[L_q]$	6.7	1.7	0.5

Im *Fall II* gehen wir davon aus, daß in diesem Call Center eine halbautomatische IVR-Anlage eingeführt wird und die Anrufer vorab einige Informationen erhalten. Dies führt zu einer durchschnittlichen Verkürzung der Gesprächsdauer um 30 Sekunden, d.h., die mittlere Gesprächsdauer beträgt nun nur noch 5 Minuten ($\mu = \frac{1}{5}$ Anrufe pro Minute). Die Tabelle 5.1 zeigt, daß sich unter sonst gleichen Annahmen die mittlere Wartezeit in diesem Call Center erheblich verringert. Die Anrufer müssen im Mittel $\mathbf{E}[W] = 30.4$ Sekunden bis zur Bedienung warten, also im Vergleich zu Fall I nur noch ein Viertel der Zeit. Hierbei ist jedoch zu beachten, daß dies die reine mittlere Wartezeit der Anrufer ist. Die Zeit vom Anruf eines Kunden bis zum Beginn des Gesprächs mit einem Agenten beinhaltet neben dieser reinen Wartezeit auch noch die Zeit, während jener Anrufer die Informationen durch die IVR-Anlage erhält, wie in Abbildung 5.1 auf Seite 98 dargestellt. In dieser Zeit ist der Anrufer jedoch "beschäftigt" und erwartet somit nicht eine sofortige Bedienung.

Im *Fall III* besteht für die Anrufer zusätzlich die Möglichkeit, eine vollautomatische IVR-Anlage zu nutzen und vollständig von der Maschine bedient zu werden. Würden alle Anrufer ausschließlich diesen interaktiven Sprachdialog des vollautomatischen IVR-Systems nutzen, so würde das Call Center überhaupt keine Agenten benötigen. Wir unterstellen hier, daß 10% aller Anrufer die vollautomatische IVR nutzen. Die übrigen 90% der Anrufer verlangen nach der halbautomatischen IVR direkt einen Agenten. Folglich verringert sich die Ankunftsrate um 10%, d.h., die Agenten erhalten im Mittel Anfragen von 90 Anrufern in 30 Minuten ($\lambda^* = \frac{90}{30}$ pro Minute). Diese Anrufer werden vorab durch die Ansagen wie bei der halbautomatischen IVR-Anlage informiert. Damit ergibt sich für diejenigen Anrufer, die einen

Agenten verlangen, wiederum die verkürzte Gesprächsdauer von 5 Minuten. Der *Fall III* in Tabelle 5.1 zeigt, daß diese Anrufer im Mittel dann nur noch $\mathbf{E}[W] = 9.6$ Sekunden bis zur Bedienung warten. Somit haben 90% der Anrufer eine mittlere Wartezeit von 9.6 Sekunden und 10% überhaupt keine (dies sind die Nutzer des vollautomatischen IVR-Systems). Damit ergibt sich eine mittlere Wartezeit für alle Anrufer von $9.6 \cdot 0.9 + 0 \cdot 0.1 = 8.64$ Sekunden. Die mittlere Auslastung der Agenten beträgt jetzt nur noch 75%.

Dieses Beispiel zeigt, daß der Einsatz eines IVR-Systems Vorteile bringen kann. Zum einen läßt sich die Gesprächsdauer reduzieren, was sich äußerst positiv auf die Leistungskenngrößen auswirken kann. In Abschnitt 2.3 haben wir bereits gezeigt, wie sich Änderungen der mittleren Gesprächszeit auf technische Kenngrößen auswirken, siehe dazu die Abbildungen 2.9 bis 2.11.

Zum anderen kann durch vollautomatische IVR-Systeme die Anzahl der von den Agenten zu bearbeitenden Anrufe reduziert werden. Die Tabelle 5.2 zeigt, wie sich eine Verringerung der Ankunftsrate λ^* auf die mittlere Wartezeit $\mathbf{E}[W]$, die mittlere Warteschlangenlänge $\mathbf{E}[L_q]$ und die erwartete Auslastung $\mathbf{E}[u]$ der Agenten auswirkt. Dabei betrachten wir das oben beschriebene Call Center mit $c = 20$ Agenten, $K = 100$ Telefonleitungen und einer mittleren Bearbeitungszeit von 5 Minuten und 30 Sekunden. Die Tabelle 5.2 zeigt, daß schon eine fünfprozentige Verringerung der Ankunftsrate λ^* zu mehr als einer Halbierung der mittleren Wartezeit führt. Wenn man ein Viertel aller Anrufe auf die vollautomatische IVR umleiten kann, so ergibt sich bei einer konstanter Agentenzahl nun nur noch eine mittlere Wartezeit von etwas mehr als vier Sekunden.

Tabelle 5.2. Vergleich der Leistungsgrößen eines Call Centers bei verschiedenen Ankunftsraten

λ^* [Anrufe/Min.]	$\mathbf{E}[W]$ [Sek.]	$\mathbf{E}[L_q]$	$\mathbf{E}[u]$ [%]
100/30	120.9	6.7	91.7
99/30	102.9	5.7	90.7
98/30	88.2	4.8	89.8
97/30	76.1	4.1	88.9
96/30	66.0	3.5	88.0
95/30	57.4	3.0	87.1
90/30	29.8	1.5	82.5
85/30	15.9	0.7	77.9
80/30	8.4	0.4	73.3
75/30	4.3	0.2	68.7

Im diesem Beispiel wurde durch die Verringerung der mittleren Gesprächszeit und die Reduzierung der Ankunftsrate bei gleichbleibender Agentenzahl ein in bezug auf die Wartezeiten erheblich verbesserter Service erzielt. Auf der anderen Seite sinkt die Auslastung der Agenten. Dies deutet aber auch darauf hin, daß bei gleichbleibendem Service durch den Einsatz eines IVR-Systems die Anzahl der benötigten

Agenten reduziert werden kann. Die Tabelle 5.3 zeigt die mittleren Wartezeiten für die drei besprochenen Fälle für Agentenzahlen zwischen $c = 15$ und $c = 20$. Wenn man die mittlere Wartezeit von 129 Sekunden im Call Center ohne IVR-System mit $c = 20$ Agenten als Maßstab zu Grunde legt, so wird durch den Einsatz einer halbautomatischen IVR-Anlage und nur 19 Agenten eine nur halb so lange Wartezeit erzielt. Bei Einführung eines vollautomatischen IVR-Systems (Fall III) kann mit nur $c = 17$ Agenten eine kürzere Wartezeit geboten werden als im Fall I mit $c = 20$ Agenten.

Tabelle 5.3. Vergleich der erwarteten Wartezeit $\mathbf{E}[W]$ (in Sekunden) eines Call Centers mit und ohne IVR-System in Abhängigkeit der Anzahl an Agenten

	Fall I	*Fall II*	*Fall III*
Agenten	ohne IVR	halbautomatische IVR	vollautomatische IVR
$c = 20$	129	30	10
$c = 19$	338	62	18
$c = 18$	920	149	36
$c = 17$	1360	487	78
$c = 16$	1591	1171	214
$c = 15$	1771	1520	807

Bei der Personalbedarfsplanung in Call Centern mit IVR-Systemen kann man nun mit der veränderten Ankunftsrate und den verkürzten mittleren Gesprächsdauern rechnen. Somit läßt sich für diese Call Center der optimale Personalbedarf im Prinzip genauso bestimmen, wie in solchen Call Centern, die auf diese Technik nicht zurückgreifen.

6

Skills-Based Routing: Machen Sie es sich zu kompliziert?

6.1 Grundlagen des Skills-Based Routing: Anrufer- und Agentenauswahl

6.1.1 Was ist Skills-Based Routing?

Wird von Inbound Call Centern gesprochen, geht man vielfach von dem einfachsten denkbaren Fall aus. Das ist ein Call Center mit einer Art von Anrufern, die von nur einer Art von Agenten bedient werden kann. Die Abbildung 6.1 zeigt ein solches System.

Abb. 6.1. Call Center mit homogenen Anrufern und homogenen Agenten

Hierbei wird unterstellt, daß die Anrufer der Art nach alle das gleiche Anliegen A haben, mit der Rate λ_A im Call Center eintreffen und die mittlere Gesprächsdauer μ_A^{-1} bei allen Anrufern gleich ist. Alle Agenten besitzen die Qualifikation (engl. *skill*) für Anrufe der Art A und können die eingehenden Anrufe gleich gut mit der Rate μ_A bearbeiten. Die Frage, welche Anrufergruppe von welcher Agentengruppe bedient wird, stellt sich somit in diesem Fall nicht.

So einfach ist es in der Realität jedoch häufig nicht. In vielen Call Centern rufen Kunden mit recht unterschiedlichen Anliegen an, so daß wir Call Center mit *homogenen und heterogenen Anrufern* unterscheiden können. Dabei bedienen die Agenten eines Call Centers z.B. Anrufer, die Beratung zum Kauf eines Produkts oder aber technische Unterstützung für ein bereits gekauftes Produkt benötigen. Die Anliegen der Anrufer können somit zum einen inhaltlich sehr verschieden sein, sich zum anderen aber auch in der (mittleren) Gesprächszeit stark unterscheiden. Damit ist jede

Anrufergruppe durch die von ihr nachgefragte Qualifikation oder eine Kombination von Qualifikationselementen charakterisiert. So benötigt eine Anrufergruppe z.B. die beiden Qualifikationselemente "technische Unterstützung" und "englische Sprache". Zusammenfassend läßt sich eine Anrufergruppe durch die folgenden Merkmale kennzeichnen:

- benötigte Qualifikation der Agenten zur Bedienung der Anrufer
- Ankunftsprozeß der Anrufer dieser einen Gruppe (erwartete Anzahl an Anrufen je Zeitintervall)
- Geduld bzw. Warteverhalten (Auflegerate)
- mittlere Gesprächsdauer bei der Bearbeitung durch einen optimal ausgebildeten Agenten
- gegebenenfalls die durch einen Anruf verursachten Erlöse und/oder Kosten.

Anhand der Ausprägungen dieser Merkmale lassen sich die heterogenen Anrufer eines Call Centers in verschiedene Anrufergruppen unterteilen, die dann als in sich homogen angesehen werden können.

In dem in Abbildung 6.1 sowie in Abschnitt 2.2 dargestellten einfachen Modell eines Call Centers gehen wir davon aus, daß unsere Agenten homogen sind. Dies bedeutet, daß alle Agenten das Gleiche und dies dann auch noch gleich gut bzw. gleich schnell können. Nun wollen wir den allgemeinen Fall betrachten, daß in dem Call Center heterogen qualifizierte Agenten arbeiten. Die einzelnen Agenten können sich also in ihren Qualifikationsmerkmalen unterscheiden. So kann ein Agent für die technische Unterstützung in englischer und deutscher Sprache qualifiziert sein. Seine Qualifikationen sind dann "technische Unterstützung in englischer Sprache" und "technische Unterstützung in deutscher Sprache". Der Agent ist somit für die Bearbeitung dieser beiden Anrufergruppen generell qualifiziert. Agenten, die generell ein und dieselbe Anrufergruppe bearbeiten, tun dies häufig unterschiedlich gut. Dies wird durch die Qualifikationsstufe (den sogenannten *skill level*) ausgedrückt. Die Qualifikationsstufen werden dabei i.d.R. durch Zahlen beschrieben. Je kleiner diese Zahl ist, umso besser kann ein Agent dieser Gruppe einen Anrufer bedienen, der diese Qualifikation nachfragt. Die Qualifikationsstufen können sich z.B. an der mittleren Gesprächsdauer für diese Anrufergruppe orientieren. Damit ist eine in sich homogene Agentengruppe durch

- ihre Größe (Anzahl eingesetzter Agenten je Gruppe),
- die Menge ihrer Qualifikationen,
- die mittleren Bearbeitungszeiten für jede Qualifikation und
- die zur jeweiligen Qualifikation gehörende Qualifikationsstufe

beschrieben.

Wenn wir Call Center anhand der Homogenität ihrer Anrufer und Agenten unterscheiden, gelangen wir zu den in Abbildung 6.2 dargestellten vier Fällen. Anhand dieser vier Fälle werden wir nun der Frage nachgehen, welche Routing-Entscheidungen in solchen Call Centern zu treffen sind. In allen vier Fällen nehmen wir i.d.R. an, daß ein Anrufer nur dann warten muß, wenn kein einziger für ihn qualifizierter Agent verfügbar ist.[1]

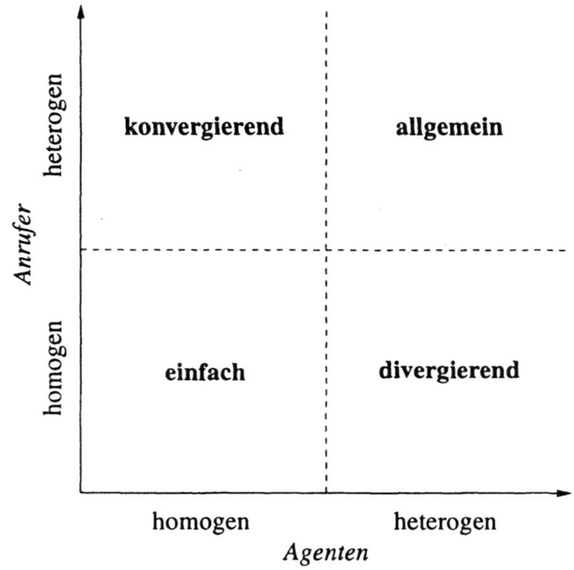

Abb. 6.2. Klassifikation von Call Centern nach der Homogenität von Anrufern und Agenten

Einfache Struktur

In Call Centern mit homogenen Anrufern und homogenen Agenten haben wir den in Abbildung 6.1 dargestellten einfachsten Fall. Die Frage, welche Anrufergruppe von welcher Agentengruppe bedient wird, stellt sich in solchen Call Centern nicht. Hierbei wird ein ankommender Anrufer i.d.R. sofort von einem Agenten bedient, wenn einer frei ist. Anderenfalls wird der Anrufer in die Warteschlange eingestellt. Der als nächstes freiwerdende Agent bedient i.d.R. den am längsten wartenden Anrufer aus der Warteschlange zuerst. Diese Regel wird auch als *First-Come-First-Served*-Regel bezeichnet.

Die Entscheidung, welcher Agent innerhalb einer Gruppe als nächstes einen Anruf entgegennimmt, hat einen Einfluß auf die Auslastung der einzelnen Mitarbeiter und somit auch auf die Mitarbeiterzufriedenheit. Häufig wird ein neu eintreffender Anruf demjenigen Agenten zugewiesen, der bereits am längsten auf einen Anruf gewartet hat. Aufgrund der Homogenität der Agenten hat diese Auswahlentscheidung jedoch keinerlei Einfluß auf die Auslastung der gesamtem Agentengruppe sowie auf die anderen in Abschnitt 2.2 erläuterten Kenngrößen.

[1] Wir weisen gesondert darauf hin, wenn wir von dieser Annahme abweichen.

Divergierende Struktur

Ein Beispiel eines Call Centers mit homogenen Anrufern und heterogenen Agenten ist in Abbildung 6.3 dargestellt. Da es nur eine Anrufergruppe gibt, haben alle Agenten ein und dieselbe Qualifikation (Skill), jedoch sind die Qualifikationsstufen verschieden, was in der Abbildung 6.3 durch die unterschiedlichen Bearbeitungsraten μ_A, $\overline{\mu}_A$ und $\widetilde{\mu}_A$ ausgedrückt wird. Dies ist zum Beispiel in Call Centern der Fall, in denen sowohl sehr erfahrene Agenten am Telefon sitzen als auch solche Agenten, die gerade ausgebildet werden und daher mehr Zeit zur Bearbeitung eines Anrufs benötigen.

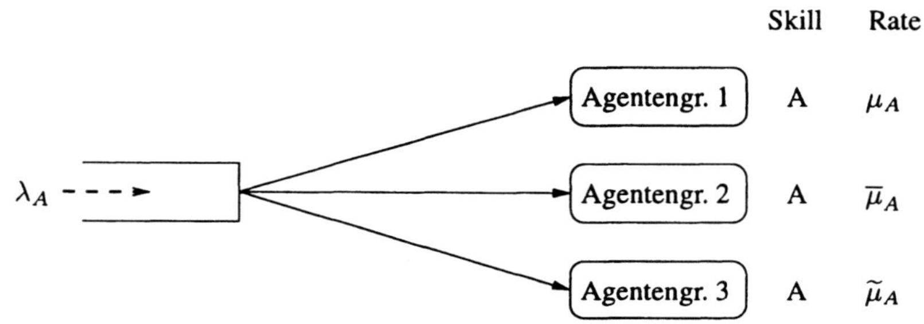

Abb. 6.3. Divergierende Struktur: Call Center mit homogenen Anrufern und drei Agentengruppen

Gibt es wartende Anrufer und ein Agent aus einer beliebigen Gruppe wird gerade frei, so bedient dieser wieder den am längsten wartenden Anrufer. Interessanter ist der Fall, daß die Warteschlange leer ist und in allen drei Agentengruppen jeweils mindestens ein Agent auf einen Anrufer wartet. Kommt nun ein Anrufer im Call Center an, so kann dieser von einem Agenten der Gruppen 1, 2 oder 3 bedient werden. Da die Bearbeitungsdauern μ_A^{-1}, $\overline{\mu}_A^{-1}$ und $\widetilde{\mu}_A^{-1}$ bei den Agentengruppen verschieden sein können, hat die nun anzuwendende Routing-Regel direkten Einfluß auf die Kenngrößen des Call Centers. Die Regeln, nach denen diese Auswahl getroffen wird, werden als *Agentenauswahl-Regeln* bezeichnet.

Konvergierende Struktur

In diesen Call Centern werden verschiedene Anrufergruppen von homogenen Agenten bedient. Das bedeutet, daß alle Agenten alle erforderlichen Qualifikationen haben und somit flexibel qualifiziert sind. Wir sprechen in diesem Zusammenhang auch von *Generalisten*. Bei dieser konvergierenden Struktur sind sogar die Qualifikationsstufen für eine bestimmte Anrufergruppe bei allen Agenten identisch. Die Abbildung 6.4 zeigt ein Beispiel eines Call Centers mit einer konvergierenden Struktur und zwei Anrufergruppen. Die flexibel qualifizierten Agenten bedienen Anrufer der Gruppe A mit der Rate μ_A und Anrufer der Gruppe B mit der Rate μ_B.

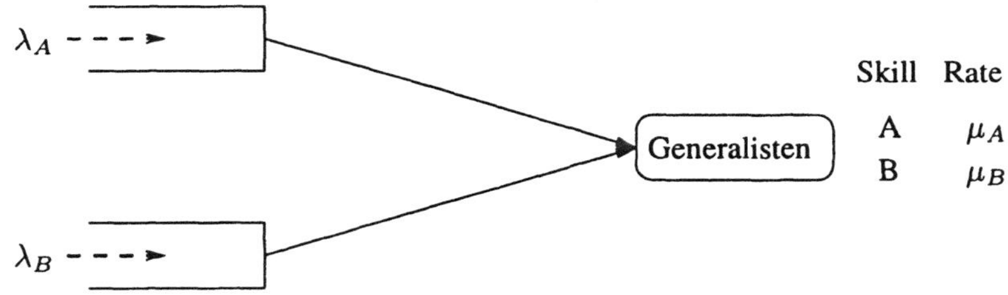

Abb. 6.4. Konvergierende Struktur mit zwei Anrufergruppen und homogenen Agenten

Wie betrachten nun den Fall, daß sich Anrufer aus beiden Anrufergruppen in den Warteschlangen befinden. Wird einer der flexibel qualifizierten Agenten frei, so stellt sich die Frage, welcher wartende Anrufer als nächstes von ihm bedient werden soll: einer aus der Anrufergruppe A oder einer aus der Anrufergruppe B. Die Regeln, nach denen ein freiwerdender Agent den nächsten Anrufer zugestellt bekommt, werden als *Anruferauswahl-Regeln* bezeichnet.

Allgemeine Struktur

Im allgemeinen Fall werden im Call Center heterogene Anrufergruppen von heterogenen Agentengruppen bedient. Betrachten wir als Beispiel der allgemeinen Struktur das in der Abbildung 6.5 gezeigte Call Center, in welchem sowohl deutschsprachige als auch englischsprachige Anfragen bearbeitet werden können. In diesem Call Center arbeiten drei Gruppen von Agenten,

- ausschließlich deutschsprachige Agenten (D-Spezialisten),
- ausschließlich englischsprachige Agenten (E-Spezialisten) und
- flexible Agenten, die sowohl Deutsch als auch Englisch sprechen (Generalisten).

Für jede Agentengruppe sind in der Abbildung 6.5 die Qualifikationen ("Skill") und die entsprechenden Qualifikationsstufen ("Q.-Stufe") angegeben. Die flexiblen Agenten können also beide Anrufergruppen bedienen. Die Zahl "1" entspricht dabei der höchstmöglichen Qualifikationsstufe. In dem Beispiel sind die Spezialisten am besten für die jeweilige Anrufergruppe qualifiziert. Die Generalisten haben die Qualifikationsstufe "2" für die deutsche Sprache und die Qualifikationsstufe "3" für die englische. Damit können die Generalisten deutsch sprechende Anrufer besser bedienen als englisch sprechende, dies jedoch in beiden Fällen schlechter als die jeweiligen Spezialisten.

Betrachten wir nun die Situation, daß beide Warteschlangen leer sind und sowohl ein flexibel qualifizierter als auch ein ausschließlich deutschsprachiger Agent auf einen Anrufer warten. Trifft nun ein Anrufer im Call Center ein, der von einem deutschsprachigen Agenten bedient werden möchte, so stellt sich bei der *Agentenauswahl* die Frage, ob dieser Anrufer von einem D-Spezialisten oder einem Generalisten bedient werden soll.

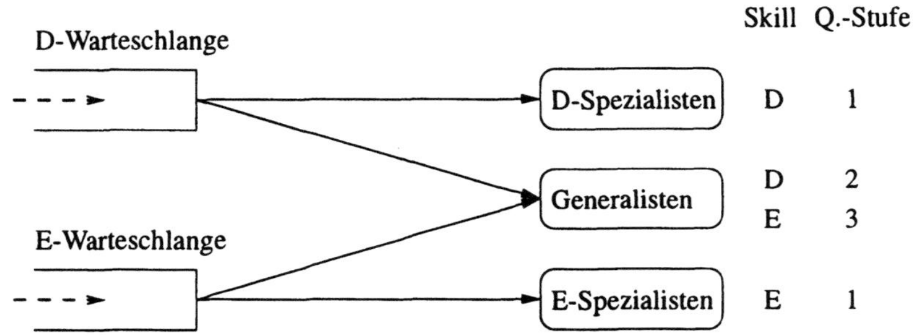

Abb. 6.5. Allgemeine Struktur: Call Center mit zwei Anrufergruppen und drei Agentengruppen (sogenanntes M-Design)

Wird dagegen einer der flexibel qualifizierten Agenten frei, während in beiden Warteschlangen Anrufer warten, so stellt sich bei der *Anruferauswahl* die Frage, welchen Anruf dieser Agent als nächstes bearbeiten soll.

Daher müssen in Call Centern mit einer allgemeinen Struktur Regeln zur Anrufer- und zur Agentenauswahl miteinander kombiniert werden. Da sich sowohl die Anrufer- als auch die Agentengruppen durch die benötigten bzw. angebotenen Qualifikationen unterscheiden können, werden Regeln, nach denen Anrufer den Agenten zugewiesen werden – also die Agenten- und die Anruferauswahl-Regeln – häufig als Skills-Based Routing (SBR) bezeichnet. Im folgenden werden einige dieser Routing-Regeln diskutiert, die auch in herkömmlichen ACD-Anlagen implementiert sind.

6.1.2 Regeln zur Anruferauswahl

Regeln, in welcher Reihenfolge Kunden zu bedienen sind, lassen sich in vielen Dienstleistungsbereichen aufstellen. Stellt man sich z.B. die Kassen eines Supermarktes vor, dann werden die Kunden an einer einzelnen Kasse der Reihe nach bedient, also immer der am längsten Wartende als nächstes. Würden man nun an einem Freitagabend eine weitere Kasse öffnen, an der einige "gute" Kunden sofort bedient werden, während andere Kunden schon fünf Minuten an der Kasse warten, so würde dies im Supermarkt mit Sicherheit einen Sturm der Entrüstung auslösen. Die Warteschlangen eines Call Centers haben jedoch die für den Betreiber des Call Centers angenehme Eigenschaft, daß sich die wartenden Anrufer gegenseitig nicht sehen können. Das eröffnet diesem Betreiber eine Vielzahl von Möglichkeiten, den nächsten Anrufer auszuwählen, ohne dabei das Gerechtigkeitsempfinden der anderen wartenden Anrufer zu stören. Wir erläutern nun einige Regeln, nach denen einem freiwerdenden Agenten ein wartender Anrufer zugewiesen werden kann. Dabei lassen sich grob drei Fälle unterscheiden:

- die Anruferauswahl orientiert sich an Servicemaßen
- die Anruferauswahl basiert auf Prioritäten
- die Anruferauswahl erfolgt in Abhängigkeit der Qualifikation der Agenten.

Zur Erläuterung der einzelnen Fälle betrachten wir das in Abbildung 6.5 dargestellte Call Center in der folgenden Situation: Alle Agenten sind belegt und es warten sowohl D- als auch E-Anrufer. Der am längsten wartende D-Anrufer (erster in der D-Warteschlange) wartet bereits 20 Sekunden und der am längsten wartende E-Anrufer sogar schon 30 Sekunden. Nun beendet ein Generalist die Bearbeitung eines Anrufers und ihm muß ein D- oder ein E-Anrufer zugewiesen werden.

Orientierung an Servicemaßen

Eine häufig angewandte Regel ist die sogenannte *First-Come-First-Served*-Regel. Unter den Anrufern, die der Agent aufgrund seiner Qualifikation bedienen kann, wird der am längsten Wartende ausgewählt. In unserem Beispiel kann der Generalist sowohl D- als auch E-Anrufer bedienen. Der am längsten wartende Anrufer ist ein E-Anrufer und wird ihm daher als nächstes zugewiesen.

Wie in Abschnitt 3.2 beschrieben, können verschiedene wartezeitbasierte Zielgrößen in Call Centern betrachtet werden. Diese können für die verschiedenen Anrufergruppen unterschiedliche Ausprägungen haben und zueinander in Relation gesetzt werden. Die Auswahl des nächsten Anrufers kann sich nun z.B. an der sogenannten *relativen Wartezeit* orientieren. Nehmen wir an, daß in unserem Beispiel das Verhältnis der mittleren Wartezeit von D- und E-Anrufern gerade 1:2 betragen soll. Dadurch wird eine Wartezeit von t Zeiteinheiten eines Anrufer der Klasse D als genauso kritisch angesehen wird, wie eine Wartezeit von $2t$ des ältesten E-Anrufers.[2] Im Beispiel hat der am längsten wartende D-Anrufer eine aktuelle Wartezeit von $w_D = 20$ Sekunden und für die E-Anrufer gilt $w_E = 30$ Sekunden. Damit ergeben sich die relativen Wartezeiten w^* zu $w_D^* = w_D/1 = 20$ Sekunden und $w_E^* = w_E/2 = 15$ Sekunden. Die relative Wartezeit des D-Anrufers ist damit länger als die des E-Kunden und somit wird als nächstes ein D-Anrufer von dem Generalisten bearbeitet. Diese Regel zur Anruferauswahl läßt sich auch auf andere relative Kenngrößen übertragen.

Prioritäten

Wie schon an dem Beispiel des Supermarktes erläutert, können bestimmte Anrufergruppen bevorzugt bedient werden. Dabei können den einzelnen Anrufergruppen verschiedene feste Prioritätswerte zugeordnet werden, die als *statische Prioritäten* bezeichnet werden. Ein freiwerdender Agent bedient zunächst wartende Anrufer aus der höchsten Prioritätsklasse. Nur wenn diese Warteschlange leer ist, werden Anrufer mit niedrigerer Priorität bedient. Diese Einteilung der Anrufergruppen in verschiedene Prioritätsklassen kann z.B. nach der wirtschaftlichen Bedeutung der Kontakte erfolgen. In unserem Beispiel würde als nächstes ein E-Anrufer bedient, wenn die E-Anrufer bei den Generalisten eine höhere Priorität hätten.

Die Prioritätswerte müssen im Zeitablauf nicht konstant bleiben. Die Idee *dynamischer Prioritäten* ist, den Anrufern abhängig vom Zustand des Systems u.U. eine höhere Priorität einzuräumen. Dies geschieht z.B. dann, wenn die aktuelle Wartezeit

[2] Sind die angestrebten mittleren Wartezeiten bei allen Anrufergruppen gleich, so entspricht diese Regel der einfachen First-Come-First-Served-Auswahl.

einen bestimmten Grenzwert erreicht hat oder die Warteschlangenlänge einen bestimmten Wert überschreitet. Somit kann sich die Priorität eines Anrufers während seiner Wartezeit verändern. Ein freiwerdender Agent wählt nun den Anrufer mit der höchsten aktuellen Priorität.

Eine noch schärfere Form der Priorisierung sind die sogenannten *Cut-Off-Prioritäten*. Bei dieser Art von Prioritäts-Regel wird ein Teil der Agenten für Anrufer der höchsten Prioritätsklasse reserviert. Wird ein Agent frei und ein Anrufer der höchsten Priorität wartet, wird dieser bedient. Anderenfalls bedient der Agent einen Anrufer niedrigerer Priorität nur dann, wenn eine Mindestanzahl freier Agenten auf Anrufer der höchsten Prioritätsstufe wartet. Damit soll erreicht werden, daß Anrufer der höchsten Priorität fast immer sofort bedient werden.

Qualifikation der Agenten

Bei dieser Regel wird zunächst die Anruferklasse betrachtet, für die der Agent am besten ausgebildet ist, also die höchste Qualifikationsstufe besitzt. Aus der diese Qualifikation nachfragenden Anrufergruppe wird dann der am längsten wartende Anrufer gewählt.[3] Ist diese Warteschlange leer, so wird mit der Anrufergruppe fortgefahren, für die der Agent die zweithöchste Qualifikationsstufe besitzt. In unserem Beispiel haben die Generalisten die Qualifikationen D und E, wobei die Agenten für die Qualifikation D die höhere Qualifikationsstufe besitzen. Daher würde als nächstes ein wartender D-Anrufer bedient.

Eine Regel, die genau das Gegenteil bewirkt, ist die *Aktivierung von Reserve-Agenten*. Hierbei kann einem Agenten eine sogenannte Reserve-Qualifikation zugeordnet werden, so daß dieser "im Notfall" noch eine andere Anrufergruppe bedienen kann. Dies geschieht in Kombination mit dynamischem Prioritäten. Übersteigt z.B. die Wartezeit einer Anrufergruppe ein bestimmtes Maß, so werden die Reserve-Agenten aktiviert. Wird einer der Reserve-Agenten frei, hat diese Anrufergruppe für diesen Agenten nun die höchste Priorität. Mögliche Folgen dieser Regel werden in Abschnitt 6.3 noch näher diskutiert.

6.1.3 Regeln zur Agentenauswahl

Regeln zur Agentenauswahl greifen dann, wenn ein Anrufer im Call Center ankommt und wartende Agenten aus verschiedenen Gruppen diesen bearbeiten können. In unserem Beispiel in der Abbildung 6.5 kann ein D-Anrufer ankommen und ihm stehen sowohl ein freier D-Spezialist als auch ein freier Generalist gegenüber. Die Agentenauswahl kann sich

- an der Auslastung der Agenten,
- an Prioritäten oder
- an der Qualifikation der Agenten

orientieren.

[3] Ist der Generalist für mehrere Anrufergruppen mit der gleichen Qualifikationsstufe trainiert, so wird hier nach der First-Come-First-Served-Regel aus diesen Klassen der am längsten wartende Anrufer gewählt.

Auslastung der Agenten

Bei der Agentenauswahl nach der *Wartezeit der Agenten* wird der Agent mit der längsten Wartezeit seit dem letzten Anruf gewählt. Hier ist es auch möglich, nicht nur die aktuelle Wartezeit zu betrachten, sondern auf das Verhältnis von bisheriger Wartezeit zu bisheriger Arbeitszeit einzugehen. Dies entspricht der aktuellen Auslastung der einzelnen Agenten. Durch diese beiden Regeln soll eine möglichst gleichmäßige Auslastung der Agenten erreicht werden.

Prioritäten

Im Gegensatz zur Anruferauswahl erhalten hier die Agentengruppen für jede Anrufergruppe verschiedene Prioritäten. Ein ankommender Anrufer wird einem freien Agenten mit der höchsten Prioritätsstufe zugewiesen. Sind alle Agenten mit der höchsten Prioritätsstufe besetzt, so wird ein Agent aus der nächstniedrigeren Prioritätsstufe gesucht. Durch diese Prioritäten kann darauf Einfluß genommen werden, wie stark eine bestimmte Agentengruppe durch eine Anrufergruppe ausgelastet wird.

Qualifikation der Agenten

Bei dieser Regel wird der ankommende Anrufer von dem am besten qualifizierten unter den verfügbaren Agenten bedient; d.h., es wird der freie Agent mit der höchsten Qualifikationsstufe für den Anrufer gewählt. Diese Regel kann auch wieder als Prioritäts-Regel verstanden werden, wobei die Prioritäten durch die jeweiligen Qualifikationsstufen bestimmt werden.

6.1.4 Literaturhinweise zu Warteschlangenmodellen mit Skills-Based Routing

Call Center mit einer konvergierenden, divergierenden oder allgemeinen Struktur können so verschieden voneinander sein, daß sie nicht mit einem einzigen Modell der Warteschlangentheorie analysierbar sind. Schon alleine die möglichen Kombinationen von Anrufer- und Agentenauswahl-Regeln für eine einzige gegebene Struktur eines Call Centers führen zu einer Vielzahl verschiedener Modelle. In den folgenden Abschnitten zum Skills-Based Routing betrachten wir Beispiele verschiedener Strukturen von Call Centern, die alle nach prioritätsbasierten Anrufer- und Agentenauswahl-Regeln operieren. Im folgenden werden wir uns daher in einen Literaturüberblick auf gerade diese Routing-Regeln konzentrieren.

Wir gehen dabei von dem in Abbildung 6.5 auf Seite 108 dargestelltem Modell eines Call Centers mit einer allgemeiner Struktur aus. Mit diesem als M-Design bezeichnetem Modell eines Call Centers sowie mit Spezialfällen davon werden wir in Kapitel 6.2 noch rechnen.

In diesem Call Center werden zwei Anrufergruppen von drei Agentengruppen bedient. Die Generalisten bedienen wartende Anrufer, die die Qualifikation "deutsche Sprache" nachfragen, mit einer höheren Priorität als diejenigen, die die englische Sprache verlangen. Dies ist somit eine Anruferauswahl-Regel nach einer statischen Priorität. Bei der Agentenauswahl bevorzugen die Anrufer der jeweiligen Gruppe einen Spezialisten.

Die Tabelle 6.1 zeigt Arbeiten der Warteschlangentheorie, die sich mit solchen Modellen beschäftigen. Die zweite Spalte gibt die angenommene Anzahl an Wartepositionen an. Ob die Analyse auf identische mittlere Gesprächszeiten der Generalisten für beide Anruferklassen beschränkt ist, zeigt die dritte Spalte. Bis auf Stolletz (2003) unterstellen die Autoren in ihren Analysen geduldige Kunden.

Tabelle 6.1. Warteschlangenmodelle mit einem M-Design und prioritätsbasierten Routing-Regeln

Referenz	Wartepositionen	identische mittlere Gesprächszeiten
Sato und Mori (1983)	keine	nein
Kawashima (1985)	keine	nein
Pinker und Shumsky (2000)	keine	ja
Gurumurthi und Benjaafar (2001)	beschränkte Anzahl	ja
Stolletz (2003)	beschränkte Anzahl	nein

Setzen wir in dem obigen Modell die Anzahl der D-Spezialisten gleich Null, so können Anrufer den deutschsprachigen Service nur noch von den Generalisten erhalten, haben bei diesen Agenten jedoch gegenüber den englischsprachigen Anfragen Priorität. Dieser Spezialfall des M-Designs wird in der Literatur auch als N-Design bezeichnet.[4] Shumsky (2000) hat dieses Warteschlangenmodell mit unendlich vielen Wartepositionen analysiert. Er unterstellt dabei, daß die Generalisten für beide Anrufergruppen die gleiche mittlere Bearbeitungszeit benötigen. In der Analyse von Stanford und Grassmann (2000) wird zusätzlich angenommen, daß auch die E-Spezialisten mit der gleichen mittleren Gesprächszeit wie die Generalisten telefonieren.

Kommen wir nun zu einem anderen Spezialfall des M-Designs. Dazu betrachten wir das Modell eines Call Centers mit einer konvergierenden Struktur. Die Abbildung 6.4 auf Seite 107 stellt solch ein Call Center mit zwei Anrufergruppen und homogenen Agenten dar. Dieses kann man natürlich auch mit mehr als zwei Anrufergruppen betrachten. In diesem Modell sind alle Agenten Generalisten und somit kann jeder Agent jeden Anrufer bedienen. Die mittlere Bearbeitungsrate für einen Anrufer der Klasse i beträgt μ_i Anrufe je ZE.

Für solche Warteschlangenmodelle mit einer Anruferauswahl nach der statischen Prioritäts-Regel lassen sich in der Literatur verschiedene Arbeiten für zwei oder noch mehr Anrufergruppen mit jeweils geduldigen Kunden finden. Die Tabelle 6.2 zeigt Aufsätze, die sich mit Modellen beschäftigen, in denen unendlich viele Wartepositionen unterstellt werden. Die zweite Spalte gibt dabei die betrachtete Zahl k an Anrufergruppen an. Die letzte Spalte gibt wieder Auskunft über die mittleren Gesprächszeiten der Kundengruppen. Einige der Arbeiten beschränken sich auf identi-

[4] Vgl. Garnett und Mandelbaum (2000).

sche mittlere Gesprächszeiten für alle Anrufergruppen, bei anderen sind diese beliebig und können zwischen den Anrufergruppen variieren.

Tabelle 6.2. Warteschlangenmodelle mit k Anruferklassen, unendlich vielen Wartepositionen, homogenen Agenten und einer prioritätsbasierten Anruferauswahl

Referenz	k	identische mittlere Gesprächszeiten
Cobham (1954)	≥ 2	ja
Cohen (1956)	$= 2$	ja
Davis (1966)	≥ 2	ja
Williams (1980)	$= 2$	ja
Miller (1982)	$= 2$	nein
Kella und Yechiali (1985)	≥ 2	ja
Sotskij und Churkin (1985)	≥ 2	ja
Gail et al. (1988)	$= 2$	nein
Shanthikumar (1989)	≥ 2	ja
Cidon und Sidi (1990)	$= 2$	nein
Kao und Narayanan (1990)	$= 2$	nein
Khomonenko (1991)	$= 2$	nein
Nishida (1992)	≥ 2	ja
Kao und Wilson (1999)	$= 2$	nein
Chen und Henderson (2001)	≥ 2	ja

In der Tabelle 6.3 sind Literaturhinweise zusammengestellt, die sich mit dem oben beschriebenem Modell beschäftigen und im Gegensatz zu den Aufsätzen in der Tabelle 6.2 eine beschränkte Anzahl an Wartepositionen unterstellen.

Tabelle 6.3. Warteschlangenmodelle mit k Anruferklassen, endlich vielen Wartepositionen, homogenen Agenten und einer prioritätsbasierten Anruferauswahl

Referenz	k	identische mittlere Gesprächszeiten
Kawashima (1983)	$= 2$	nein
Lehnert (1985)	$= 2$	ja
Jain und Dhyani (1997)	$= 2$	ja
Wagner (1997)	≥ 2	ja

Alle Autoren der in den Tabellen 6.2 und 6.3 aufgelisteten Aufsätze unterstellen in ihren Analysen exponentialverteilte Bearbeitungszeiten, mit Ausnahme von Williams (1980). Er betrachtet allgemein verteilte Gesprächszeiten.

Eine Besonderheit des Modells von Jain und Dhyani (1997) ist, daß zustandsabhängige Gesprächszeiten betrachtet werden. Sind alle Agenten mit einem Anrufer beschäftigt, so ist es möglich, daß sie nach einem verkürzten Gesprächsprotokoll arbeiten und dadurch die Bearbeitungszeit sinkt.

Kawashima (1983) analysiert ein Warteschlangenmodell, in dem auch die bereits angesprochenen Cut-Off-Prioritäten zugelassen sind.

6.2 Ein einfaches Modell eines Call Centers mit Skills-Based Routing

6.2.1 Rechenbeispiel zur Anruferauswahl

Die Leistungskenngrößen von Call Centern mit Skills-Based Routing lassen sich leider nicht mehr mit dem in Abschnitt 2.2 vorgestellten Grundmodell ermitteln. In diesem Abschnitt werden wir ein konkretes Beispiel eines zweisprachigen Call Centers mit Skills-Based Routing betrachten, wobei wir zur numerischen Bestimmung der Kenngrößen auf die in Stolletz (2003) entwickelten Verfahren zurückgreifen.

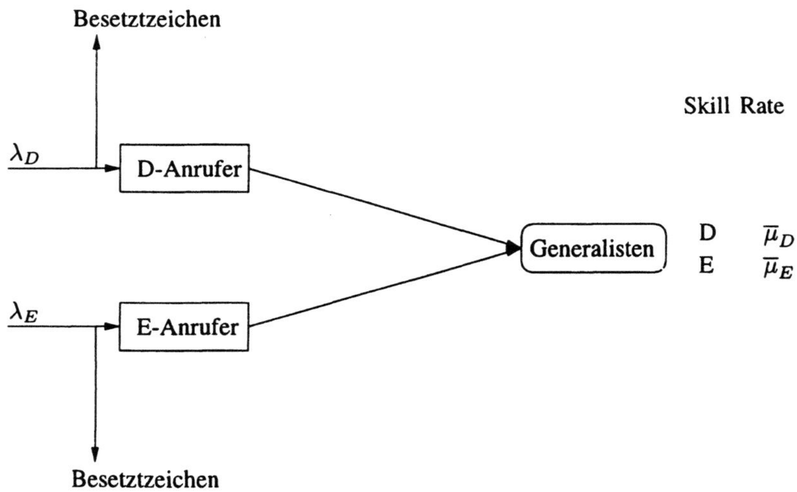

Abb. 6.6. Beispiel eines Call Centers mit zwei Anrufergruppen und flexibel qualifizierten Agenten (V-Design)

Die schematische Darstellung in Abbildung 6.6 zeigt, daß in diesem Call Center die beiden Anrufergruppen von einer Gruppe von Generalisten bearbeitet werden, die sowohl für D-Anrufer als auch für E-Anrufer qualifiziert sind. Diese konvergierende Konfiguration eines Call Centers wird auch als V-Design bezeichnet und ist sozusagen "ein Teil" des in Abbildung 6.5 auf Seite 108 dargestellten Call Centers nach dem M-Design. Für jede Anrufergruppe steht eine eigene Warteschlange zur Verfügung und es wird angenommen, daß die Anzahl der Telefonleitungen für D-

und E-Anrufer durch K_D bzw. K_E begrenzt ist. Damit können maximal K_D D-Anrufer gleichzeitig im Call Center sein, d.h., in der Warteschlange oder gerade in Bedienung. Die Ankunftsraten betragen λ_D und λ_E für die jeweilige Anrufergruppe. Die Bedienraten der flexiblen Generalisten betragen $\overline{\mu}_D$ und $\overline{\mu}_E$ und können voneinander verschieden sein. In den folgenden Beispielen nehmen wir an, daß die Anrufer geduldig sind, um die Analyse auf diejenigen Effekte zu konzentrieren, die dem SBR zuzurechnen sind. Die in Stolletz (2003) entwickelten Methoden können jedoch auch den Fall ungeduldiger Kunden berücksichtigen.

Die Generalisten verfahren bei der Anruferauswahl nach einer *statischen Prioritäts-Regel*. Dabei wird einem freiwerdendem Generalisten ein D-Anrufer zugeteilt, wenn einer wartet. Ist dies nicht der Fall, dann bearbeitet der Generalist einen wartenden E-Anrufer. Somit werden die D-Anrufer gegenüber den E-Anrufern priorisiert, und ein wartender E-Anrufer wird nur dann einem Generalisten zugewiesen, wenn kein D-Anrufer wartet. Wenn überhaupt kein Anrufer in den Warteschlangen ist, wartet der Generalist auf einen ankommenden Anruf. Diese Routing-Regel ist in Abbildung 6.7 dargestellt.

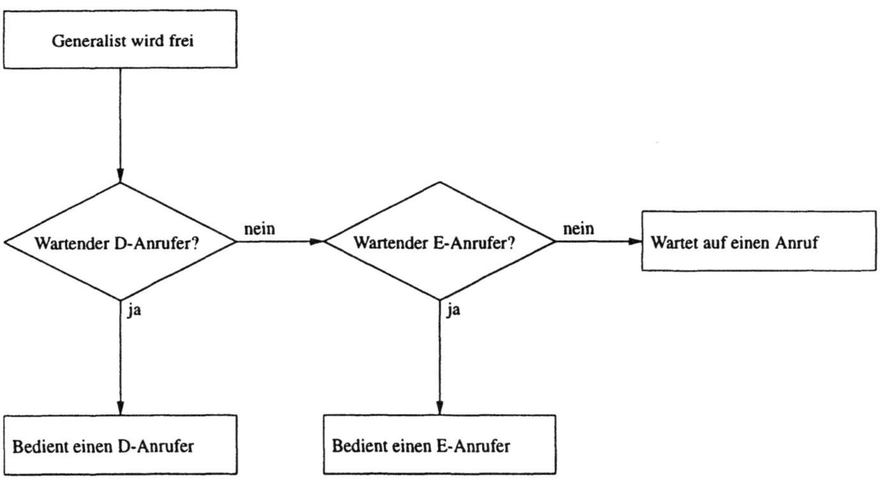

Abb. 6.7. Flußdiagramm der Anruferauswahl der Generalisten nach der statischen Prioritäts-Regel

Um Auswirkungen der Anruferauswahl mit dieser Prioritäts-Regel zu zeigen, nehmen wir zunächst an, daß die mittleren Bearbeitungszeiten beider Anrufergruppen identisch exponentialverteilt sind mit $\overline{\mu}_D^{-1} = \overline{\mu}_E^{-1} = 59$ Sekunden. Im Call Center arbeiten $c_G = 11$ Generalisten und für jede Anrufergruppe stehen 100 Telefonleitungen zur Verfügung, also $K_D = K_E = 100$. Die Ankunftsrate $\lambda = \lambda_D + \lambda_E$ beträgt insgesamt 300 Anrufe in 30 Minuten für beide Klassen zusammen. Wir untersuchen nun einige Leistungsgrößen für verschiedene Aufteilungen dieser 300 Anrufer auf die beiden Anrufergruppen. Dazu wird der Anteil der D-Anrufer unter den gesamten Anrufern zwischen 0% und 100% variiert.

Da in diesem Beispiel genügend Telefonleitungen zur Verfügung stehen, wird praktisch kein Anrufer blockiert. Die Abbildung 6.8 zeigt die mittleren Wartezeiten in Abhängigkeit des Anteils von D-Anrufern an den gesamten Anrufern. Hierbei wird die mittlere Wartezeit $\mathbf{E}[W_D]$ der D-Anrufer, die mittlere Wartezeit $\mathbf{E}[W_E]$ der E-Anrufer und die gewichtete mittlere Wartezeit $\mathbf{E}[W_{D+E}]$ über beide Anrufergruppen betrachtet. Diese ergibt sich durch Gewichtung der erwarteten Wartezeiten für die einzelnen Anrufergruppen mit dem jeweiligen Anteil an Anrufern zu

$$\mathbf{E}[W_{D+E}] = \frac{\lambda_D \mathbf{E}[W_D] + \lambda_E \mathbf{E}[W_E]}{\lambda_D + \lambda_E}. \tag{6.1}$$

Da es in diesem Beispiel zu nahezu keinen Besetztzeichen kommt und die mittlere Gesprächsdauer für beide Anrufergruppen gleich ist, hängt die gewichtete mittlere Wartezeit $\mathbf{E}[W_{D+E}]$ nicht vom Prozentsatz der D-Anrufer ab und ist konstant mit $\mathbf{E}[W_{D+E}] = 32$ Sekunden.[5] Dies sieht bei den Wartezeiten für die einzelnen Anrufergruppen jedoch anders aus. Sowohl die mittlere Wartezeit $\mathbf{E}[W_D]$ für die D-Anrufer als auch die mittlere Wartezeit $\mathbf{E}[W_E]$ für die E-Anrufer steigt bei einem steigenden Prozentsatz von D-Anrufern unter den Anrufern. Dieser Anstieg von beiden mittleren Wartezeiten läßt sich folgendermaßen erklären: Kommen mehr D-Anrufer im Call Center an, so konkurrieren diese natürlich immer mehr mit Anrufern aus ihrer eigenen Gruppe, d.h., sie werden nicht mehr so oft aufgrund ihrer Priorität vorgelassen. Für die E-Anrufer bedeutet ein steigender Prozentsatz an D-Anrufern, daß sie nun noch mehr Anrufer vorlassen müssen. Man kann sich dies so vorstellen, daß bei vielen "Dränglern" auch die Drängler länger warten müssen und diejenigen Anrufer, die nicht drängeln, dadurch erst recht noch länger warten. Nur gut, daß die Anrufer aufgrund der unsichtbaren Warteschlangen von der erhöhten "Drängelei" nicht direkt etwas mitbekommen. Der Abstand zwischen den erwarteten Wartezeiten erhöht sich dadurch bei steigendem Anteil der D-Anrufer zugunsten der D-Anrufer.

Betrachten wir nun das oben beschriebene Call Center mit jeweils nur 15 Telefonleitungen für die beiden Anrufergruppen, also $K_D = K_E = 15$ anstelle von 100. Die Abbildung 6.9 zeigt die erwarteten Wartezeiten für diesen Fall. Auch hier gilt, daß die mittlere Wartezeit $\mathbf{E}[W_D]$ für die priorisierten Anrufer erheblich kleiner ist als die mittlere Wartezeit $\mathbf{E}[W_E]$. Dabei steigt die gewichtete mittlere Wartezeit $\mathbf{E}[W_{D+E}]$ bis zu einem Anteil der D-Anrufer von ca. 64% und fällt dann wieder. Dies begründet sich darin, daß für genau diesen Anteil an D-Anrufern die gewichtete Wahrscheinlichkeit $\mathrm{P}(B_{D+E})$, blockiert zu werden, minimal ist. Dies heißt dann aber, daß bei diesem Anteil von D-Anrufern die Auslastung der Generalisten am höchsten ist, was wiederum das Maximum der gewichteten erwarteten Wartezeit an

[5] Im Falle einer Anruferauswahl nach der First-Come-First-Served-Regel sind die erwarteten Wartezeiten für beide Anrufergruppen identisch. In diesem Beispiel entsprechen sie der gewichteten mittleren Wartezeit von $\mathbf{E}[W_{D+E}] = 32$ Sekunden.

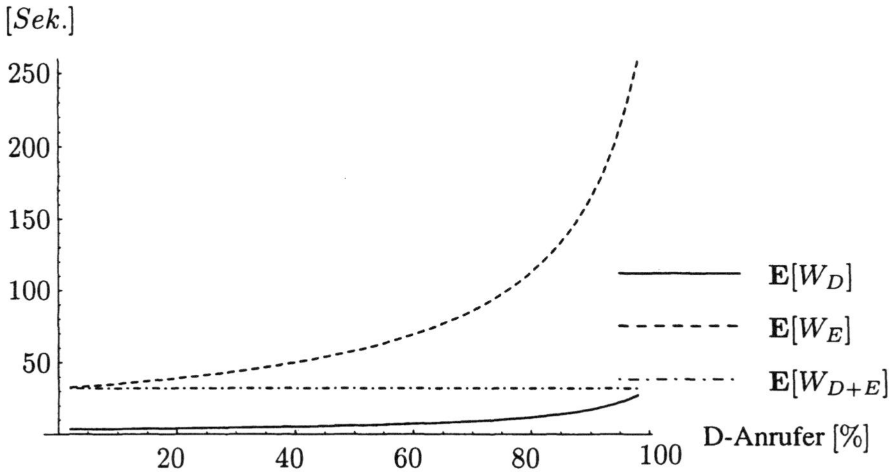

Abb. 6.8. Mittlere Wartezeiten in Abhängigkeit des Anteils an D-Anrufern für $K_D = K_E = 100$ Telefonleitungen

dieser Stelle erklärt. Bei einem sehr hohen Anteil der priorisierten D-Anrufer wird also aufgrund der begrenzten Leitungskapazität ein Teil dieser Anrufer blockiert, was die Auslastung der Agenten und die mittleren Wartezeiten *beider* Klassen senkt.

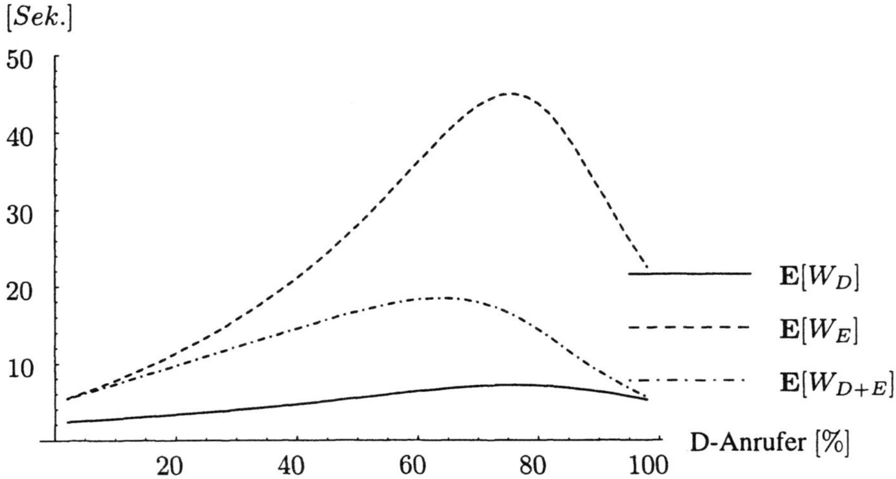

Abb. 6.9. Mittlere Wartezeiten in Abhängigkeit des Anteils an D-Anrufern für $K_D = K_E = 15$ Telefonleitungen

Die Abbildung 6.10 zeigt den beschriebenen Verlauf der Blockierwahrscheinlichkeiten. Die drei Kurven schneiden sich an genau derjenigen Stelle, an der die Blockierwahrscheinlichkeiten P(B_D) bzw. P(B_E) beider Anrufergruppen gleich sind und somit der gewichteten Wahrscheinlichkeit P(B_{D+E}) entsprechen.

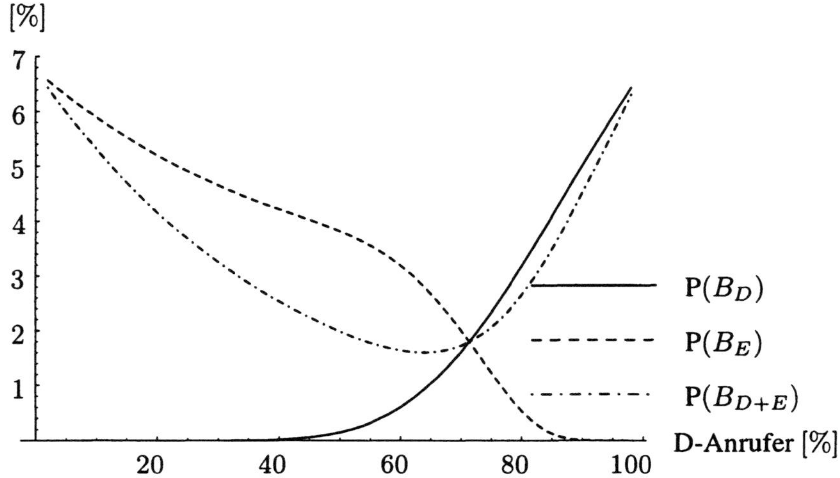

Abb. 6.10. Wahrscheinlichkeit blockiert zu werden in Abhängigkeit des Anteils an D-Anrufern für $K_D = K_E = 15$ Telefonleitungen

Diese Beispiele zur Anwendung einer prioritätsbasierten Anruferauswahl zeigen erwartungsgemäß, daß die Anrufergruppe mit der höchsten Priorität stets die besseren technischen Servicegrößen erzielt. Ist der Anteil der priorisierten Anrufer gering, so sind die erwarteten Wartezeiten für beide Anrufergruppen tendenziell geringer als bei einem großen Anteil an D-Anrufern. Daher ist von einer Priorisierung von großen Teilen der Anrufer eher abzuraten.

6.2.2 Rechenbeispiel zur Agentenauswahl

Nun betrachten wir ein Call Center mit nur einer Anrufergruppe, der zwei Gruppen von Agenten gegenüberstehen. Dieses Call Center mit divergierender Struktur ist schematisch in Abbildung 6.11 dargestellt.

Hinsichtlich der Agentenauswahl unterstellen wir eine statische Prioritäts-Regel, so daß ankommende Anrufer einen Agenten der Gruppe 1 bevorzugen. Nach dieser Prioritäts-Regel wird ein ankommender Anrufer sofort von einem Agenten der Gruppe 1 bedient, wenn einer frei ist. Anderenfalls – wenn alle Agenten der Gruppe 1 beschäftigt sind – wird der Anrufer von einem freien Agenten der Gruppe 2 bedient. Ist auch kein Agent dieser Gruppe frei, wird der Anrufer in die Warteschlange gestellt, sofern er nicht vor der Warteschlange zurückscheut und sofort auflegt. Diese Agentenauswahl-Regel ist in Abbildung 6.12 dargestellt.

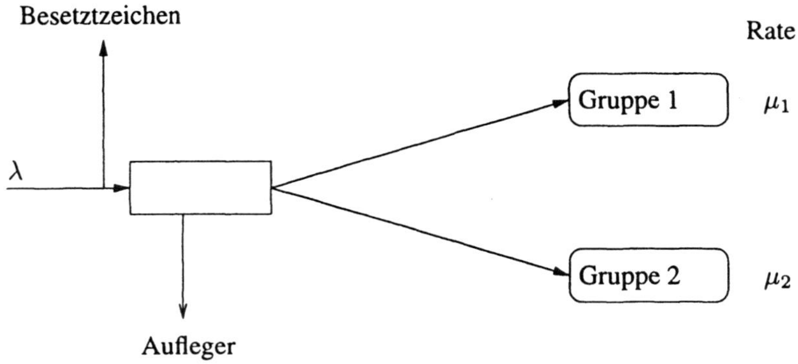

Abb. 6.11. Beispiel eines Call Centers mit zwei Agentengruppen und homogenen Anrufern

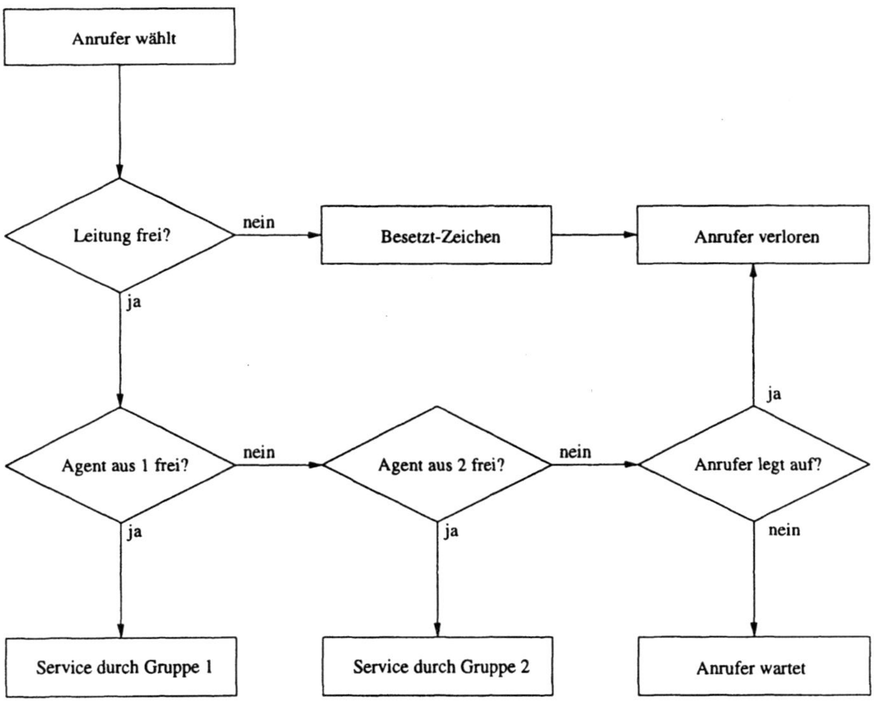

Abb. 6.12. Flußdiagramm zur Agentenauswahl nach der statischen Prioritäts-Regel mit ungeduldigen Kunden

Um die Auswirkungen dieser prioritätsbasierten Agentenauswahl zu verdeutlichen, werden wir uns im folgenden wieder auf den Fall geduldiger Kunden beschränken. Nehmen wir zunächst an, daß die Agenten beider Gruppen die gleiche mittlere Gesprächszeit von $\mu_1^{-1} = \mu_2^{-1} = 120$ Sekunden benötigen und geduldig sind. Die Ankunftsrate beträgt $\lambda = 200$ Anrufer in 30 Minuten und es stehen $K = 25$ Telefonleitungen zur Verfügung. Die Telefonleitungen werden von beiden Agentengruppen gemeinsam genutzt. Es sei c_1 die Anzahl der Agenten in Gruppe 1 und c_2 die Anzahl in Gruppe 2. Insgesamt können $c = c_1 + c_2 = 16$ Agenten auf beide Gruppen aufgeteilt werden.

Sind alle 16 Agenten in einer Gruppe, also $c_1 = 16$ und $c_2 = 0$ oder $c_1 = 0$ und $c_2 = 16$, so haben wir ein Call Center mit nur einer Agentengruppe. Dieses entspricht dem Grundmodell aus Abschnitt 2.2 mit geduldigen Kunden, d.h. es gilt $\beta = 0$ und $\nu = 0$. Bei dieser Analyse ergibt sich für die Anrufer eine mittlere Wartezeit von $\mathbf{E}[W] = 9.71$ Sekunden. (In diesem Beispiel werden alle nicht blockierten Anrufer bedient, da die Anrufer geduldig sind.) Sind wie in diesem Beispiel die mittleren Bearbeitungszeiten für alle Agenten identisch, so ergeben sich konstante technische Servicegrößen für die Anrufer. Dann sind die mittlere Wartezeit und die Wahrscheinlichkeit, blockiert zu werden, unabhängig von der Aufteilung der 16 Agenten auf die beiden Gruppen. Die erwartete Auslastung der einzelnen Agentengruppen hängt jedoch von der Allokation der Agenten ab. Sind alle Agenten in einer der beiden Gruppen, so ergibt sich eine Auslastung der Agenten von $\mathbf{E}[u] = 82.22\%$. Die Abbildung 6.13 zeigt die Auslastung beider Agentengruppen in Abhängigkeit der Agentenzahl c_1 in Gruppe 1. Je mehr Agenten in der von den Anrufern priorisierten Agentengruppe sind, umso geringer ist die Auslastung in beiden Gruppen. Dabei wird der Abstand zwischen den Auslastungen beider Gruppen immer höher. Die gewichtete mittlere Auslastung

$$\mathbf{E}[u_{1+2}] = \frac{c_1\mathbf{E}[u_1] + c_2\mathbf{E}[u_2]}{c_1 + c_2} \tag{6.2}$$

ist für alle Allokationen der 16 Agenten identisch und beträgt $\mathbf{E}[u_{1+2}] = 82.22\%$.

Mit dieser Art der Priorisierung einer Agentengruppe soll häufig versucht werden, die Anrufer zu denjenigen Agenten zu leiten, die ihr Anliegen am schnellsten bearbeiten können. Somit erhält die Agentengruppe mit der geringsten Bearbeitungszeit die höchste Priorität, was dann der Regel der Agentenauswahl gemäß der Qualifikationsstufe entspricht. Daher untersuchen wir nun das obige Beispiel unter der Annahme, daß die Agenten der zweiten Gruppe zur Bearbeitung eines Anrufs im Mittel 10 Sekunden länger brauchen, d.h., $\mu_1^{-1} = 120$ Sekunden und $\mu_2^{-1} = 130$ Sekunden.

Die Abbildung 6.14 zeigt erwartungsgemäß, daß die Agenten höher ausgelastet sind als im Fall identischer Bearbeitungszeiten, da die mittlere Gesprächszeit bei den Agenten der Gruppe 2 höher ist als im vorigen Fall. Aufgrund der unterschiedlichen Gesprächsdauern beider Agentengruppen sinkt die gewichtete mittlere Auslastung $\mathbf{E}[u_{1+2}]$ mit steigender Anzahl c_1 der Agenten in Gruppe 1.

Da die Bearbeitungszeiten in den beiden Agentengruppen unterschiedlich sind, hängen nun auch die Servicegrößen von der Aufteilung der 16 Agenten in die beiden Gruppen ab. Die Abbildung 6.15 zeigt, wie die mittlere Wartezeit $\mathbf{E}[W]$ mit steigender Anzahl c_1 an Agenten der Gruppe 1 sinkt.

Zusammenfassend läßt sich damit zur prioritätsbasierten Agentenauswahl anmerken, daß aus Sicht der Anrufer die Agentengruppe mit der geringsten mittleren

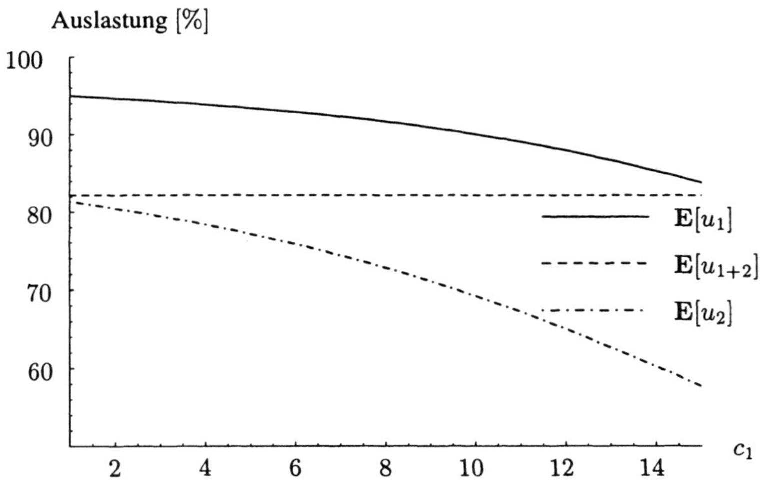

Abb. 6.13. Auslastung beider Agentengruppen bei identischer mittlerer Bearbeitungszeit und $c = c_1 + c_2 = 16$ Agenten

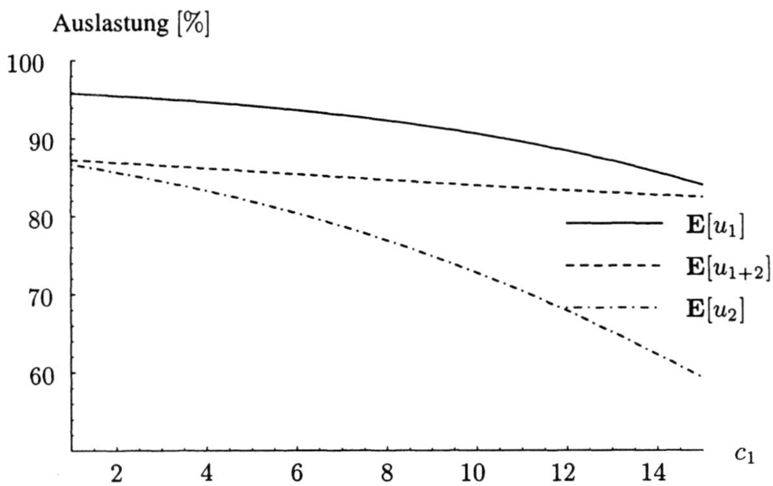

Abb. 6.14. Auslastung beider Agentengruppen bei unterschiedlichen mittleren Bearbeitungszeiten und $c = c_1 + c_2 = 16$ Agenten

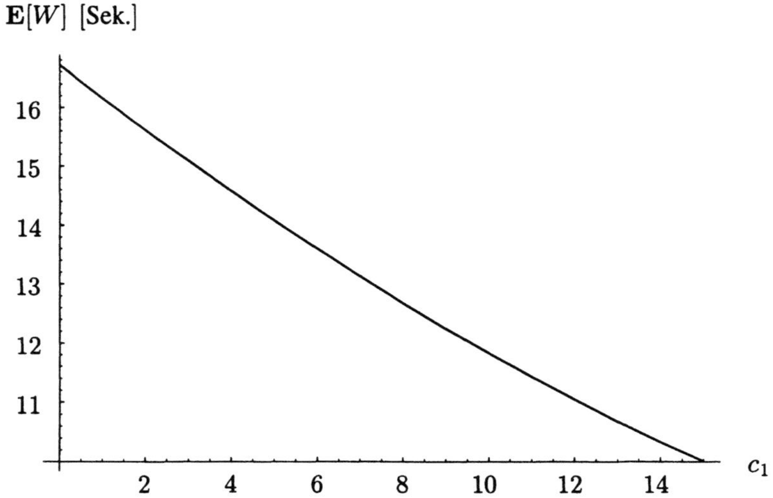

Abb. 6.15. Mittlere Wartezeit bei unterschiedlichen mittleren Bearbeitungszeiten und $c = c_1 + c_2 = 16$ Agenten

Bearbeitungszeit priorisiert werden sollte. Je größer der Anteil der Agenten in dieser priorisierten Gruppe wird, desto geringer ist die mittlere Wartezeit der Anrufer. Ob die Agenten dieser Gruppe mit dieser Vorgehensweise einverstanden sind, steht jedoch auf einem anderen Blatt.

6.2.3 Beispiel zur kombinierten Anrufer- und Agentenauswahl

Nun betrachten wir ein noch komplexeres Call Center, in welchem es sowohl Regeln zur Anrufer- als auch solche zur Agentenauswahl gibt. Die Abbildung 6.5 auf der Seite 108 zeigt eine schematische Darstellung des betrachteten Call Centers mit einem M-Design. Hier stehen beiden Anrufergruppen zum einen jeweils eine Spezialistengruppe und zum anderen die Gruppe flexibel qualifizierter Agenten gegenüber. Dabei nehmen wir an, daß ein freiwerdender Generalist einen wartenden D-Anrufer gegenüber einem wartenden E-Anrufer priorisiert. Dies entspricht der in Abschnitt 6.2.1 vorgestellten Prioritäts-Regel zur Anruferauswahl. Zur Agentenauswahl betrachten wir die in Abschnitt 6.2.2 diskutierte Prioritäts-Regel, bei der die Anrufer einen freien Agenten aus der jeweiligen Spezialistengruppe gegenüber einem freien Generalisten bevorzugen. Zur Analyse solcher komplexen Call-Center-Strukturen greifen wir wieder auf die in Stolletz (2003) entwickelten Methoden zurück.

Wie sich die beschriebenen Routing-Regeln auswirken können, zeigen wir an einem konkreten Beispiel mit den folgenden Annahmen:

- Es stehen jeweils $K_D = 25$ und $K_E = 25$ Telefonleitungen für die beiden Anrufergruppen zur Verfügung. Wenn die Anzahl der D-Anrufer bei den Agenten und im Warteraum 25 beträgt, erhält ein ankommender D-Anrufer somit das Besetztzeichen. Entsprechendes gilt für die E-Anrufer.
- Im Mittel rufen 100 D-Anrufer und 100 E-Anrufer in 30 Minuten an, d.h., die Ankunftsraten betragen $\lambda_D = 100/30$ und $\lambda_E = 100/30$ Anrufe je Minute. Wir nehmen wieder an, daß die Anrufer geduldig sind.
- Die mittlere Bearbeitungszeit der Spezialisten beträgt 120 Sekunden je Anruf für beide Anrufergruppen, d.h., die Bearbeitungsraten betragen $\mu_D = \mu_E = 0.5$ Anrufe je Minute. Die Generalisten benötigen im Mittel 10 Sekunden mehr Zeit zur Bedienung eines Anrufers. Somit beträgt die mittlere Bearbeitungszeit 130 Sekunden, d.h., die Bearbeitungsraten betragen $\overline{\mu}_D = \overline{\mu}_E = \frac{60}{130} = 0.476$ Anrufer je Minute.
- Insgesamt arbeiten $c = c_D + c_E + c_G = 16$ Agenten im Call Center, wobei c_D die Anzahl an D-Spezialisten, c_E die Anzahl an E-Spezialisten und c_G die Anzahl der Generalisten ist.

Damit gleichen sich beide Anrufergruppen in ihren Ankunftsraten und mittleren Gesprächszeiten, jedoch haben die D-Anrufer bei den Generalisten eine höhere Priorität. Wir werden nun die Auswirkungen der Routing-Regeln für verschiedene Allokationen der 16 Agenten untersuchen. Dazu betrachten wir wieder die erwarteten Wartezeiten $\mathbf{E}[W_D]$, $\mathbf{E}[W_E]$ und die gewichtete mittlere Wartezeit $\mathbf{E}[W_{D+E}]$. (Da die Anrufer geduldig sind, werden alle nicht blockierten Anrufer bedient.) Ebenso werden die Blockierwahrscheinlichkeiten $\mathrm{P}(B_D)$, $\mathrm{P}(B_E)$ und $\mathrm{P}(B_{D+E})$ als Maß für den gebotenen Service miteinander verglichen. Bei der Auslastung der Agenten betrachten wir jede einzelne Agentengruppe für sich, also die Auslastung der D-Spezialisten $\mathbf{E}[u_D]$, die Auslastung der E-Spezialisten $\mathbf{E}[u_E]$ und die Auslastung der Generalisten $\mathbf{E}[u_G]$. Bei den Generalisten interessiert darüber hinaus, mit welcher der beiden Anrufergruppen diese am meisten zu tun haben. Dies läßt sich an der Auslastung der Generalisten mit einer der beiden Anrufergruppen erkennen, also an der Auslastung mit D-Anrufern $\mathbf{E}[u_{G-D}]$ bzw. an der Auslastung mit E-Anrufern $\mathbf{E}[u_{G-E}]$.

Zunächst betrachten wir zwei Fälle mit einer recht gleichmäßigen Allokation der Agenten. Im *Fall 1* der Tabelle 6.4 arbeiten $c_D = 6$ D-Spezialisten, $c_E = 6$ E-Spezialisten und $c_G = 4$ Generalisten. Bei dieser Aufteilung der Agenten ergibt sich eine über beide Anrufergruppen gewichtete mittlere Wartezeit von $\mathbf{E}[W_{D+E}] = 29.91$ Sekunden, wobei die mittlere Wartezeit $\mathbf{E}[W_E]$ der E-Anrufer mehr als das Zweieinhalbfache der mittleren Wartezeit $\mathbf{E}[W_D]$ der D-Anrufer beträgt. Die Wahrscheinlichkeiten, blockiert zu werden, sind für beide Anrufergruppen gering, jedoch ist die Blockierwahrscheinlichkeit $\mathrm{P}(B_E)$ der E-Anrufer um ein zehnfaches höher als die Blockierwahrscheinlichkeit $\mathrm{P}(B_D)$ der D-Anrufer. Da beide Anrufergruppen identische Parameter haben, ist dieser deutliche Unterschied bei den Servicegrößen auf die Priorisierung der D-Anrufer zurückzuführen. Die Generalisten sind mit $\mathbf{E}[u_G] = 83.24\%$ am geringsten ausgelastet.

Tabelle 6.4. Vergleich verschiedener Agentenallokationen

	Fall 1	Fall 2	Fall 3	Fall 4	Fall 5
c_D	6	5	0	8	4
c_E	6	5	0	8	5
c_G	4	6	16	0	7
$\mathbf{E}[W_D]$ [*Sek.*]	16.87	13.20	8.47	40.63	14.57
$\mathbf{E}[W_E]$ [*Sek.*]	42.95	44.80	61.11	40.63	41.74
$\mathbf{E}[W_{D+E}]$ [*Sek.*]	29.91	29.00	34.79	40.63	28.16
$\mathrm{P}(B_D)$ [%]	0.05	0.02	0.00	0.41	0.02
$\mathrm{P}(B_E)$ [%]	0.57	0.70	1.55	0.41	0.65
$\mathrm{P}(B_{D+E})$ [%]	0.31	0.36	0.78	0.41	0.34
$\mathbf{E}[u_D]$ [%]	83.60	84.99		82.99	87.16
$\mathbf{E}[u_E]$ [%]	86.71	88.25		82.99	87.76
$\mathbf{E}[u_{G-D}]$ [%]	44.63	43.62	45.14		49.19
$\mathbf{E}[u_{G-E}]$ [%]	38.61	39.85	44.44		34.59
$\mathbf{E}[u_G]$ [%]	83.24	83.47	89.58		83.78

Betrachten wir nun den *Fall* 2 mit $c_D = 5$ D-Spezialisten, $c_E = 5$ E-Spezialisten und $c_G = 6$ Generalisten. Im Vergleich zum ersten Fall wurde die Anzahl der Spezialisten um jeweils einen reduziert und die Generalistengruppe um zwei Agenten verstärkt. Dadurch sinkt die mittlere Wartezeit der D-Anrufer und die der E-Anrufer steigt noch weiter an. Ähnliches ist auch bei den Blockierwahrscheinlichkeiten zu beobachten. Somit wird die Kluft zwischen den Servicegrößen der D- und E-Anrufer noch größer, weil die Zahl derjenigen Agenten größer geworden ist, die der Anrufergruppe D Priorität gegenüber der Anrufergruppe E einräumen.

Wenn wir alle Agenten aus den Spezialistengruppen abziehen und durch Generalisten ersetzen, so gelangen wir zu *Fall 3*. Hier arbeiten jetzt nur noch flexibel qualifizierte Agenten, d.h., dieses Call Center hat eine konvergierende Struktur wie in Abbildung 6.6 auf Seite 114 dargestellt. Der Unterschied in den Servicegrößen beider Anrufergruppen ist hier am extremsten, was die Auswirkungen der priorisierten Anruferauswahl nochmals deutlich macht. Auch die gewichtete mittlere Wartezeit $\mathbf{E}[W_{D+E}]$ ist in diesem Fall am größten, da die Generalisten länger für die Bearbeitung eines Anrufs benötigen als die Spezialisten. Bemerkenswert am Fall 3 ist auch, daß sich die Auslastungen der Generalisten durch die beiden Anrufergruppen kaum unterscheiden. Da die Anrufer aus beiden Gruppen mit der gleichen mittleren Gesprächszeit bedient werden und mit der gleichen Anrufrate im Call Center eintreffen, ist die etwas geringere Auslastung mit E-Anrufern durch deren erhöhte Blockierwahrscheinlichkeit zu erklären.

In *Fall 4* wird der entgegengesetzte Fall untersucht, in dem keine Generalisten arbeiten und zwei Gruppen von je acht Spezialisten die Anrufe entgegennehmen. Dadurch zerfällt das Call Center in zwei separate Call Center, für jede Anrufergruppe eines. Hierbei werden die beiden Anrufergruppen unabhängig voneinander bearbeitet, und die Servicegrößen sind daher für beide Gruppen identisch. Im Vergleich zu den anderen Fällen ist dies für die D-Anrufer deutlich schlechter, aber die Leistungsgrößen für die E-Anrufer sind (etwas) besser.

Setzt man sich eine minimale gewichtete mittlere Wartezeit $\mathbf{E}[W_{D+E}]$ zum Ziel, so gelangen wir über eine Vollenumeration aller denkbaren Lösungen zu *Fall 5*. Für dieses Ziel ist für unser Beispiel eine Allokation der Agenten mit $c_D = 4$ D-Spezialisten, $c_E = 5$ E-Spezialisten und $c_G = 7$ Generalisten optimal. Bei dieser Optimallösung gibt es allerdings erhebliche Unterschiede in den Kenngrößen beider Anrufergruppen.

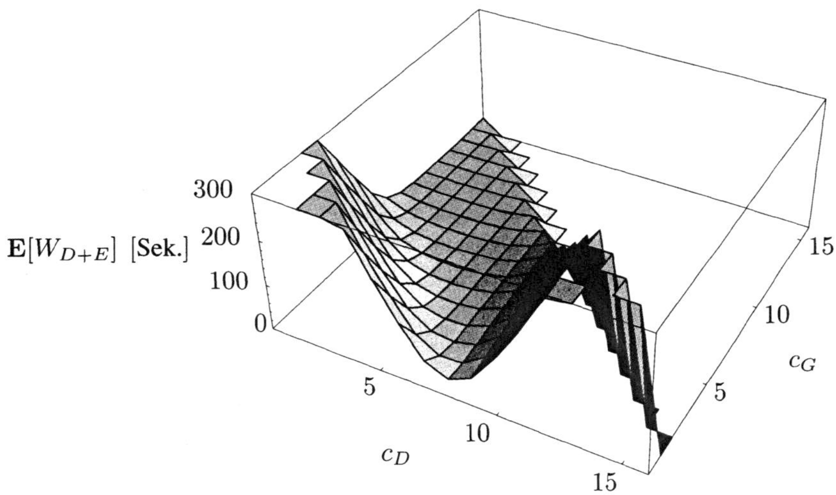

Abb. 6.16. Prioritätsbasiertes Skills-Based Routing: Gewichtete mittlere Wartezeit $\mathbf{E}[W_{D+E}]$ in Abhängigkeit der Allokation von $c = c_D + c_E + c_G = 16$ Agenten

Die Abbildung 6.16 zeigt, wie sich die gewichtete mittlere Wartezeit $\mathbf{E}[W_{D+E}]$ bei den verschiedenen Allokationen der 16 Agenten verhält.[6] Deutlich zu erkennen ist der Anstieg der Wartezeit beim Einsatz weniger Generalisten und bei einer ungleichmäßigen Aufteilung der Agenten zwischen den beiden Spezialistengruppen. Man kann also schon bei der Verteilung einer gegebenen Anzahl Agenten auf verschiedene Gruppen sehr viel falsch machen.

[6] In der Abbildung sind nur diejenigen Fälle dargestellt, in denen die gewichtete mittlere Wartezeit einen Wert von 300 Sekunden nicht übersteigt.

6.2.4 Die Erkenntnis: Investieren Sie in die Ausbildung Ihrer Agenten - ein wenig!

In dem Beispiel des vorherigen Abschnitts haben wir gesehen, daß es sich lohnt, flexibel qualifizierte Agenten einzusetzen. Obwohl wir angenommen haben, daß die Generalisten im Mittel mehr Gesprächszeit benötigen als die Spezialisten, sind in der Allokation mit der geringsten gewichteten mittleren Wartezeit (Fall 5 in Tabelle 6.4) über 43% der eingesetzten Agenten Generalisten. Im Vergleich zu einem Call Center ohne Generalisten (Fall 4 in Tabelle 6.4) konnte die gewichtete mittlere Wartezeit durch den Einsatz von flexibel qualifizierten Agenten um ca. 30% verringert werden. In diesem Abschnitt wollen wir Ihnen zeigen, wie der optimale Anteil von flexibel qualifizierten Agenten von der Größe des Call Centers und der Qualifikation der Generalisten abhängt.

Durch den Einsatz flexibel qualifizierter Agenten lassen sich zwei bis dahin unabhängig voneinander arbeitende Call Center miteinander verbinden. Somit können durch die Generalisten Vorteile durch die *Economies of Scale* realisiert werden, ähnlich wie in Kapitel 4 beschrieben. Flexibel qualifizierte Agenten sind daher gerade für kleine und mittlere Call Center von besonderer Bedeutung. Wenn wir unser Call Center aus Abschnitt 6.2.3 in der Anzahl Agenten und Anrufe "halbieren", "verdoppeln" bzw. "vervierfachen", so können wir die optimalen Agentenallokationen dieser vier unterschiedlich großen Call Center direkt miteinander vergleichen. Die Tabelle 6.5 zeigt diese vier Allokationen von 8, 16, 32 und 64 Agenten, wobei die Ankunftsraten und die Anzahl der Telefonleitungen entsprechend angepaßt wurden. In der bezüglich der gewichteten erwarteten Wartezeit $\mathbf{E}[W_{D+E}]$ optimalen Agentenallokation sinkt der Anteil der Generalisten mit steigender Größe des Call Centers von 62.50% bei insgesamt 8 Agenten auf 25.56% bei 64 Agenten.

Tabelle 6.5. Optimaler Anteil der Generalisten für verschieden große Call Center

Gesamtagentenzahl	$c = 8$	$c = 16$	$c = 32$	$c = 64$
$K_D = K_E$	13	25	50	100
Anzahl D-Anrufe in 30 Min.	50	100	200	400
Anzahl E-Anrufe in 30 Min.	50	100	200	400
$\mathbf{E}[W_{D+E}]$ $[Sek.]$	53.08	28.16	10.19	2.51
c_D	1	4	10	22
c_E	2	5	12	25
c_G	5	7	10	17
Anteil Generalisten [%]	62.50	43.75	31.25	25.56

Die Abbildung 6.17 zeigt, daß die gewichtete mittlere Wartezeit im Bereich der optimalen Allokation der 32 Agenten sehr flach ist. Nur bei einer sehr ungleichmäßigen Verteilung der Agenten in den Spezialistengruppen und gleichzeitig sehr geringer Anzahl an Generalisten steigt die Wartezeit sehr stark an.

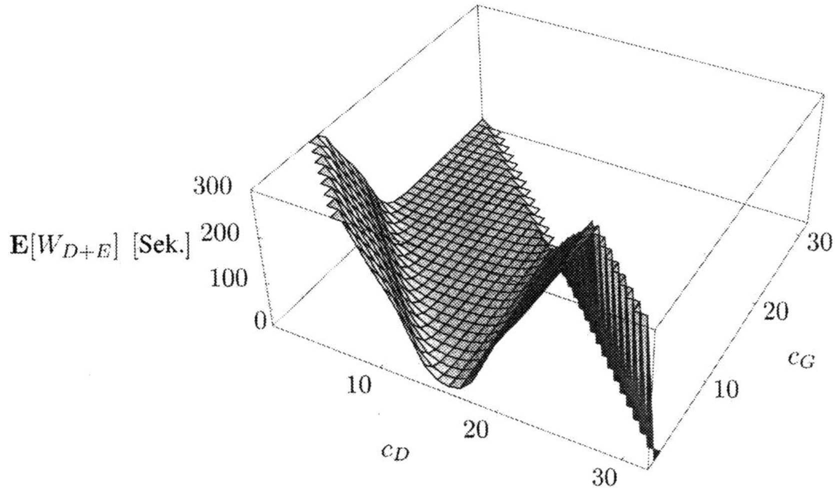

Abb. 6.17. Prioritätsbasiertes Skills-Based Routing: Gewichtete mittlere Wartezeit $\mathbf{E}[W_{D+E}]$ in Abhängigkeit der Allokation von $c = c_D + c_E + c_G = 32$ Agenten

Betrachten wir das große Call Center mit $c = 64$ Agenten aus der Tabelle 6.5. Die gewichtete mittlere Wartezeit beträgt bei der optimalen Allokation der Agenten $\mathbf{E}[W_{D+E}] = 2.51$ Sekunden. Wird dieses Call Center ohne Generalisten betrieben, also mit $c_D = c_E = 32$ Spezialisten und $c_G = 0$ Generalisten, so ergibt sich eine gewichtete mittlere Wartezeit von $\mathbf{E}[W_{D+E}] = 5.31$ Sekunden. Die Differenz zur gewichteten mittleren Wartezeit der optimalen Lösung beträgt somit nur 2.80 Sekunden. Im Fall von $c = 16$ Agenten beträgt diese Differenz der optimalen Lösung zu einem reinen Spezialisten-Call-Center immerhin schon 12.47 Sekunden (dies ist Fall 5 im Vergleich zu Fall 4 in der Tabelle 6.4 auf Seite 124). Wenn wir somit in dem großen Call Center mit $c = 64$ Agenten komplett auf Generalisten verzichten, so erhöht sich die gewichtete mittlere Wartezeit nicht so stark wie bei dem kleinen Call Center mit nur $c = 16$ Agenten.

Betrachtet man also ein sehr großes Call Center, in welchem spezialisierte Agentengruppen für jede einzelne Anrufergruppe die Größenvorteile schon voll ausschöpfen, so ist durch den Einsatz von Generalisten nicht mehr viel zu gewinnen. Benötigen die Generalisten dazu noch mehr Zeit zur Bearbeitung eines Anrufs als die Spezialisten, so kann sich der Service für die Anrufer mit steigendem Anteil von Generalisten verschlechtern. In diesen Fällen muß beim Einsatz von flexibel qualifizierten Agenten zwischen den Vorteilen durch *Economies of Scale* und den Nachteilen durch die längere mittlere Gesprächsdauer abgewogen werden. Betrachten wir wieder die gewichtete mittlere Wartezeit $\mathbf{E}[W_{D+E}]$, so wird mit steigender Qualifikation der Generalisten auch deren Anteil in der optimalen Agentenallokation steigen. Der Einsatz von flexibel qualifizierten Generalisten kann jedoch auch insofern sinnvoll sein, als durch diese die Prognosefehler bezüglich des Anrufaufkommens in begrenztem Umfang kompensiert werden können.

In dem Beispiel der Tabelle 6.5 sind wir davon ausgegangen, daß die Generalisten im Mittel zehn Sekunden länger telefonieren als die Spezialisten. Nun betrachten wir das Beispiel dieser vier unterschiedlich großen Call Center mit hoch qualifizierten Generalisten. Dazu unterstellen wir im folgenden, daß die Generalisten im Mittel genau so schnell arbeiten wie die Spezialisten, also die gleiche mittlere Bearbeitungszeit von 120 Sekunden haben. In diesem Fall führt der Einsatz ausschließlich flexibel qualifizierter Agenten zu der optimalen gewichteten mittleren Wartezeit $\mathbf{E}[W_{D+E}]$. Die Tabelle 6.6 faßt die resultierenden erwarteten Wartezeiten für diese vier Fälle zusammen. Vergleichen wir nun diese Wartezeiten mit den optimalen Wartezeiten bei unterschiedlicher Qualifikation von Spezialisten und Generalisten aus der Tabelle 6.5 auf Seite 126. In der letzten Zeile der Tabelle 6.6 sind die Differenzen zu den gewichteten mittleren Wartezeiten dieser Optimallösungen dargestellt. Der Vorteil der besser qualifizierten Generalisten ist deutlich zu erkennen. Gerade bei den kleineren Call Centern ist die Verringerung der gewichteten mittleren Wartezeit erheblich. Aufgrund des eher geringen Anteils an Generalisten in großen Call Centern ist die Verringerung der erwarteten Wartezeit mit 1.31 Sekunden daher eher klein. Somit läßt sich für kleine Call Center sagen, daß der Einsatz von vielen gut ausgebildeten Generalisten zu einer signifikanten Verbesserung der Kenngrößen führt. In größeren Call Centern reichen meist wenige gut ausgebildete Generalisten, um diese positiven Effekte zu erzielen.

Tabelle 6.6. Gewichtete mittlere Wartezeit beim ausschließlichen Einsatz von Generalisten mit $\overline{\mu}_D = \overline{\mu}_E = 1/120$

Agentenzahl ($c = c_G$)	$c = 8$	$c = 16$	$c = 32$	$c = 64$
$K_D = K_E$	13	25	50	80
Anzahl D-Anrufer in 30 Min.	50	100	200	400
Anzahl E-Anrufer in 30 Min.	50	100	200	400
$\mathbf{E}[W_{D+E}]$ [*Sek.*]	33.99	15.82	5.28	1.20
$\Delta\,\mathbf{E}[W_{D+E}]$ [*Sek.*]	19.09	12.34	4.91	1.31

Fassen wir diese beiden Aspekte zum Einsatz von flexibel qualifizierten Agenten zusammen: Auf der einen Seite sinkt die Notwendigkeit, die Agenten flexibel zu qualifizieren, mit zunehmender Größe des Call Centers. Auf der anderen Seite steigt der Anteil der Generalisten in der wartezeitminimierenden Konfiguration mit der Qualifikation der Generalisten. Die Abbildung 6.18 zeigt diese Zusammenhänge in einer Übersicht. Sind die Generalisten hoch qualifiziert, arbeiten sie also genauso schnell wie die Spezialisten, und ist das Call Center eher klein, bietet der Einsatz vieler Generalisten große Vorteile. Ist das Call Center hingegen sehr groß und die Generalisten sind weitaus schlechter qualifiziert als die jeweiligen Spezialisten, so ist der Einsatz von Generalisten nicht sinnvoll. Auf der anderen Seite impliziert dies, daß *gut ausgebildete Generalisten in vielen Call Centern Vorteile bringen.* Wenn man nun noch annimmt, daß die Generalisten typischerweise teurer sind als die Spezialisten, so unterstreicht dies wieder die Economies of Scale großer Inbound Call Center, die auch mit einem großen Anteil billiger Spezialisten einen guten Service bieten können.

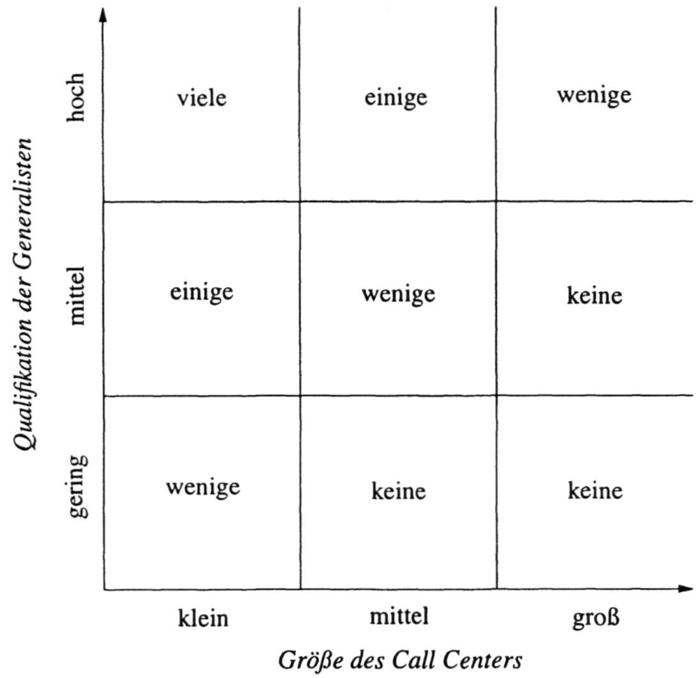

Abb. 6.18. Wartezeitminimierende Anzahl der Generalisten in Abhängigkeit der Qualifikation der Generalisten und der Größe des Call Centers

6.3 Die Komplexitätsfalle (nicht alles, was möglich ist, ist auch sinnvoll)

Die Anbieter der ACD-Anlagen und der damit ausgelieferten Software machen vieles möglich. So können die beschriebenen Routing-Regeln nicht nur wie in den obigen Beispielen für zwei Anrufergruppen und drei Agentengruppen angewandt werden, sondern es lassen sich u.U. bis zu 100 verschiedene Qualifikationen und Anrufergruppen berücksichtigen. Dies wirft die Frage auf, wie man mit diesem Spielraum vernünftig umgeht.

Betrachten wir dazu ein Call Center mit drei Anrufergruppen und 12 Gruppen von Agenten. Die Tabelle 6.7 beschreibt die Qualifikationen und die dazugehörigen Qualifikationsstufen der einzelnen Agentengruppen. Dabei ist wieder "1" die bestmögliche Qualifikationsstufe und "9" die schlechtestmögliche.

Tabelle 6.7. Qualifikationsstufen der verschiedenen Agentengruppen

	Anrufergruppe 1	Anrufergruppe 2	Anrufergruppe 3
Agentengruppe 1	1	4	
Agentengruppe 2	4		1
Agentengruppe 3			2
Agentengruppe 4	9	1	
Agentengruppe 5		5	8
Agentengruppe 6	2	2	
Agentengruppe 7		9	
Agentengruppe 8		8	6
Agentengruppe 9	5		4
Agentengruppe 10		3	
Agentengruppe 11	3		9
Agentengruppe 12		7	3

Ausgehend von dieser Tabelle können nun z.B. prioritätsbasierte Agentenauswahl-Regeln für jede einzelne Anrufergruppe definiert werden. Die Tabelle 6.8 stellt diese Regeln dar, die einen neuen Anrufer einer Anrufergruppe nach Möglichkeit zu der bestqualifiziertesten Agentengruppe durchstellt. Dabei werden die Anrufer niemals sofort zu einem Agenten mit der Qualifikationsstufe "9" (die schlechteste überhaupt) weitergeleitet.

Tabelle 6.8. Prioritäten zur Agentenauswahl (AG=Agentengruppe)

	Anrufergruppe 1	Anrufergruppe 2	Anrufergruppe 3
Priorität 1	AG 1	AG 4	AG 2
Priorität 2	AG 6	AG 6	AG 3
Priorität 3	AG 11	AG 10	AG 12
Priorität 4	AG 2	AG 1	AG 9
Priorität 5	AG 9	AG 5	AG 8
Priorität 6		AG 12	AG 5
Priorität 7		AG 8	AG 9

Kann eine Agentengruppe prinzipiell eine bestimmte Anrufergruppe bedienen, jedoch hat sie dafür nur die schlechtestmögliche Qualifikation (Qualifikationsstufe "9"), so werden diese Anrufer nur *im Notfall* dieser Agentengruppe zugewiesen. Dazu wird ein Schwellenwert der Wartezeit festgelegt. Sobald die Wartezeiten der Anrufer dieser Anrufergruppe deren Schwellenwert überschreiten, werden die Reserve-Agenten aktiviert. Die Anrufergruppe hat dann für die Agenten die höchste Priorität.

Tabelle 6.9. Prioritäten bei der Anruferauswahl für die verschiedenen Agentengruppen (KG= Kunden- oder Anrufergruppe)

	Priorität 1	Priorität 2	Reserve
Agentengruppe 1	KG 1	KG 2	
Agentengruppe 2	KG 3	KG 1	
Agentengruppe 3	KG 3		
Agentengruppe 4	KG 2		KG 1
Agentengruppe 5	KG 2	KG 3	
Agentengruppe 6	KG 1	KG 2	
Agentengruppe 7			KG 2
Agentengruppe 8	KG 3	KG 2	
Agentengruppe 9	KG 3	KG 1	
Agentengruppe 10	KG 2		
Agentengruppe 11	KG 1		KG 3
Agentengruppe 12	KG 3	KG 2	

Damit sind die Regeln für das Skills-Based Routing in diesem Beispiel beschrieben und werfen unter anderem die folgenden Fragen auf:

- Wie wirken sich diese Routing-Regeln auf die Servicemaße der drei Anrufergruppen aus?
- Welche Agentengruppe ist tendenziell am höchsten ausgelastet?
- Welche Agentengruppe sollte verstärkt werden und wie stark wirkt sich ein zusätzlicher Agent in einer bestimmten Gruppe aus?

Leider lassen sich diese Fragen im täglichen Einsatz praktisch nicht beantworten und es stehen nach unserer Kenntnis auch keine handhabbaren Warteschlangenmodelle für die Analyse derart komplexer Systeme zur Verfügung. Die einzelnen Agenten- und Anruferauswahl-Regeln verbinden die verschiedenen Agentengruppen mit den Anrufergruppen auf so unterschiedliche und teilweise so gegensätzliche Weise, daß z.B. eine leichte Änderung des Anrufaufkommens einer einzelnen Anrufergruppe zu völlig veränderten Servicemaßen und Auslastungen führen kann.

An dieser Stelle lassen sich nur noch durch Simulationsstudien für viele verschiedene konkrete Fälle Aussagen machen. Wenn man sich jedoch überlegt, wie viele Möglichkeiten es gibt, eine Menge von Agenten für die verschiedenen Gruppen zu qualifizieren, kann man sich vorstellen, daß hier eine Unmenge an Simulationen durchgeführt werden müßten, die letztlich nur wenig an allgemeinen Einsichten vermitteln könnten. Wegen des erheblichen Rechenzeitbedarfs für derartige Simulationsuntersuchungen schätzen wir deren Praktikabilität für die operative Personalbedarfs- und -einsatzplanung als gegenwärtig eher gering ein. Daher wollen wir abschließend einige Probleme und Fragen ansprechen, die diese komplexen Routing-Regeln aufwerfen.

- *Qualifikationsstufen der verschiedenen Agentengruppen:* Betrachtet man eine Anrufergruppe, so scheinen die Qualifikationsstufen der einzelnen Agentengruppen für diese sehr unterschiedlich zu sein. Arbeiten die einzelnen Agenten wirklich so unterschiedlich schnell? Lassen sich durch ein wenig Training die Qualifikationsstufen der etwas schlechter arbeitenden Agenten verbessern? Ist dem so, dann läßt sich die Anzahl der verschiedenen Qualifikationsstufen für eine Anrufergruppe auf zwei oder drei reduzieren. Wird dies bei jeder Anrufergruppe getan, gleichen sich dann möglicherweise zwei bis dahin unterschiedliche Agentengruppen. Stellt man z.B. in dem obigen Call Center fest, daß zwischen den Qualifikationsstufen 1 und 2 praktisch kein Unterschied besteht und verbessert die Qualifikationsstufen der Agenten der Gruppe 1 für die Bearbeitung der Anrufergruppe 2, so ist die Agentengruppe 1 für die Anrufergruppen 1 und 2 mit den bestmöglichen Qualifikationsstufen trainiert. Das gleiche gilt aber auch für die Agentengruppe 6. Somit können beide Agentengruppen als eine große Agentengruppe betrachtet werden, die die bestmögliche Qualifikationsstufe für die ersten beiden Anrufergruppen hat. Damit reduzieren wir zum einen die Anzahl möglicher Qualifikationsstufen und zum anderen die Anzahl verschiedener Agentengruppen.

- *Regeln zur Agentenauswahl:* In dem Beispiel können Anrufer der Anrufergruppe 2 durch sieben verschiedene Agentengruppen sofort bedient werden. Dabei haben die Agentengruppen mit Priorität 6 und 7 sehr niedrige Qualifikationsstufen. Ist das Call Center wenig ausgelastet (zu diesen Zeiten greifen vor allem die Regeln der Agentenauswahl!), werden diese Agenten eher wenige Anrufe der Anrufergruppe 2 bearbeiten. Ist auf der anderen Seite das Call Center stark ausgelastet, wäre es verheerend, die Anrufer den Agenten zuzuteilen, die für die Bearbeitung sehr lange benötigen.
  Bei den Agentengruppen mit einer sehr niedrigen Qualifikationsstufe für eine Anrufergruppe ist daher zu überlegen, ob sie überhaupt zur Bearbeitung von Anrufern der entsprechenden Gruppe eingeteilt werden sollten, weil dies in der Folge den Service für jene Anrufergruppen verschlechtern wird, die diese Agentengruppe gut bedienen kann.

- *Regeln zur Anruferauswahl:* Ist eine Reduzierung der Anzahl an Agentengruppen möglich, so werden auch die Regeln zur Anruferauswahl übersichtlicher. Regeln zur Anruferauswahl greifen, wenn die Anrufer warten, also die entsprechenden Agentengruppen besetzt sind. In unserem Beispiel werden sogenannte Reserve-Agenten berücksichtigt. So bearbeitet ein Agent der Gruppe 4 einen Anrufer der Gruppe 1 nur dann, wenn dieser schon sehr lange wartet. Nun haben die Agenten der Gruppe 4 für Anrufer der Gruppe 1 nur die schlechtestmöglichen Qualifikationsstufe "9". Damit haben Anrufer mit einer sehr langen Wartezeit auch noch eine relativ lange Gesprächszeit vor sich. Noch katastrophaler wirkt sich die Priorisierung der Reserve-Qualifikationen im Fall eines sehr stark ausgelasteten Call Centers aus. Hier kann es passieren, daß Anrufer aus verschiedenen Gruppen die Wartezeitschranke überschreiten und dadurch Reserve-Agenten für verschiedene Qualifikationen aktiviert werden. Dies bedeutet dann, daß diese Gruppen immer Anrufer bearbeiten, für die sie am schlechtesten ausgebildet sind. Diesen Ausnahmezustand wollen weder die Anrufer noch die Call-Center-Betreiber.

Hier wurden nur einige Probleme verdeutlicht, die bei der Anwendung sehr komplexen Routing-Regeln auftreten können. Je komplexer das Skills-Based Routing gestaltet wird, umso schwerer lassen sich deren Auswirkungen auf die Kenngrößen abschätzen. Aus diesem Grund sollte man sich darum bemühen, ein Call Center nicht in zu viele verschiedene Agentengruppen zu zerlegen.

7

E-Mails und Outbound-Gespräche: Schieben Sie die Arbeit doch vor sich her!

7.1 Die Ausgangssituation: Eine Agentengruppe telefoniert im Inbound-Betrieb

In den vorangegangenen Kapiteln haben wir die Strukturentscheidungen für ein Call Center unter dem Aspekt betrachtet, wie sich das System für eine gegebene und im Zeitablauf *konstante* Anzahl von Anrufern und Agenten im Mittel verhält. Nun wollen wir solche Strukturentscheidungen untersuchen, bei denen es um die Frage geht, wie sich ein System verhält, wenn im Tagesablauf sowohl die Zahl der Anrufer als auch die der Agenten *schwankt*. In diesem Zusammenhang betrachten wir auch den Fall, daß in einem gewissen Umfang von den Agenten nicht-zeitkritische Arbeiten zu erledigen sind, wie z.B. die Beantwortung von E-Mails oder Outbound-Gespräche. Derartige Systeme werden häufig auch als *Contact Center* bezeichnet. In der Analyse einer fiktiven Ausgangssituation gehen wir zunächst von einem mittelgroßen Call Center aus, das sich dem in der Abbildung 7.1 dargestellten Anrufeingang gegenüber sieht. Diese Abbildung ist so zu lesen, daß in der achten Stunde (von 7:00 bis 8:00 Uhr) ca. 90 Anrufe je Stunde eingehen, in der neunten Stunde ca. 270 Anrufe je Stunde etc. Das Anrufaufkommen steigt oder fällt also an den Stundengrenzen sprunghaft an oder ab.

Dies gilt auch für den in der Abbildung 7.2 dargestellten Agenteneinsatz je Stunde: In der achten Stunde (von 7:00 bis 8:00 Uhr) sind drei Agenten im Einsatz, in der neunten Stunde neun Agenten etc. Die Zahl der Agenten haben wir auf Basis des Anrufeingangs in der Abbildung 7.1 so berechnet, daß sich bei einer angenommenen mittleren Gesprächsdauer von 120 Sekunden eine 100%-ige Auslastung der Agenten und keinerlei Wartezeiten der Anrufer ergeben würden, wenn die Zwischenankunftszeiten der Anrufer wie auch die Gesprächsdauern deterministisch wären.[1] Der Personalbedarf wird ja in der Praxis oft auf diese Weise berechnet und wir wissen bereits, daß dies zu Problemen führen wird. Um zu zeigen, wie sich dieser "geplante " Agenteneinsatz auswirken könnte, unterstellen wir ferner, daß die Anrufer im Mittel

[1] Vgl. dazu die Abbildung 2.2 auf Seite 15.

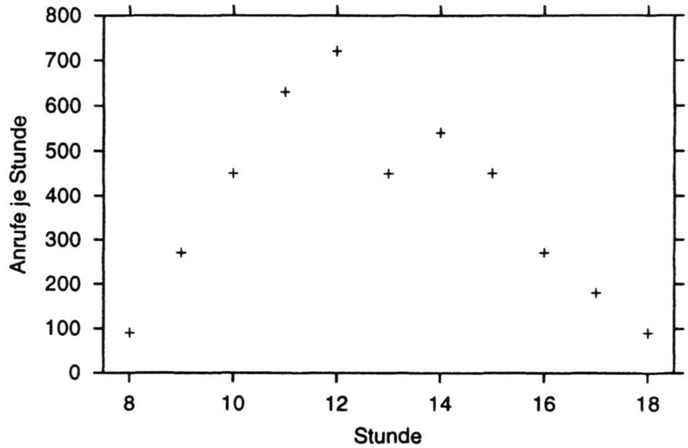

Abb. 7.1. Anrufeingang je Stunde

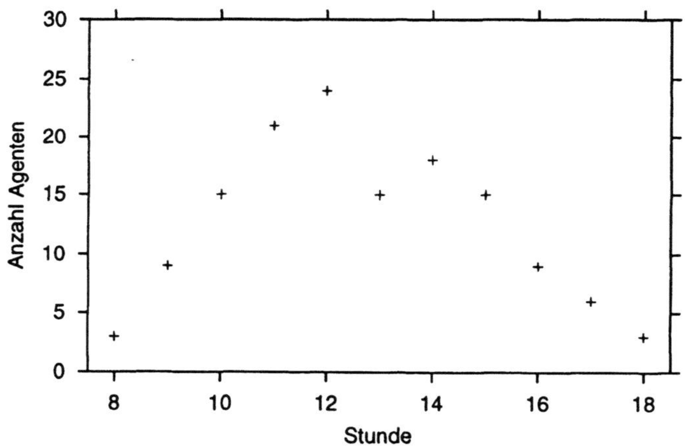

Abb. 7.2. Agenteneinsatz je Stunde

eine Wartezeit von einer Minute tolerieren und ihre Wartezeittoleranz (wie auch die Gesprächsdauer und die Zwischenankunftszeit der Anrufe) exponentialverteilt ist.

Dieses System haben wir nun unter Einsatz einer speziell für die Analyse von Call Centern entwickelten Simulationssoftware mit dem Namen Call$im untersucht.[2] Da uns hier das Systemverhalten *im Tagesablauf* bei sich veränderndem Anrufaufkommen und sich ebenfalls veränderndem Agenteneinsatz interessiert, können wir diesen dynamischen Problemaspekt mit den im Anhang A angegebenen Formeln für das Grundmodell des Call Centers aus Abschnitt 2.2 nicht mehr analysieren. In derartigen Fällen ist man gezwungen, auf eine Simulation zurückzugreifen,

[2] Das Nachfolgemodell dieser Software wurde zum Zeitpunkt der Drucklegung des Buches von der Fa. Rockwell Software unter der Bezeichnung "Arena Contact Center" vertrieben, siehe "http://www.arenasimulation.com".

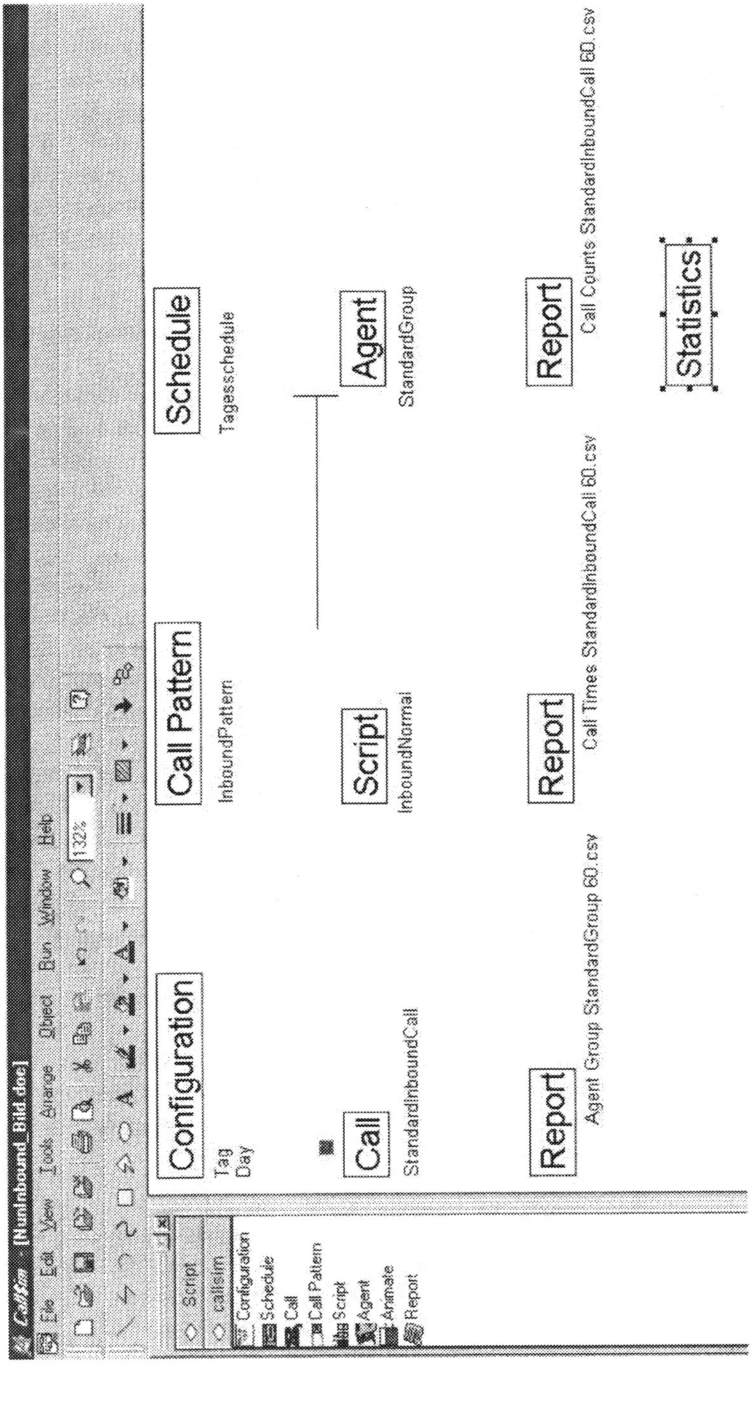

Abb. 7.3. Modellierung des Call Centers mit Call$im

auch wenn diese rechenzeitintensiver ist als die Auswertung eines analytischen Warteschlangenmodells. Die Abbildung 7.3 zeigt, wie die Oberfläche eines mit dieser Software erstellten Modells aussieht. In diesem Simulationssystem gibt es vorgefertigte Elemente für alle Call-Center-relevanten Problemaspekte. So kann man über das "Call Pattern" den Verlauf der Anrufe über den Tag hin abbilden, durch den "Schedule" angeben, wann wieviele Agenten welcher Art verfügbar sind und in dem "Call"-Modul die Gesprächsdauer und die Wartezeittoleranz der Anrufer spezifizieren. Alle Anrufe folgen dabei wie in der Praxis einem "Script", durch welches festgelegt ist, in welche Warteschlange der Anruf ggf. eingereiht wird und unter welchen Bedingungen er von einem Agenten bearbeitet wird. Durch die "Report"-Module kann man den Systemzustand z.B. auf Basis von 60-Minuten-Intervallen in einem Dateiformat protokollieren, welches anschließend mit einem Tabellenkalkulationsprogramm lesbar ist und damit weitere Analysen erlaubt.

Mit dem in der Abbildung 7.3 dargestellten Simulationsmodell eines Call Centers haben wir 30 voneinander unabhängige Simulationsläufe über je einen Tag durchgeführt. Für jede uns interessierende Kenngröße haben wir für jede Stunde des Tages den Mittelwert und die Standardabweichung dieser Kenngröße über alle 30 Wiederholungen des Simulationslaufes berechnet und daraus für diese Kenngrößen die Konfidenzintervalle berechnet.[3]

In der Abbildung 7.4 geben wir die Simulationsergebnisse für die Auslastung der Agenten in den jeweiligen Stunden an. So beträgt die mittlere Auslastung in der achten Stunde 73.34% und die oberen bzw. unteren Grenzen des 95%-Konfidenzintervalls liegen bei 71.14% bzw. 75.53%. Die Simulationsergebnisse sind also recht präzise. Die Abbildung zeigt, daß die mittlere Auslastung der Agenten nicht über 90% hinausgeht.

Dies steht natürlich in einem gewissen Widerspruch zu der "geplanten" Auslastung von 100%, die dem Agenteneinsatz in der Abbildung 7.2 zugrundeliegt und ist auf die Ungeduld der Anrufer zurückzuführen, von denen meistens mehr als 10% auflegen, wie wir in der Abbildung 7.5 erkennen. Aufgrund der Economies of Scale des Call Centers[4] ist für die unterstellte Situation die Erreichbarkeit am höchsten, wenn das Anrufaufkommen und die Agentenzahl ihr Maximum aufweisen, also in der Zeit zwischen 11:00 und 12:00 Uhr. Die in der Abbildung 7.6 dargestellten mittleren Wartezeiten der bedienten Anrufer zeigen, daß in diesem System durchaus gewartet werden muß.

Nun hat dieses System zwei Schönheitsfehler: Zum einen ist in bezug auf die Erreichbarkeit und die Wartezeiten der Service für die Anrufer nicht gerade vorbildlich. Einen besseren Service für die Anrufer werden wir aber nur hinbekommen, wenn wir mit der geplanten Auslastung der Agenten etwas heruntergehen.

---

[3] Durch die Konfidenzintervalle berücksichtigen wir, daß unsere Ergebnisse auf unsicherheitsbehafteten Zufallsexperimenten beruhen. Je kleiner das Konfidenzintervall einer Kenngröße ist, desto größer ist unser Vertrauen in den für diese Größe simulierten mittleren Wert. Das Konfidenzintervall ist tendenziell um so kleiner, je größer die Zahl der Simulationsläufe ist.

[4] Siehe Abschnitt 4.

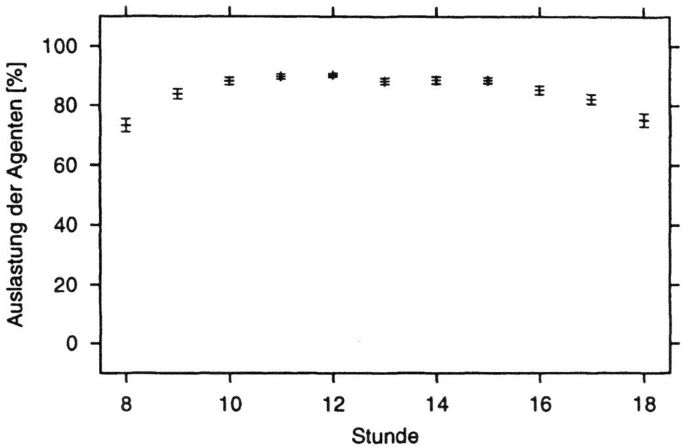

Abb. 7.4. Auslastung der Agenten je Stunde

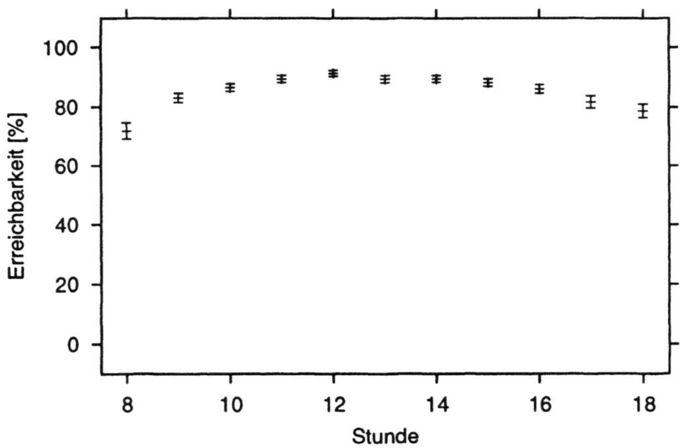

Abb. 7.5. Erreichbarkeit der Agenten je Stunde

Zum anderen ist diese Konfiguration im täglichen Betrieb ziemlich anfällig für Prognosefehler: Wenn das tatsächliche Anrufaufkommen in einer Stunde von dem prognostizierten Wert nach unten abweicht, dann sitzen unsere Agenten annahmegemäß unbeschäftigt herum, weicht das Anrufaufkommen nach oben ab, so bricht der Service ein. Im folgenden analysieren wir Modelle von Call bzw. Contact Centern, die einen besseren Service für die Anrufer bieten können und etwas robuster gegen die praktisch unvermeidlichen Prognosefehler sind.

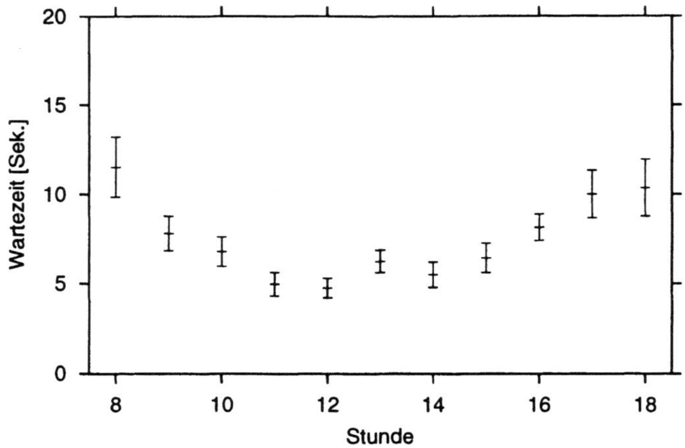

Abb. 7.6. Wartezeit bedienter Anrufer je Stunde

7.2 Eine Agentengruppe telefoniert und beantwortet E-Mails

Ein guter Call Center Manager wird bemüht sein, die bezahlte Arbeitskraft der Agenten auch dann zu nutzen, wenn das Anrufaufkommen einmal hinter der Prognose zurückbleiben sollte. Dazu muß er den Agenten (oder zumindest einem Teil von ihnen) noch weitere Aufgaben übertragen, die nicht so zeitkritisch sind wie die von außen eingehenden Anrufe, welche man in aller Regel nicht mehrere Minuten oder gar Stunden warten lassen kann oder möchte. Eine derartige Aufgabe kann die Beantwortung von E-Mails sein.

Nehmen wir daher einmal in Abwandlung unseres Beispiels aus Abschnitt 7.1 an, daß in dem Call Center gemäß der Abbildung 7.7 zu einem Drittel E-Mails und zu zwei Dritteln Anrufe eingehen, so daß sich insgesamt die gleiche Zahl eingehender Anforderungen ergibt. Der besseren Vergleichbarkeit halber unterstellen wir auch, daß die Bearbeitungsdauer von Anrufen und E-Mails einheitlich zwei Minuten beträgt.

Wir nehmen zunächst ferner an, daß entsprechend der Abbildung 7.8 eine einzige Gruppe von Agenten sowohl die Anrufe als auch die E-Mails bedient. Dabei haben die Anrufe in der Weise Priorität, daß ein freiwerdender Agent immer zunächst nachsieht, ob es einen wartenden Anrufer gibt, bevor er mit der Bearbeitung einer wartenden E-Mail beginnt. Durch die Priorität der Anrufe gegenüber den E-Mails wird angestrebt, den Anrufern einen besseren Service in bezug auf die Erreichbarkeit und die Wartezeiten zu geben. Hat ein Agent jedoch mit der Beantwortung einer E-Mail begonnen, so führt er diese auch dann ohne Unterbrechung zuende, wenn zwischenzeitlich neue Anrufe eintreffen und warten müssen. Dadurch soll sichergestellt werden, daß die Bearbeitung der E-Mails nicht durch ständige Unterbrechungen qualitativ mangelhaft erfolgt. Während die wartenden Anrufer nach einer gewissen Zeit auflegen und ihr Warteraum über die Zahl der Telefonleitungen nach oben begrenzt ist, gilt dies für die E-Mails nicht. Die Struktur und Betriebsweise dieses

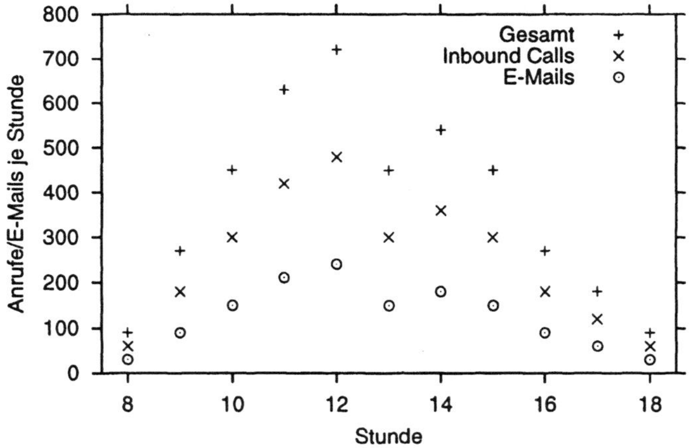

Abb. 7.7. Eingang von Anrufen und E-Mails je Stunde

Systems ähnelt jener in Abbildung 6.4 auf Seite 107 im Abschnitt zum Skills-Based Routing. Der wesentliche Unterschied besteht darin, daß hier von einem unendlichen großen Warteraum für die unendlich "geduldigen" E-Mails ausgegangen wird. Der Personaleinsatz im Tagesablauf entspricht dem in der Abbildung 7.2 auf Seite 136.

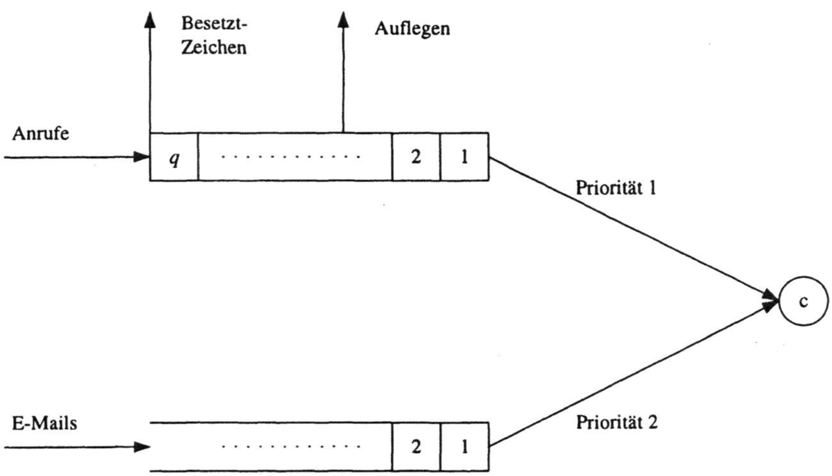

Abb. 7.8. Struktur des Servicesystem mit Anrufen und E-Mails

Die Simulation führt nun auf die Auslastung der Agenten in der Abbildung 7.9. Vergleicht man diese mit der Abbildung 7.4 auf der Seite 139 für das ursprüngliche System ohne E-Mails, so fällt auf, daß die Auslastung der Agenten gegenüber der Ausgangssituation angestiegen ist.

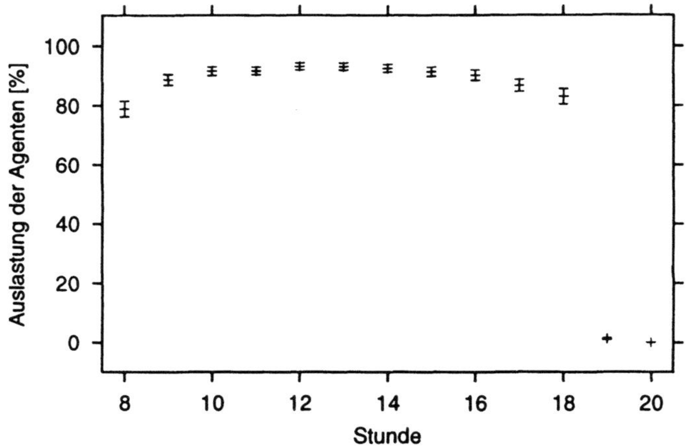

Abb. 7.9. Auslastung der Agenten je Stunde

Vergleicht man nun die Erreichbarkeit der Agenten in der Abbildung 7.10 mit jener in Abbildung 7.5 auf der Seite 139 so zeigt sich, daß sich die Situation der Anrufer gegenüber der Ausgangssituation etwas *verschlechtert* hat, obwohl es nun bei gleicher Agentenzahl und gleicher Zahl von Anforderungen an das System weniger Anrufer gibt, alle Agenten grundsätzlich Anrufer bedienen und die Anrufer Priorität gegenüber den E-Mails genießen. Dieser Eindruck einer Verschlechterung der Situation der Anrufer bestätigt sich auch beim Vergleich der mittleren Wartezeiten der bedienten Anrufer in der Abbildung 7.11 mit den Ergebnissen für das Ausgangssystem in der Abbildung 7.6 auf der Seite 140.

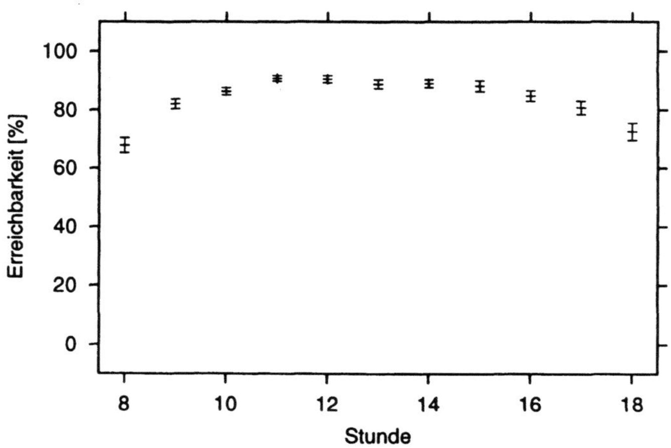

Abb. 7.10. Erreichbarkeit der Agenten je Stunde

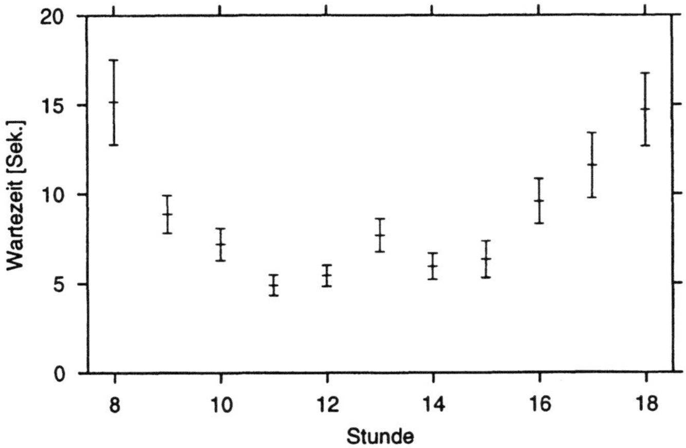

Abb. 7.11. Wartezeit bedienter Anrufer je Stunde

Für diesen auf den ersten Blick möglicherweise überraschenden Effekt sind zwei Ursachen verantwortlich: Zum einen sind die E-Mails im Vergleich zu den Anrufern geduldig in dem Sinne, daß sie nicht nach einer gewissen Wartezeit von alleine aus dem System verschwinden. Dadurch erhöht sich die Auslastung der Agenten und dies muß zu einem schlechteren Service für die Anrufer führen. Zum anderen haben wir ja unterstellt, daß eine einmal begonnene Beantwortung einer E-Mail auch zuende geführt wird. So kommt es immer wieder vor, daß ein freiwerdender Agent gerade keinen wartenden Anrufer vorfindet und mit der Bearbeitung einer E-Mail beginnt.

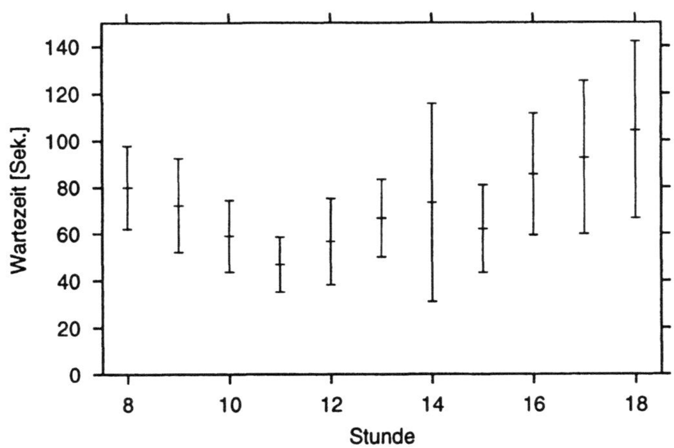

Abb. 7.12. Wartezeit beantworteter E-Mails je Stunde

Betrachtet man nun die Wartezeiten der beantworteten E-Mails in der Abbildung 7.12, so zeigt sich, daß die mittleren Wartezeiten der E-Mails zwar weit größer sind als jene der Anrufe (was aus der Priorität der Anrufe über die E-Mails folgt), aber oft im Bereich von nur ein bis zwei Minuten liegen. Das System ist also so konfiguriert, daß hier E-Mails praktisch *sofort* beantwortet werden, die durchaus noch etwas warten könnten, während zeitkritische Anrufer zum Warten (und Auflegen) gezwungen werden. Dieser Systementwurf hat also das angestrebte Ziel eines verbesserten Service für die Anrufer nicht erreicht.

7.3 Zwei Agentengruppen telefonieren und beantworten E-Mails

In realen Call Centern sind häufig nicht alle Agenten, die Inbound-Gespräche bearbeiten können, auch in der Lage, effizient, formal sauber und inhaltlich präzise E-Mails zu beantworten. Die Effizienz hängt u.a. davon ab, ob ein Agent das sog. Tastschreiben im 10-Finger-System beherrscht. In formaler Hinsicht ist vor allem eine hohe Sicherheit in Fragen der Orthographie und Interpunktion erforderlich und die inhaltliche Präzision wird zum einen von der fachlichen Sachkunde und zum anderen vom individuellen Formulierungsgeschick bestimmt. Aus diesen und anderen Gründen stellt das Beantworten von E-Mails höhere Anforderungen an die Agenten als das Beantworten der Anrufe. Daher unterstellen wir im folgenden, daß nur ein verhältnismäßig kleiner Teil der Agenten in der Lage ist, sowohl Anrufe als auch E-Mails zu beantworten, während der größte Teil der Agenten ausschließlich Anrufe beantwortet. Will man in einer solchen Situation den Service für die Anrufer verbessern, so bietet es sich an, auf die Technologie des Skills-Based Routing zurückzugreifen und das System gemäß der Abbildung 7.13 zu konfigurieren.[5]

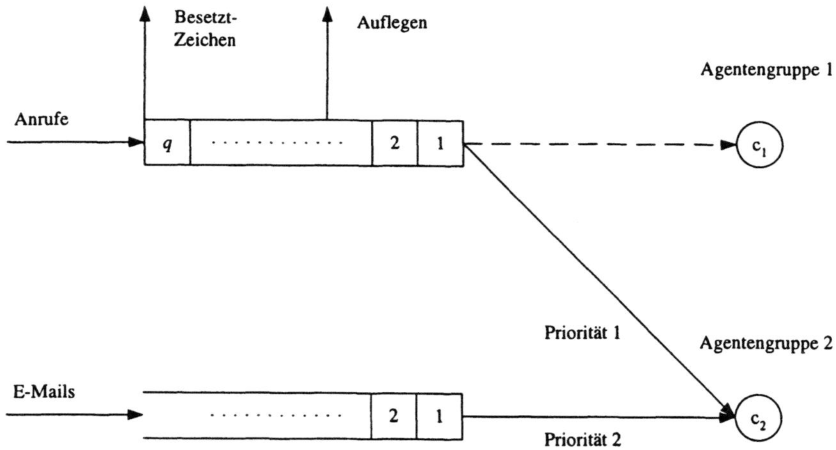

Abb. 7.13. Struktur des Servicesystem mit Anrufen, E-Mails und zwei Klassen von Agenten

[5] Vgl. Abschnitt 6.1.

In diesem System gehen alle Anrufe nach Möglichkeit zu der kleineren Agentengruppe 2, die auch die E-Mails beantwortet. Für die Anrufer entspricht dies einer Agentenauswahl-Regel mit statischen Prioritäten für die Agentengruppe 2. Wie bisher haben dort die Anrufe Priorität gegenüber den E-Mails. Sofern Anrufer warten und ein Agent der (fachlich enger qualifizierten) Gruppe 1 frei wird, so übernimmt dieser einen wartenden Anrufer.

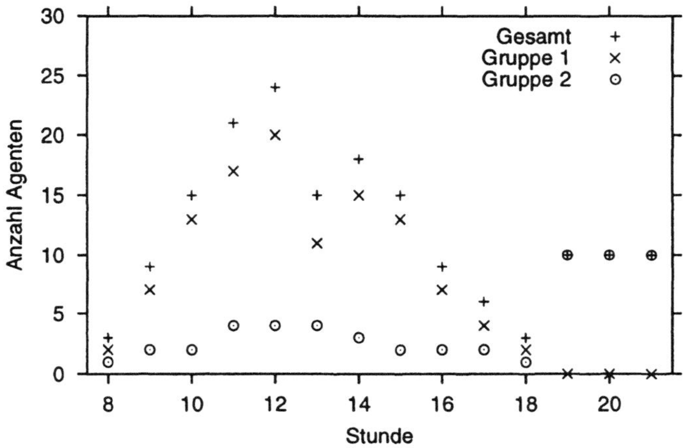

Abb. 7.14. Agenteneinsatz je Stunde

Für dieses System unterstellen wir erneut den Anruf- bzw. E-Mail-Eingang wie in der Abbildung 7.7 auf der Seite 141. Was wir jedoch ändern, ist der Agenteneinsatz. Die Abbildung 7.14 zeigt, daß ab 18:00 Uhr die Agenten der Gruppe 1 nach Hause gehen, während die Gruppe 2 nun auf 10 Agenten aufgestockt wird, um konzentriert die aufgelaufenen E-Mails zu beantworten.

Nun sollten wir die Auslastungen der beiden Agentengruppen sinnvollerweise getrennt berechnen. Die Ergebnisse finden sich in den Abbildungen 7.15 und 7.16.

Die Auslastung der Gruppe 1 ist erwartungsgemäß etwas zurückgegangen, während die Auslastung der Gruppe 2 fast durchgehend bei 100% liegt.[6] Sie setzt sich auch nach 18 Uhr fort, wenn die Gruppe 2 gemäß der Abbildung 7.14 auf 10 Agenten aufgestockt wird, die dann bis gegen 21:00 Uhr alle verbliebenen E-Mails bearbeitet haben. Weil in der neuen Konfiguration die E-Mails länger liegenbleiben, steigt gemäß der Abbildung 7.17 die Erreichbarkeit der Agenten deutlich an und liegt in den Stunden des starken Anrufaufkommens oberhalb von 95%.

Dementsprechend gehen auch in der Abbildung 7.18 die Wartezeiten der bedienten Anrufer deutlich zurück. Die Abbildung 7.19 zeigt, wie sich in diesem System in

[6] Diese hohe Auslastung wäre in einem realen Fall auf die Dauer unpraktikabel. Sie ließe sich dadurch reduzieren, daß man im Anschluß an einen Anruf oder ein E-Mail immer automatisch eine "Zwangspause" von z.B. 10 Sekunden anschließt.

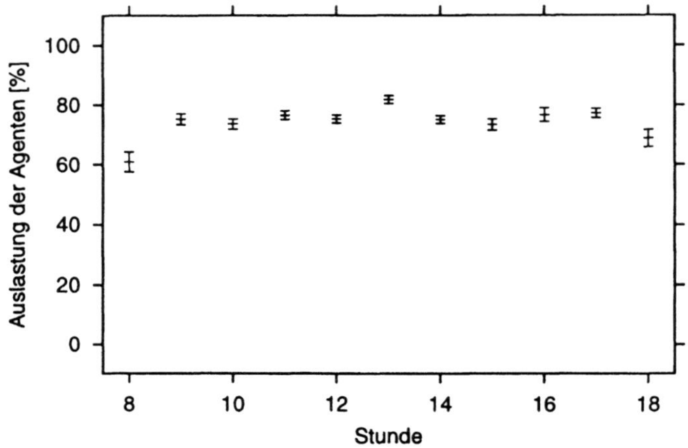

Abb. 7.15. Auslastung der Gruppe 1 je Stunde

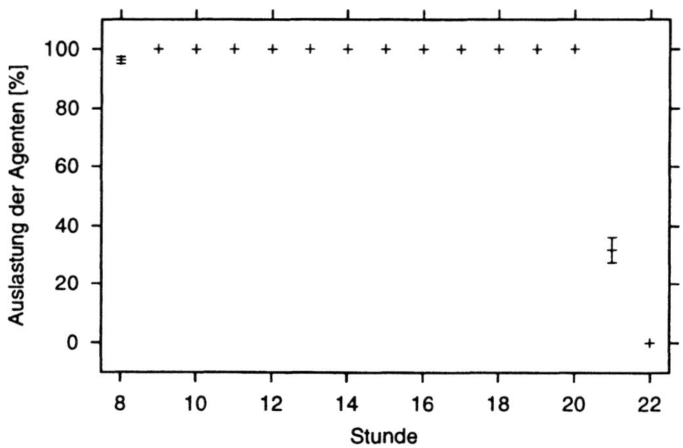

Abb. 7.16. Auslastung der Gruppe 2 je Stunde

der Zeit von 7:00 bis 18:00 Uhr der Bestand an wartenden E-Mails zunächst aufbaut, um dann bis gegen 21:00 Uhr vollständig abgebaut zu werden.

Dieses System führt also dazu, daß der Service für die Anrufer verbessert wird. Ähnlich wie im Abschnitt 6.2.3 auf Seite 122 stellt sich aber wieder die Frage, wieviele Agenten idealerweise in jeder Gruppe arbeiten sollten. Auf jeden Fall ist diese Konfiguration jetzt etwas robuster gegen Prognosefehler: Unterschätzt man das Anrufaufkommen, so konzentrieren sich auch die Agenten der Gruppe 2 auf die Beantwortung der Anrufe, so daß der Service für diese Gruppe nicht zu stark einbricht. Überschätzt man es jedoch, so konzentriert sich die Gruppe 2 stärker auf die E-Mails und die Agenten können abends etwas früher nach Hause gehen.

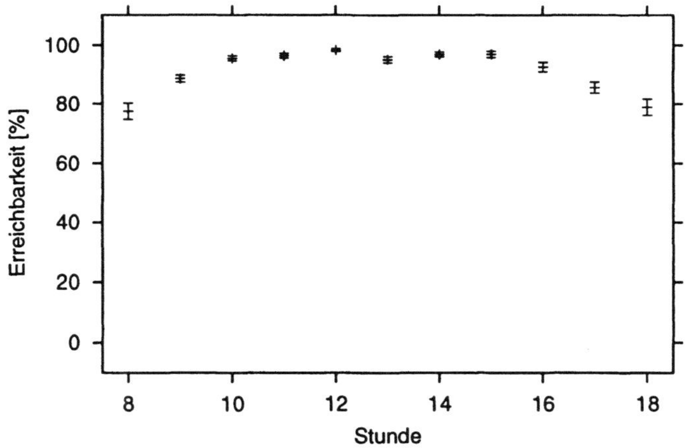

Abb. 7.17. Erreichbarkeit der Agenten je Stunde

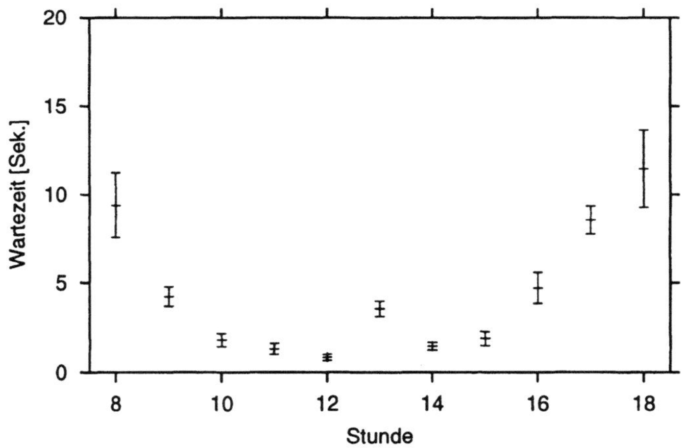

Abb. 7.18. Wartezeit bedienter Anrufer je Stunde

7.4 Zwei Agentengruppen telefonieren im Inbound- und Outbound-Betrieb

Die in dem Abschnitt 7.3 analysierte Konfiguration mit zwei Gruppen von unterschiedlich umfassend qualifizierten Agenten läßt sich auch zur Untersuchung solcher Call Center heranziehen, bei denen neben Inbound-Gesprächen auch noch Outbound-Gespräche geführt werden. Ähnlich wie im Falle der E-Mails gilt auch für die Outbound-Gespräche, daß dafür u.U. nicht jeder Agent geeignet ist, der sehr wohl ordentliche Inbound-Gespräche führen kann. Outbound-Gespräche treffen den Angerufenen vielfach unerwartet und können leicht als unwillkommene Störung empfunden werden. Aus diesem Grund stellt diese Gesprächsform an die Agenten erhöhte Anforderungen im Hinblick auf ihr Einfühlungsvermögen und ihr diploma-

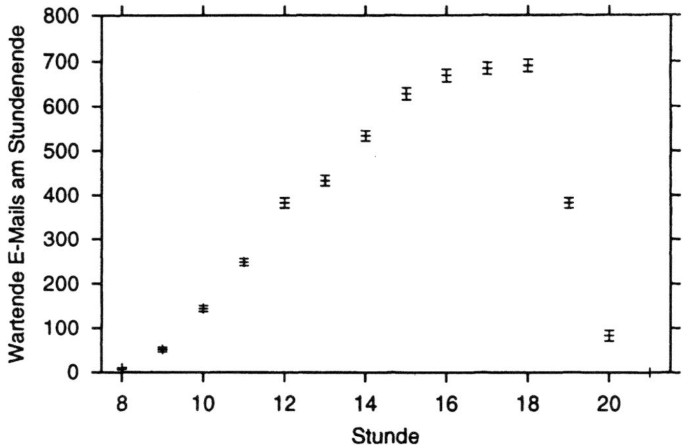

Abb. 7.19. Bestand an E-Mails am Stundenende

tisches Geschick. Daher können wir wieder unterstellen, daß die Zahl der Agenten, die sowohl Inbound- als auch Outbound-Gespräche (und das auch noch abwechselnd) führen können, kleiner ist als die jener Agenten, die ausschließlich Inbound-Gespräche zu führen in der Lage sind.

In Abwandlung unseres Beispiels aus dem Abschnitt 7.3 unterstellen wir daher nun, daß bereits zum Tagesbeginn ein Auftragsvolumen von Outbound-Gesprächen vorliegt, welches jenem der zuvor erst im Tagesablauf eingehenden E-Mails entspricht. Um das Beispiel einfach zu halten, gehen wir davon aus, daß jedes dieser Outbound-Gespräche ebenfalls zwei Minuten dauert, so daß insgesamt wieder das gleiche Arbeitsvolumen vorliegt.

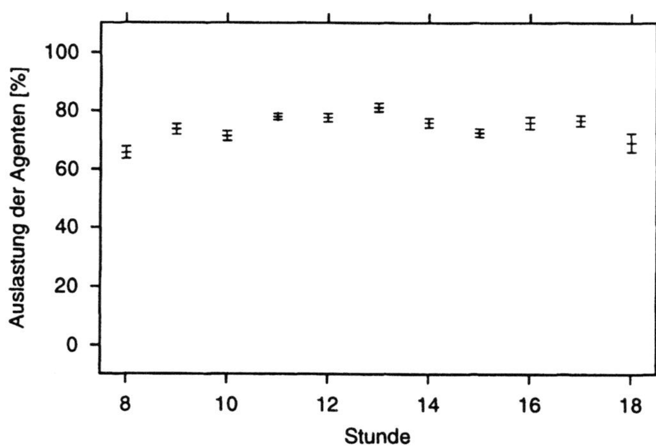

Abb. 7.20. Auslastung der Gruppe 1 je Stunde

An der Auslastung der Inbound-Agenten in Gruppe 1 ändert sich gemäß der Abbildung 7.20 nicht allzu viel, wenn sich die Agenten der Gruppe 2 nun anstatt mit E-Mails mit Outbound-Gesprächen beschäftigen, sofern für sie keine Inbound-Gespräche warten. Die Auslastung dieser zweiten Gruppe ist gemäß der Abbildung 7.21 weiterhin bis 20:00 Uhr konstant bei 100%. Auch in diesem Fall können die letzten Agenten das Call Center um 21:00 Uhr verlassen.

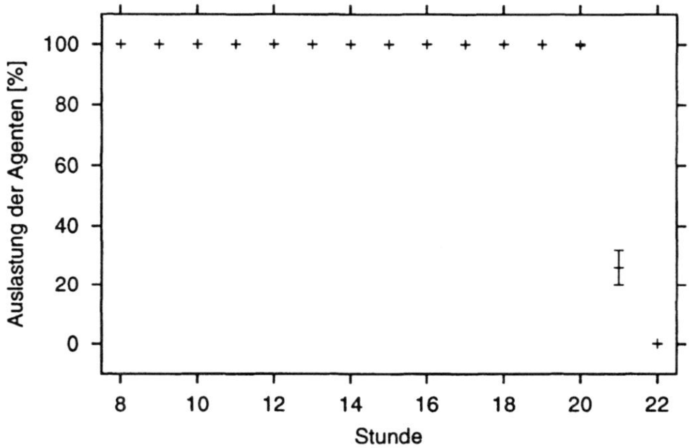

Abb. 7.21. Auslastung der Gruppe 2 je Stunde

Die Ergebnisse zur Erreichbarkeit der Agenten aus Sicht der Anrufer in der Abbildung 7.22 und zu den Wartezeiten der bedienten Anrufer in der Abbildung 7.23 ähneln denen für das System mit Inbound-Gesprächen und E-Mails in Abschnitt 7.3.

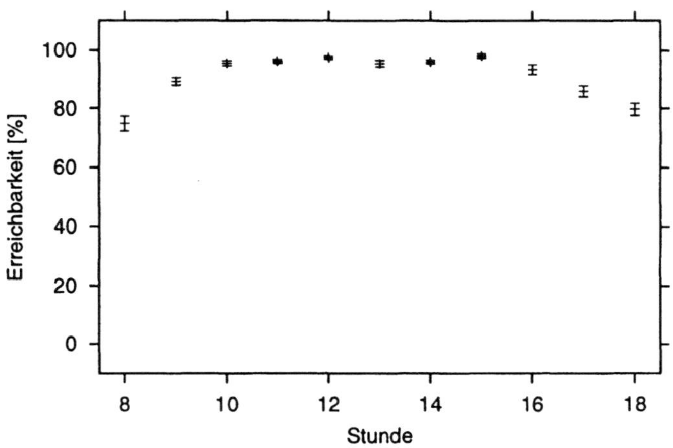

Abb. 7.22. Erreichbarkeit der Agenten je Stunde

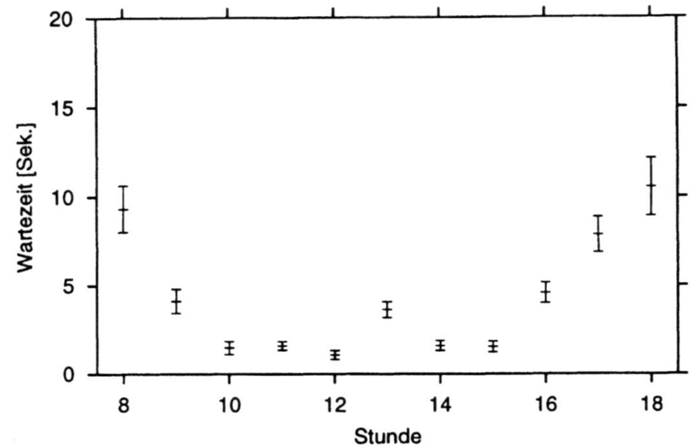

Abb. 7.23. Wartezeit bedienter Anrufer je Stunde

Die Abbildung 7.24 zeigt, wie der Bestand wartender Outbound-Gespräche im Tagesverlauf abnimmt.

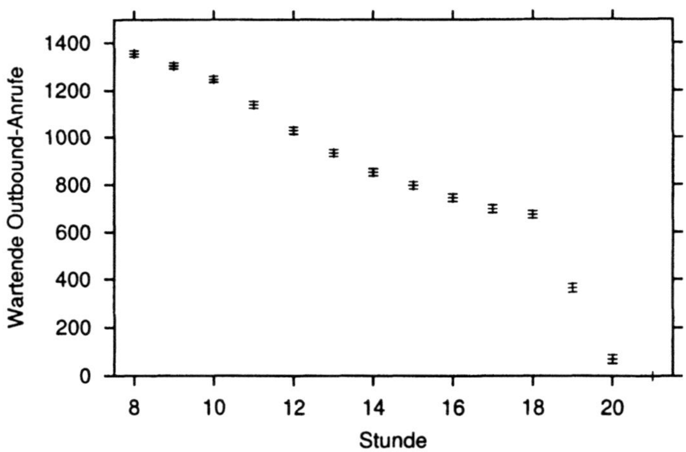

Abb. 7.24. Bestand an Outbound-Gesprächen am Stundenende

In beiden Fällen, ob mit den E-Mails im Abschnitt 7.3 oder mit den gerade betrachteten Outbound-Gesprächen, kann es gelingen, einen Teil der Arbeitslast bewußt und geplant "vor dem System herzuschieben" und damit die zufälligen "Täler" in dem Anrufaufkommen "aufzufüllen" oder die "Spitzen wegzubügeln". Das System arbeitet also dadurch effizienter, daß *nicht* alles sofort erledigt wird und man nur dort schnell reagiert, wo es einen echten Nutzen bringt - für die Anrufer. Eine derartige Systemkonfiguration gibt dem Management auch noch Reaktionsmöglichkeiten, mit denen es den Betrieb kurzfristig anpassen kann: Erkennt man im Tagesverlauf, daß weit mehr E-Mails oder Inbound-Gespräche eingehen, als ursprünglich geplant, so hat man noch einige Stunden Zeit, um den Personaleinsatz in den Abendstunden oder am nächsten Vormittag zu verstärken. Erkennt man umgekehrt, daß im Tagesverlauf weniger E-Mails und/oder Anrufe eingehen als prognostiziert, so kann man u.U. für die Abendstunden den Agenteneinsatz noch mit einem Vorlauf von einigen Stunden kurzfristig reduzieren.[7] An diesen Beispielen kann man wieder gut erkennen, daß die Entscheidungen für oder gegen bestimmte Strukturen bestimmen, wie effizient anschließend die Prozesse in den Systemen ablaufen können.

[7] Die jeweilige Gesetzeslage, bestehende Tarifverträge, Betriebsvereinbarungen und Arbeitsverträge können diese Möglichkeit im konkreten Fall begrenzen.

Teil III

Prozesse: Planen Sie die täglichen Abläufe

8

Die Anrufprognose: Wie stabil ist Ihr Fundament?

8.1 Die Prognoseprobleme im Überblick

Im Inbound Call Center bearbeiten die Agenten von außen eingehende Anrufe, von denen man vorab nicht weiß,

- wann sie im Call Center eingehen,
- wie lange die Gespräche dauern und
- wie lange die Anrufer zu warten bereit sein werden.

Aus diesen drei Komponenten ergibt sich die Arbeitslast im Inbound-Betrieb, und aus diesem Grund muß man sie prognostizieren, um der Personalbedarfs- und -einsatzplanung eine Grundlage zu geben. Wenn diese Grundlage schwach ist, weil die Prognosefehler groß sind, dann können alle weiteren Schritte der operativen Personalbedarfs- und -einsatzplanung nur noch dazu führen, daß entweder zuviele oder zuwenige Agenten eingesetzt werden. Daher ist die Güte der Anrufprognose von ganz entscheidender Bedeutung für die Effizienz, mit der ein Call Center betrieben werden kann.

Wir betrachten in diesem Abschnitt die Anrufprognose für die operative Personalbedarfs- und -einsatzplanung, auf deren Grundlage letztlich entschieden wird, wieviele Agenten zu einer bestimmten Uhrzeit eines bestimmten Kalendertages am Telefon sitzen. Im Abschnitt 1.2.1 hatten wir bereits anhand der Abbildung 1.1 auf Seite 5 gezeigt, wie stark die Anzahl der Anrufe in den Halbstundenintervallen einer einzelnen Woche schwanken kann.

Aber auch die Gesprächsdauer und die Geduld der Anrufer kann im Tagesablauf Schwankungen unterliegen. Damit ist die Arbeitslast im System hochgradig dynamisch. Da die Dienste der Agenten für die Anrufer nicht lagerfähig sind, müssen sie genau in dem Moment erbracht werden, in dem sie nachgefragt werden. Aus diesem Grund wird in einem typischen Inbound Call Center der Personaleinsatz halbstündlich oder stündlich auf- oder abgebaut.

Dazu benötigt man einerseits Prognosen auf Basis einzelner Halbstunden- oder Stundenintervalle. Auf der anderen Seite muß eine Prognose über einen längeren

Zeitraum von mehreren Tagen oder gar Wochen erstellt werden, um mit den Agenten vorab deren Einsatzzeiten abstimmen zu können. Dabei sind die Regelungen des Arbeitsrechts, der Tarif- und Arbeitsverträge sowie eventueller Betriebsvereinbarungen einzuhalten, in denen geregelt sein kann, mit welchem zeitlichen Vorlauf und für welche Dauer Arbeitszeiten festgelegt werden können. Betrachtet man dieses Umfeld der Anrufprognose, so wird deutlich, daß diese Aufgabe nicht nur sehr anspruchsvoll, sondern auch sehr wichtig für einen effizienten Personaleinsatz ist. Aus diesem Grund wollen wir ihre drei zentralen Komponenten in den folgenden Abschnitten näher analysieren.

8.2 Prognoseverfahren für das Anrufaufkommen

Wenn man die Daten realer Call Center analysiert, dann stellt man häufig fest, daß zwar das Anrufaufkommen an den einzelnen Tagen starken Schwankungen unterliegt, aber die *prozentuale* Verteilung der Anrufe auf die einzelnen Stunden vergleichbarer Tage häufig bemerkenswert stabil ist. So kann es z.B. sein, daß die prozentualen (halb-)stündlichen Verlaufsmuster der Wochentage Montag bis Donnerstag recht ähnlich sind, auch wenn das absolute Anrufvolumen eines typischen Montags möglicherweise höher ist als jenes eines typischen Donnerstags. Der Freitag unterscheidet sich u.U. von den Montagen bis Donnerstagen, weil viele Menschen am Freitagnachmittag nicht arbeiten und sich dies auf ihr Anrufverhalten auswirkt. Ähnliches gilt für den Samstag und den Sonntag, die u.U. jeweils eigene prozentuale Verlaufsmuster des Anrufeingangs aufweisen (sofern das Call Center an diesen Tagen betrieben wird).

Wenn man diese Stabilität innerhalb der einzelnen Tagesverlaufsmuster findet, so kann man die Anrufprognose in einem zweistufigen Verfahren durchführen: Im ersten Schritt prognostiziert man das Anrufaufkommen auf Tagesbasis. Danach bricht man die Prognose des täglichen Anrufvolumens für einen konkreten Tag durch Multiplikation mit den Prozentsätzen für die einzelnen (Halb-)Stunden dieses Tagtyps auf dessen einzelne (Halb-)Stunden herunter. Dies entspricht nach unserem Eindruck auch vielfach der Vorgehensweise in der Praxis. Sie führt dazu, daß sich die Prognose im Kern auf das hochgradig variable Anrufvolumen einzelner Tage reduziert und man sich über die Aufteilung innerhalb des Tages zunächst weniger Gedanken machen muß. Daher kümmern wir uns im folgenden um die vergleichsweise anspruchsvollere und wichtigere Frage der Prognose des täglichen Anrufeingangs.

Um eine quantitative Prognose zukünftiger Prozesse durchzuführen, benötigt man

- ein *Prognosemodell* bzw. eine *Prognosegleichung* und
- die zukünftige Ausprägung der erklärenden Variablen des Prognosemodells.

Das Prognosemodell enthält eine Hypothese darüber, wie der Zusammenhang zwischen den verschiedenen Variablen ausschaut. Es könnte z.B. die Form

$$y_t = c^{Mo} x_t^{Mo} + c^{Di} x_t^{Di} + c^{Mi} x_t^{Mi} + c^{Do} x_t^{Do} + c^{Fr} x_t^{Fr} + \epsilon_t \qquad (8.1)$$

annehmen, wenn man davon ausgeht, daß das mittlere Anrufaufkommen y_t des Tages t jeweils vom Wochentag abhängt und die täglichen Abweichungen vom mittleren Anrufaufkommen an allen Wochentagen gleich groß sind. Dabei hat z.B. die Variable x_t^{Mo} den Wert Eins, wenn der Tag t ein Montag ist, und Null sonst. Die Variablen x_t^{Di} bis x_t^{Fr} sind analog definiert. Derartige Variablen bezeichnet man als Dummy-Variablen. Die Parameter c^{Mo} bis c^{Fr} sind die Koeffizienten der Dummy-Variablen für die einzelnen Wochentage. Mit ϵ_t ist ein zufälliger Störterm mit Mittelwert Null bezeichnet, der irgendeiner Wahrscheinlichkeitsverteilung folgt, idealerweise der Normalverteilung.

Nun kennt man nur die beobachteten Werte y_t sowie die Werte der Dummy-Variablen x_t^{Mo} bis x_t^{Fr} von Montag bis Freitag. Was man nicht kennt, sind die wahren Werte der Koeffizienten c^{Mo} bis c^{Fr}. Für diese unbekannten Koeffizienten ermittelt man aus den beobachteten Werten y_t der Vergangenheit die Schätzwerte $\hat{c}^{Mo}$ bis $\hat{c}^{Fr}$ und aus diesen eine Prognosegleichung zur Berechnung des geschätzten Anrufaufkommens $\hat{y}_t$ an einem Tag t. Die Prognosegleichung könnte z.B. folgendermaßen aussehen:

$$\hat{y}_t = 1000x_t^{Mo} + 900x_t^{Di} + 850x_t^{Mi} + 800x_t^{Do} + 600x_t^{Fr} \tag{8.2}$$

Dieses Prognosemodell sagt aus, daß an einem Tag t mit 850 Anrufen im Tagesverlauf zu rechnen ist, wenn es sich um einen Mittwoch handelt.

Wenn man eine Prognose erstellen will, so muß man im ersten Schritt für ein Modell der Zeitreihe wie in Gleichung (8.1) eine Prognosegleichung wie (8.2) bestimmen. Dieser erste Schritt läuft im Kern darauf hinaus, die Koeffizienten der erklärenden Variablen in der Prognosegleichung (also der x_t^{Mo} bis x_t^{Fr}) so zu bestimmen, daß ein Maß des Prognosefehlers e_t mit

$$e_t = \hat{y}_t - y_t \tag{8.3}$$

für alle Perioden mit bereits bekanntem y_t minimiert wird. Dazu kann man verschiedene Maße des Prognosefehlers heranziehen.[1] Wenn man die konkreten Koeffizienten des Prognosemodells geschätzt hat, dann gibt man in dem zweiten Schritt für eine zukünftige Periode t die Werte der erklärenden Variablen vor und erhält so die sogenannte Ex-ante-Prognose der erklärten Variablen.

Dieser Vorgehensweise liegt die Annahme zugrunde, daß in der Vergangenheit ein struktureller Zusammenhang zwischen den erklärenden und der erklärten Variablen existierte, der auch in der Zukunft unverändert weiterwirkt. Früher oder später wird es jedoch mit Sicherheit zu einem Strukturbruch kommen, so daß man die Prognosefehler in Gleichung (8.3) laufend überwachen muß, um das Prognosemodell rechtzeitig an die veränderte Situation anpassen zu können. Es ist also nicht damit getan, einmal eine Prognosegleichung wie jene in (8.2) zu ermitteln und mit dieser dann für alle Zeiten zu rechnen.

Der erstgenannte Autor dieses Buches hatte im Auftrag eines sehr großen deutschen Versandhandelsunternehmens Prognosemodelle für den täglichen Anrufeingang der telefonischen Kundenbetreuung entwickelt, mit denen es möglich war, den

[1] Vgl. im einzelnen Diebold (2001, S.13-26).

täglichen Prognosefehler um mehrere Tausend Anrufe zu reduzieren und so erhebliche Einsparmöglichkeiten beim Personaleinsatz aufzuzeigen. Die zentralen Elemente dieser Modelle können auch auf andere Inbound Call Center übertragen werden und werden daher im folgenden anhand eines vereinfachten Beispiels mit fiktiven Daten dargestellt.

Dazu betrachten wir zunächst die Zeitreihe "Y1" des täglichen Anrufeingangs in einem großen Call Center eines fiktiven Versandhandelsunternehmens mit mehreren tausend Agenten, die in Abbildung 8.1 dargestellt ist. Die Zeitreihe umfaßt die Anzahl der Anrufe je Tag vom Januar bis Juni 2001.

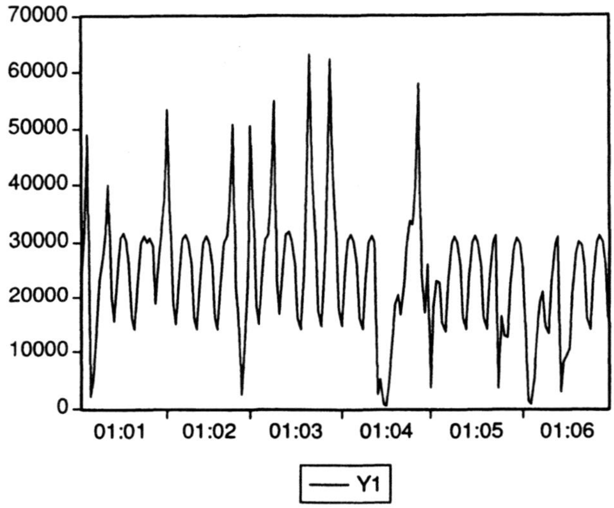

Abb. 8.1. Anrufaufkommen auf Tagesbasis im ersten Halbjahr 2001

Wir stellen uns vor, daß zum Ende des Monats Juni 2001 eine Prognose für die nächsten Wochen und Monate zu erstellen gewesen sei. Der erste Blick auf die Zeitreihe in Abbildung 8.1 zeigt, daß es zwar eine gewisse saisonale Regelmäßigkeit gibt, weil sich ein wöchentliches Muster vielfach wiederholt. Andererseits gibt es auch deutliche Ausreißer nach oben und nach unten. Für die spätere Konstruktion des Prognosemodells ist auch wichtig, daß das Anrufaufkommen nie negativ ist.

Der Fachmann wird nun eine professionelle Software wie z.B. *EViews* zur Zeitreihenanalyse und -prognose verwenden. Dabei wird ihm wie in der Abbildung 8.2 der Blick auf die sogenannte Autokorrelationsfunktion und die partielle Autokorrelationsfunktion bestätigen, daß tatsächlich mit einem zeitlichen Abstand von sieben Tagen wiederkehrende (saisonale) Einflüsse in der Zeitreihe enthalten sind. Derartige Analysen und insbesondere die darauf aufbauenden Prognoserechnungen erfordern eine leistungsfähige Software, mit einem Tabellenkalkulationsprogramm wird man hier nicht sehr weit kommen.

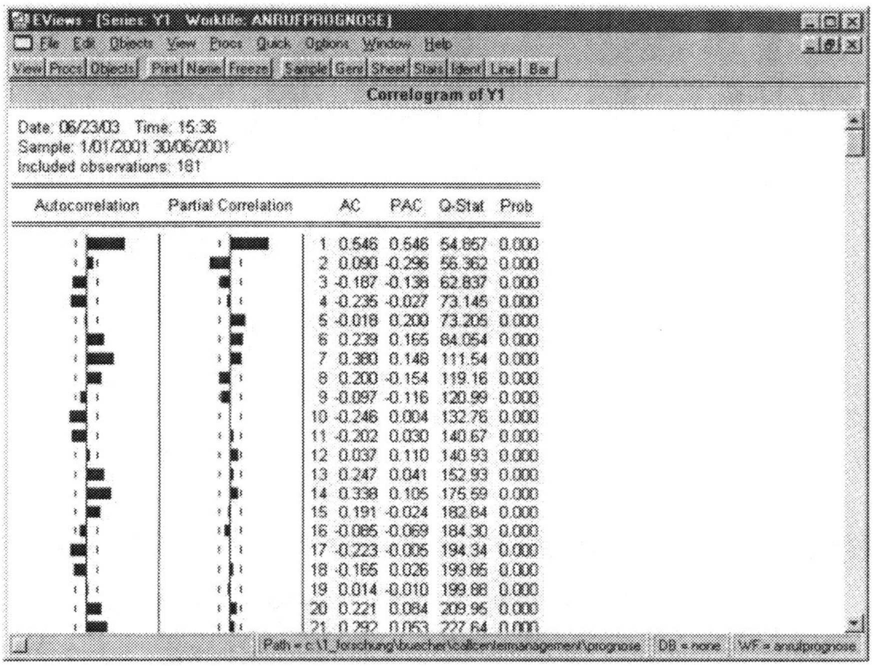

	AC	PAC	Q-Stat	Prob
1	0.546	0.546	54.857	0.000
2	0.090	-0.296	56.362	0.000
3	-0.187	-0.138	62.837	0.000
4	-0.235	-0.027	73.145	0.000
5	-0.018	0.200	73.205	0.000
6	0.239	0.165	84.054	0.000
7	0.380	0.148	111.54	0.000
8	0.200	-0.154	119.16	0.000
9	-0.097	-0.116	120.99	0.000
10	-0.246	0.004	132.76	0.000
11	-0.202	0.030	140.67	0.000
12	0.037	0.110	140.93	0.000
13	0.247	0.041	152.93	0.000
14	0.338	0.105	175.59	0.000
15	0.191	-0.024	182.84	0.000
16	-0.085	-0.069	184.30	0.000
17	-0.223	-0.005	194.34	0.000
18	-0.165	0.026	199.85	0.000
19	0.014	-0.010	199.88	0.000
20	0.221	0.084	209.95	0.000
21	0.292	0.053	227.64	0.000

Abb. 8.2. Autokorrelationsfunktion und partielle Autokorrelationsfunktion der Zeitreihe

In einem ersten Schritt könnte man nun versuchen, durch eine Regressionsrechnung die Koeffizienten für ein Modell mit binären (Dummy-)Variablen für die einzelnen Wochentage gemäß der Gleichung

$$y_t^1 = \mathrm{e}^{(c^{Mo}x_t^{Mo}+c^{Di}x_t^{Di}+c^{Mi}x_t^{Mi}+c^{Do}x_t^{Do}+c^{Fr}x_t^{Fr}+c^{Sa}x_t^{Sa}+c^{So}x_t^{So}+\epsilon_t)} \tag{8.4}$$

zu schätzen. In Gleichung (8.4) wird die Exponentialfunktion verwendet, um sicherzustellen, daß das Prognosemodell immer positive Prognosewerte $\hat{y}_t^1$ liefert. Logarithmiert man beide Seiten von Gleichung (8.4), so erhält man eine Form, die in ihrer additiven Struktur jener in Gleichung (8.1) ähnelt und deren Koeffizienten durch eine Regressionsrechnung geschätzt werden können:

$$\begin{aligned} \ln(y_t^1) = {} & c^{Mo}x_t^{Mo} + c^{Di}x_t^{Di} + c^{Mi}x_t^{Mi} + c^{Do}x_t^{Do} + \\ & c^{Fr}x_t^{Fr} + c^{Sa}x_t^{Sa} + c^{So}x_t^{So} + \epsilon_t \end{aligned} \tag{8.5}$$

Zur Schätzung der Koeffizienten benötigt man nun wieder ein Programm zur PC-gestützten Zeitreihenanalyse und -prognose. In EViews kann man die in Gleichung (8.5) spezifizierte Modellformulierung wie in Abbildung 8.3 gezeigt eingeben.

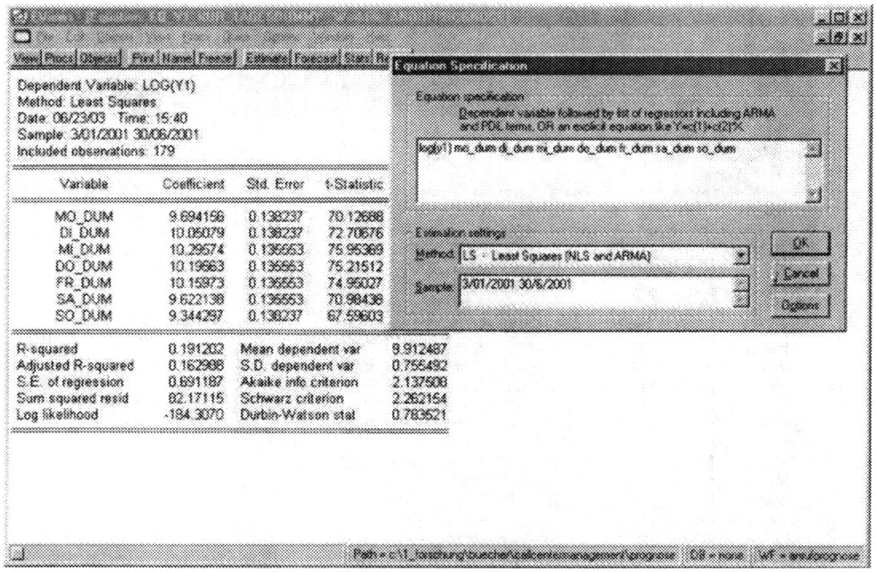

Abb. 8.3. Spezifikation des Modells in aus Gleichung 8.5 in EViews 4.1

Tabelle 8.1. Ergebnis der Koeffizientenschätzung mit binären Tagesvariablen

Dependent Variable: LOG(Y1) Method: Least Squares Date: 04/23/03
Time: 16:17 Sample: 3/01/2001 30/06/2001 Included observations: 179

Variable	Coefficient	Std. Error	t-Statistic	Prob.
MO_DUM	9.694156	0.138237	70.12688	0.0000
DI_DUM	10.05079	0.138237	72.70676	0.0000
MI_DUM	10.29574	0.135553	75.95369	0.0000
DO_DUM	10.19563	0.135553	75.21512	0.0000
FR_DUM	10.15973	0.135553	74.95027	0.0000
SA_DUM	9.622138	0.135553	70.98438	0.0000
SO_DUM	9.344297	0.138237	67.59603	0.0000

R-squared	0.191202	Mean dependent var	9.912487
Adjusted R-squared	0.162988	S.D. dependent var	0.755492
S.E. of regression	0.691187	Akaike info criterion	2.137508
Sum squared resid	82.17115	Schwarz criterion	2.262154
Log likelihood	-184.3070	Durbin-Watson stat	0.783521

Für die Daten in Abbildung 8.1 erhält man den in Tabelle 8.1 dargestellten Output der Regressionsrechnung.

Aus der Tabelle kann man ablesen, daß der geschätzte Koeffizient c^{Mo} der Dummy-Variablen x_t^{Mo} für den Montag den Wert 9.694156 hat. Dies entspricht dem logarithmierten Wert des Anrufaufkommens am Montag und damit ist der letztlich interessierende nicht-logarithmierte Wert des Anrufaufkommens $e^{9.694156} \approx 16223$.

In der Tabelle 8.1 ist für jede erklärende Variable in der vierten Spalte der Wert der sogenannten t-Statistik angegeben. Ist dieser Wert betragsmäßig größer als 2, so bedeutet dies, daß die erklärende Variable in der Prognosegleichung signifikant ist, also einen klaren Einfluß auf die zu erklärende Variable hat. In diesem Fall sind alle unsere Dummy-Variablen signifikant. Im unteren Teil der Tabelle 8.1 sind Werte für verschiedene andere Statistiken angegeben, anhand derer man die Güte der Prognosegleichung beurteilen kann. So kann man an dem Wert des angepaßten Bestimmtheitsmaßes R_A^2 (im Programmoutput als "Adjusted R-squared" bezeichnet) von ca. 0.163 erkennen, daß das Modell noch ziemlich schlecht ist, weil dieser Wert vom Idealwert 1 noch sehr weit entfernt ist.

Zunächst kann man sich überlegen, daß das Anrufaufkommen an den Feiertagen geringer sein dürfte als an anderen Tagen. Da liegt es nahe, eine weitere Dummy-Variable x_t^{Fei} einzuführen, die den Wert Eins hat, wenn der Tag t ein Feiertag ist, und Null sonst.

Damit nimmt nun unser erweitertes Prognosemodell die folgende Form an:

$$\ln(y_t^1) = c^{Mo}x_t^{Mo} + c^{Di}x_t^{Di} + c^{Mi}x_t^{Mi} + c^{Do}x_t^{Do} + c^{Fr}x_t^{Fr} + c^{Sa}x_t^{Sa} + c^{So}x_t^{So} + c^{Fei}x_t^{Fei} + \epsilon_t \tag{8.6}$$

Führen wir wieder eine Regression durch, so erhalten wir diesmal den Output in Tabelle 8.2.

Tabelle 8.2. Ergebnis der Koeffizientenschätzung mit binären Tages- und Feiertagsvariablen

Dependent Variable: LOG(Y1)
Method: Least Squares
Date: 06/20/03 Time: 14:53
Sample: 3/01/2001 30/06/2001
Included observations: 179

Variable	Coefficient	Std. Error	t-Statistic	Prob.
MO_DUM	9.997658	0.075193	132.9593	0.0000
DI_DUM	10.15196	0.073925	137.3270	0.0000
MI_DUM	10.29574	0.072333	142.3383	0.0000
DO_DUM	10.39018	0.072935	142.4589	0.0000
FR_DUM	10.25700	0.072484	141.5075	0.0000
SA_DUM	9.719415	0.072484	134.0908	0.0000
SO_DUM	9.546632	0.074403	128.3090	0.0000
FT_GES	-2.529186	0.121538	-20.80989	0.0000

R-squared	0.771039	Mean dependent var	9.912487
Adjusted R-squared	0.761666	S.D. dependent var	0.755492
S.E. of regression	0.368827	Akaike info criteri	0.886685
Sum squared resid	23.26170	Schwarz criterion	1.029138
Log likelihood	-71.35830	Durbin-Watson stat	0.919696

Nun ist unser angepaßtes Bestimmheitsmaß R_A^2 mit 0.762 schon deutlich besser, aber zufriedenstellend ist es noch lange nicht. Durch die Berücksichtigung der

Feiertage in dem Modell konnten wir zwar die Tage mit besonders niedrigem Anrufaufkommen besser abbilden, aber in Abbildung 8.1 gibt es auch viele Tage, an denen ein weit überdurchschnittlicher Anrufeingang zu verzeichnen ist.

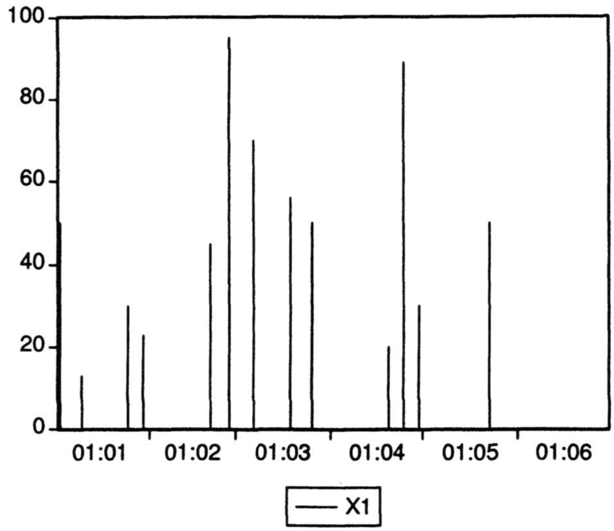

Abb. 8.4. Verschickte Kataloge im ersten Halbjahr 2001 (in Millionen)

Im Versandhandel hängt der Anrufeingang davon ab, wann wieviele Kataloge versendet werden und wieviele Seiten diese enthalten. Für unser Beispiel nehmen wir nun an, daß wir gemäß Abbildung 8.4 wissen, zu welchen Zeiten wieviele Kataloge verschickt worden sind. Der Einfachheit halber unterstellen wir, daß alle Kataloge gleichartig sind.

Nun wirken sich die Kataloge auf das Anrufverhalten zum einen erst mit einer gewissen Verzögerung aus, und zum anderen mit nachlassender Stärke über eine gewisse Zeitdauer. Dies läßt sich in unserem Modell durch eine sogenannte *Transferfunktion* berücksichtigen. Die Zahl der verschickten Kataloge gemäß Abbildung 8.4 betrug am 3. Januar 50 Millionen, am 10. Januar 13 Millionen und am 25. Januar 30 Millionen. In der Abbildung 8.5 wird ein Beispiel einer Transferfunktion in einer multiplikativen Form graphisch dargestellt. Man erkennt, daß sich der Versand von 50 Millionen Katalogen am 3. Januar mit einer Verzögerung oder Totzeit von einem Tag bereits am 4. Januar durch einen gut zwanzigprozentigen Anstieg des Anrufaufkommens bemerkbar gemacht hat. Der maximale Anstieg auf fast 200% des normalen Niveaus wird nach zwei Tagen (also am 5. Januar) erreicht. Anschließend klingt die Wirkung fast vollständig auf das "normale" Niveau (mit dem Faktor Eins) ab, um dann am 11. Januar als Folge des Katalogversandes vom 10. Januar wieder anzusteigen.

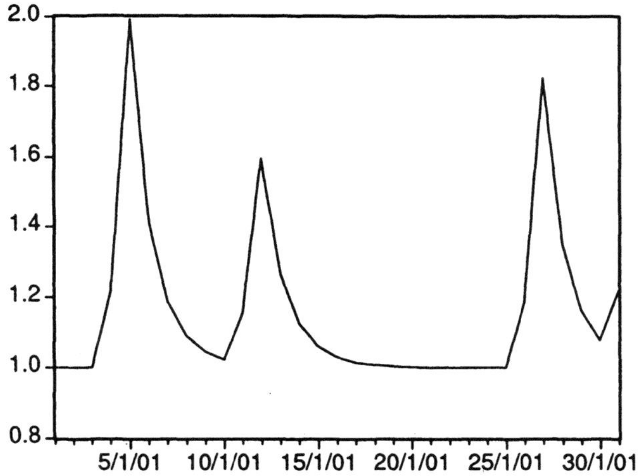

Abb. 8.5. Beispiel der Auswirkung einer multiplikativen Transferfunktion

Die Identifikation derartiger Transferfunktionen ist zwar nicht allzu kompliziert, ihre Darstellung würde aber den Rahmen dieses Buches sprengen.[2] Wenn man weiß, wie das geht, so gelangt man nach einigen Versuchen zu dem folgenden erweiterten Modell:

$$\begin{aligned}\ln(y_t^1) = {} & c^{Mo}x_t^{Mo} + c^{Di}x_t^{Di} + c^{Mi}x_t^{Mi} + c^{Do}x_t^{Do} + c^{Fr}x_t^{Fr} + \\ & c^{Sa}x_t^{Sa} + c^{So}x_t^{So} + c^{Fei}x_t^{Fei} + c_1 \ln(y_{t-1}^1) + \\ & c_2 \ln(1 + x_{t-1}^1) + c_3 \ln(1 + x_{t-2}^1) + \epsilon_t \end{aligned} \tag{8.7}$$

Mit diesem Modell und den Daten der Abbildungen 8.1 und 8.4 erhalten wir den Output in Tabelle 8.3 aus unserer Prognosesoftware.

Nun hat unser Modell ein Bestimmtheitsmaß R_A^2, welches den (unrealistischen) Traumwert von 1.0 erreicht. Diesen Wert wird man mit echten Daten nie erreichen, weil man im richtigen Leben praktisch immer mit fehlerhaften und unvollständigen Daten arbeitet und es nie gelingt, den mathematischen Zusammenhang zwischen allen Einflußgrößen und der erklärten Variablen vollständig abzubilden. Aus diesem Grund wird in jedem realen Modell immer ein Ex-Post-Prognosefehler auftreten und das Bestimmtheitsmaß einen Wert kleiner als Eins annehmen. In *diesem* Fall haben wir den Wert 1.0 erreicht, weil die Daten in der Abbildung 8.1 von uns zuvor künstlich in einem rein deterministischen Modell erzeugt wurden[3] auf der Basis von genau jenen Werten der Koeffizienten, die wir eben in Tabelle 8.3 gewissermaßen im "Rückwärtsgang" aus den gegebenen Beobachtungsdaten geschätzt haben.

[2] Eine gute Einführung findet man in Pankratz (1991, S. 147-201) und DeLurgio (1998, S. 533-580).

[3] Der Störterm ϵ_t hatte also den Wert Null in allen Perioden t.

Tabelle 8.3. Ergebnis der Koeffizientenschätzung mit binären Tages- und Feiertagsvariablen und Transferfunktion für die Wirkung versendeten Kataloge

Dependent Variable: LOG(Y1) Method: Least Squares Date: 04/23/03
Time: 17:09 Sample: 3/01/2001 30/06/2001 Included observations: 179

Variable	Coefficient	Std. Error	t-Statistic	Prob.
MO_DUM	5.298317	4.50E-14	1.18E+14	0.0000
DI_DUM	5.273000	4.64E-14	1.14E+14	0.0000
MI_DUM	5.192957	4.80E-14	1.08E+14	0.0000
DO_DUM	5.135798	4.94E-14	1.04E+14	0.0000
FR_DUM	5.010635	4.90E-14	1.02E+14	0.0000
SA_DUM	4.605170	4.86E-14	9.48E+13	0.0000
SO_DUM	4.700480	4.62E-14	1.02E+14	0.0000
FT_GES	-2.302585	1.42E-14	-1.62E+14	0.0000
LOG(Y1(-1))	0.500000	4.70E-15	1.06E+14	0.0000
LOG(1+X1(-1))	0.050000	3.39E-15	1.47E+13	0.0000
LOG(1+X1(-2))	0.150000	3.37E-15	4.45E+13	0.0000

R-squared	1.000000	Mean dependent var	9.912487
Adjusted R-squared	1.000000	S.D. dependent var	0.755492
S.E. of regression	4.21E-14	Sum squared resid	2.98E-25
Durbin-Watson stat	1.031695		

Dennoch ist uns das Beispiel wichtig, weil es zeigt, daß der zunächst nicht sehr regelmäßig anmutende Verlauf des Anrufeingangs gemäß Abbildung 8.1 einer auf den ersten Blick nicht zu erkennenden Gesetzmäßigkeit unterliegt und durch die Gleichung (8.7) exakt beschrieben wird. Wenn es gelingt, diese Gesetzmäßigkeit zumindest näherungsweise zu identifizieren und es keine erkennbaren Gründe gibt, warum der Wirkungszusammenhang nicht auch in Zukunft fortbestehen sollte, so kann man diese Gesetzmäßigkeit zur Prognose heranziehen.

Dies wollen wir im folgenden anhand des fiktiven Anrufeingangs der Zeitreihe "Y2" in der Abbildung 8.6 zeigen. Die Daten in der Abbildung 8.6 wurden aus jenen der Abbildung 8.1 abgeleitet, indem wir letztere mit einer normalverteilten Zufallsvariablen mit Mittelwert 1 und Standardabweichung 0.1 multipliziert haben. Damit sind also die Daten in der Abbildung 8.6 durch einen multiplikativen Störterm "verrauscht", so daß wir kein Bestimmtheitsmaß $R^2 = 1.0$ mehr erwarten können. Das ist eine realitätsnähere Situation, weil es uns praktisch nie gelingen wird, alle Einflußgrößen korrekt im Modell abzubilden und allen Zufall auszuschalten.

Führt man wieder eine Regressionsrechnung für das in Gleichung (8.7) spezifizierte Modell durch, so erhält man das Ergebnis in Tabelle 8.4.

Ein Bestimmtheitsmaß in der Größenordnung von 0.98 ist ebenfalls ein ganz ausgezeichneter Wert. Nun wollen wir uns anschauen, wie wir mit dem realitätsnäheren Modell in der Tabelle 8.4 eine Prognose für den Monat Juli 2001 erstellen können. Dazu müssen wir wissen, welche Kalendertage t auf welchen Wochentag (Montag bis Sonntag) fallen werden und welche Tage ggf. Feiertage sind. Außerdem muß in Erfahrung gebracht werden, an welche Tagen im Juli wieviele Kataloge verschickt werden sollen. Wenn geplant ist, am 5. Juli 56 Millionen, am 17. Juli 60 Millionen

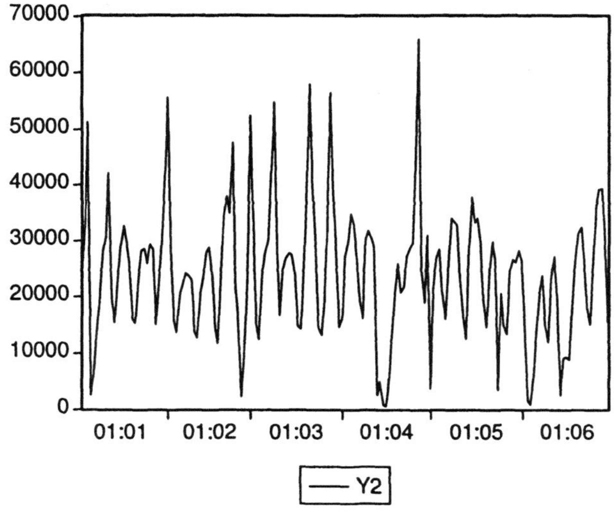

Abb. 8.6. Anrufaufkommen auf Tagesbasis im ersten Halbjahr 2001

Tabelle 8.4. Ergebnis der Koeffizientenschätzung mit binären Tages- und Feiertagsvariablen und Transferfunktion für die Wirkung versendeten Kataloge

Dependent Variable: LOG(Y2) Method: Least Squares Date: 04/24/03
Time: 11:24 Sample: 3/01/2001 30/06/2001 Included observations: 179

Variable	Coefficient	Std. Error	t-Statistic	Prob.
MO_DUM	5.532339	0.109561	50.49530	0.0000
DI_DUM	5.472201	0.112976	48.43697	0.0000
MI_DUM	5.441530	0.116404	46.74706	0.0000
DO_DUM	5.403800	0.119895	45.07129	0.0000
FR_DUM	5.278468	0.119213	44.27751	0.0000
SA_DUM	4.866623	0.118515	41.06349	0.0000
SO_DUM	4.919710	0.112774	43.62469	0.0000
LOG(Y2(-1))	0.474727	0.011452	41.45242	0.0000
FT_GES	-2.280205	0.034385	-66.31386	0.0000
LOG(1+X1(-1))	0.055636	0.008212	6.774738	0.0000
LOG(1+X1(-2))	0.155037	0.008150	19.02377	0.0000

R-squared	0.982720	Mean dependent var	9.906401
Adjusted R-squared	0.981692	S.D. dependent var	0.752927
S.E. of regression	0.101877	Akaike info criterion	-1.670614
Sum squared resid	1.743666	Schwarz criterion	-1.474741
Log likelihood	160.5199	Durbin-Watson stat	1.694287

Kataloge und am 31. Juli weitere 20 Millionen Kataloge zu verschicken, dann haben wir alle zukünftigen Ausprägungen der erklärenden Variablen für den Prognosezeitraum beisammen.

In der Abbildung 8.7 wird das so prognostizierte Anrufaufkommen dem tatsächlich "realisierten" gegenübergestellt. Man erkennt, daß die prognostizierten Werte der Zeitreihe "Y2F" recht nahe an den realisierten Werte in der Zeitreihe "Y2" liegen.

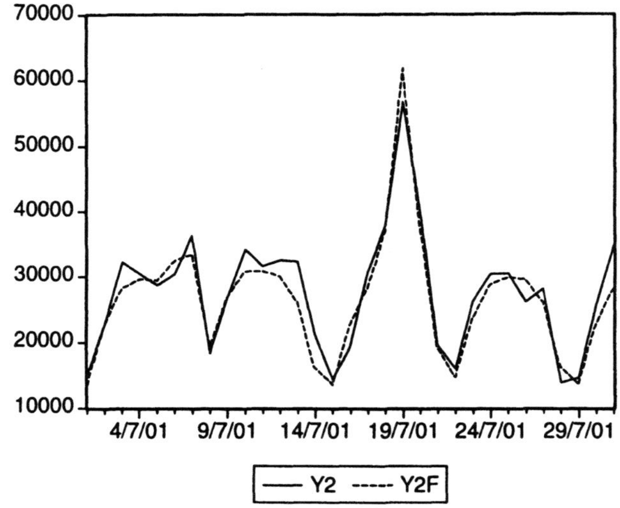

Abb. 8.7. Prognostiziertes und realisiertes Anrufaufkommen auf Tagesbasis im Juli 2001

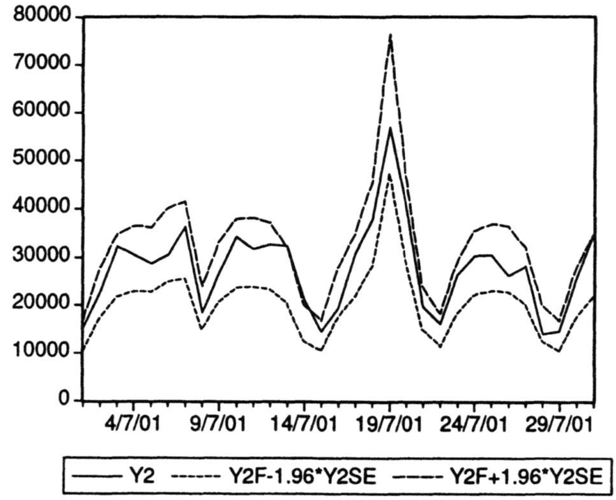

Abb. 8.8. Realisiertes Anrufaufkommen und Grenzen des 95%-Konfidenzintervalls auf Tagesbasis im Juli 2001

In der Abbildung 8.8 wird das realisierte Anrufaufkommen dem 95%-Konfidenzintervall der Prognose gegenübergestellt. Je besser es gelingt, den tatsächlichen Zusammenhang zwischen den erklärenden Variablen und der erklärten Variablen zu bestimmen, desto schmaler wird dieses Intervall. Da der realisierte Anrufeingang "Y2" fast durchweg innerhalb des Konfidenzintervalls bleibt, ist unsere Prognose offenbar ganz brauchbar. Zumindest ist es im Juli nicht zu einem offensichtlichen Strukturbruch gekommen.

Man wird sich nun wieder die Frage stellen, ob in den Ex-Post-Prognosefehlern noch irgendwelche Muster zu erkennen sind und sich wie in Abbildung 8.9 die Autokorrelationsfunktion und die partielle Autokorrelationsfunktion der Ex-Post-Prognosefehler ansehen. In diesem Fall zeigt sich, daß in den Prognosefehlern offenbar keine signifikante serielle Korrelation mehr enthalten ist, die auf systematische und in dem Modell bislang nicht angemessen berücksichtigte strukturelle Zusammenhänge hindeutet. Wir haben die Daten also offenbar so weit wie möglich "ausgequetscht" und in den Prognosefehlern steckt jetzt nur noch Rauschen.

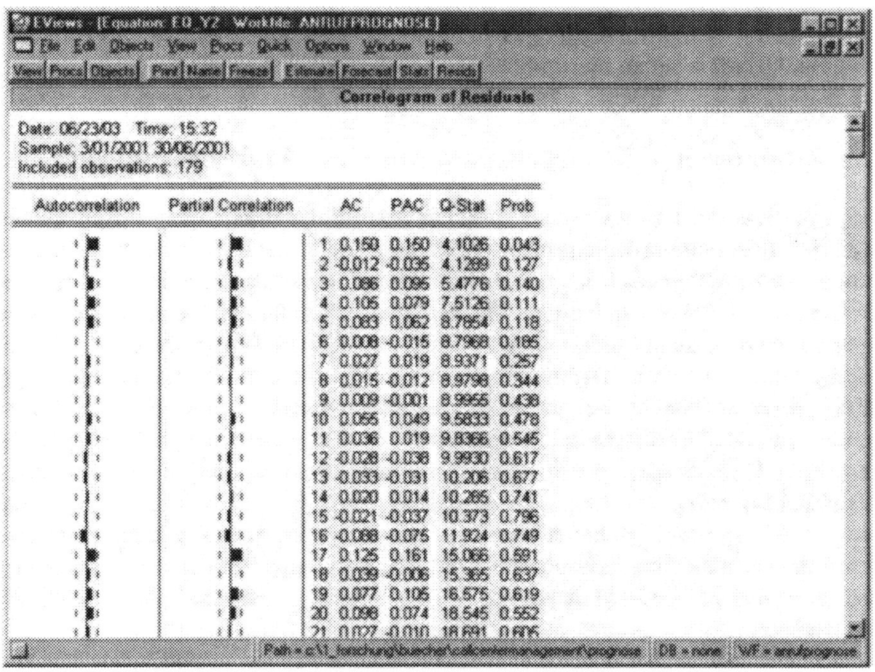

Abb. 8.9. Autokorrelationsfunktion und partielle Autokorrelationsfunktion der Ex-Post-Prognosefehler

In dem eingangs genannten Praxisfall des Prognosemodells für ein Versandhandelsunternehmen hatte sich herausgestellt, daß nicht alle Einflußgrößen explizit in den Modellen untergebracht werden konnten, weil sie entweder der Sache nach unbekannt waren oder die Daten fehlten. So könnten sich z.B. anhaltende Schön- oder

Schlechtwetterperioden auf das Anrufverhalten der Kunden auswirken. Vielfach ist es nun so, daß derartige Einflußgrößen in mehreren unmittelbar aufeinanderfolgenden Perioden wirken und damit zu Prognosefehlern führen, die miteinander *seriell korreliert* sind. Diese Fehlspezifikationen im Modell führen zu Verzerrungen in der Prognose, denen man dadurch begegnen kann, daß man in dem Modell sogenannte ARIMA-Komponenten einbaut.[4] Wenn man dies macht, dann wird - im Gegensatz zu dem Fall in den Abbildungen 8.7 und 8.8 - die Prognose um so unpräziser, je weiter sie in die Zukunft hineinreicht. Von dieser Situation ist jedoch im Regelfall auszugehen. Daher bietet es sich an, Prognosen mit unterschiedlichem Prognosehorizonten und unterschiedlichen Prognosefrequenzen durchzuführen. So könnte man z.B. jeweils zur Monatsmitte ein erste Grob-Prognose für jeden Tag des Folgemonats vornehmen. Eine zweite Grob-Prognose könnte jeweils zur Wochenmitte für jeden Tag der Folgewoche erstellt werden. Schließlich könnte man am Abend eines jeden Tages eine Fein-Prognose für den nächsten oder übernächsten Tag erstellen, in welche dann die erst zu diesem Zeitpunkt bekannten Auswirkungen der kurzfristigen Störungen z.B. aufgrund extremer Wetterlagen eingehen. Eine derartige Vorgehensweise ist natürlich nur dann sinnvoll, wenn es auch eine gewisse Flexibilität bei einem Teil der Agenten gibt, gelegentlich erst einen oder zwei Tage im voraus zu erfahren, ob sie an einem bestimmten Tag arbeiten sollen oder nicht.

8.3 Prognose der Gesprächsdauer und der Wartezeittoleranz

Die Prognose der Gesprächsdauer gestaltet sich in der Praxis recht unspektakulär. Aus der Telekommunikationsanlage erhält man i.d.R. eine Vielzahl von Informationen. Dazu gehört auch jene über die mittlere Gesprächsdauer in den einzelnen Zeitabschnitten. Wenn sich an der Art der Gespräche und der Weise, wie diese bearbeitet werden, nichts ändert, so bleibt auch die mittlere Gesprächsdauer T_b erfahrungsgemäß recht stabil. Dann können wir aus den Daten der Telekommunikationsanlage problemlos einen Schätzwert der Bearbeitungsrate $\mu = \frac{1}{T_b}$ für unser Warteschlangenmodell in Abschnitt 2.2 ermitteln. In der Praxis wird man bei einer näheren Analyse u.U. feststellen, daß die Tageszeit einen gewissen Einfluß auf die mittlere Gesprächsdauer hat. Wir haben Daten gesehen, die den Schluß nahelegen, daß sich ein Teil der Anrufer tagsüber etwas kürzer faßt als in den Abend- und Nachtstunden. Dann liegt es nahe, die prognostizierte mittlere Gesprächsdauer in Abhängigkeit der Tageszeit vorzugeben, weil man sonst die Arbeitslast tagsüber überschätzt und nachts unterschätzt.

Letztlich gilt es jetzt noch, die Geduld der Anrufer zu prognostizieren. Die Bereitschaft der Anrufer, eine Zeitlang auf ihren Agenten zu warten, haben wir in dem grundlegenden Modell des Call Centers auf Seite 14 über die zwei Parameter β und ν abgebildet. Auch für diese Parameter benötigen wir Schätzwerte, die aus den empirisch beobachteten Daten unseres realen Call Centers abgeleitet werden sollten. Relativ einfach ist das bei dem Anteil β derjenigen Anrufer, die sofort auflegen, wenn

[4] Vgl. dazu ausführlich Box et al. (1994), Vandaele (1983), DeLurgio (1998), Diebold (2001).

man sie in die Warteschlange stellt, sie also nicht sofort mit einem Agenten verbindet. Dazu muß man lediglich die Telekommunikationsanlage so einstellen, daß sie in einem Zeitraum zum einen mißt, wieviele Anrufer überhaupt warten mußten, und zum anderen, wieviele von diesen innerhalb einer (Reaktions-)Zeit von ca. einer oder zwei Sekunden aufgelegt haben. Teilt man die letztgenannte Anzahl durch die erstgenannte, so erhält man einen Schätzwert für den Parameter β. Das ist also nicht allzu kompliziert.

Etwas aufwendiger ist es, die mittlere Wartezeittoleranz $\frac{1}{\nu}$ derjenigen Anrufer zu ermitteln, die nicht sofort auflegen. Das Problem besteht darin, daß wir von denjenigen Anrufern, die von den Agenten bedient werden (und das sind hoffentlich nicht allzu wenige), nicht wissen, wieviel länger sie noch zu warten bereit gewesen wären. Zwei naheliegende Möglichkeiten, dies herauszubekommen, haben gewisse Nachteile: Zum einen könnte man sich vorstellen, daß man die bedienten Anrufer einfach danach fragt, wie lange sie noch bereit gewesen wären, zu warten. Man darf jedoch bezweifeln, daß die Anrufer die Antwort auf diese Frage selbst kennen und bereit sind, diese auch offenbaren. Zum anderen könnte man testweise alle Anrufer in die Warteschlange stellen, und zwar solange, bis sie auflegen. Dann hätte man zwar für jeden Anrufer seine individuelle Wartezeittoleranz ermittelt, aber um den Preis, daß dieser u.U. nachhaltig verärgert wäre.

Glücklicherweise gibt es eine dritte Möglichkeit, die all diese Schwierigkeiten vermeidet. Dazu betrachten wir beispielhaft 10 verschiedene Call Center mit unterschiedlichen Parametern gemäß Tabelle 8.5. Diese zehn Call Center unterscheiden sich hinsichtlich der Ankunftsrate der Anrufe λ, der Bearbeitungszeit $T_b = \frac{1}{\mu}$, der Agentenzahl c, der Anzahl Telefonleitungen K und dem Anteil β der Anrufer, die sofort auflegen, wenn sie warten müssen. Damit ergibt sich bei all diesen Call Centern eine unterschiedliche mittlere Warteschlangenlänge $\mathbf{E}[L_q]$ und eine unterschiedliche Wahrscheinlichkeit $\mathrm{P}(A)$, daß ein Anrufer nach einer gewissen Wartezeit auflegt.

Tabelle 8.5. Parameter und Kenngrößen verschiedener Call Center im Vergleich

Nr.	λ [Sek.$^{-1}$]	$\frac{1}{\mu}$ [Sek.]	c	K	β	$\mathbf{E}[L_q]$	$\mathrm{P}(A)$	$\frac{1}{\lambda}\frac{\mathbf{E}[L_q]}{\mathrm{P}(A)}$ [Sek.]
1	0.20	60	12	15	0.10	0.41	0.069	30
2	1.00	100	10	20	0.30	8.89	0.296	30
3	0.80	50	25	30	0.01	2.95	0.123	30
4	5.00	100	18	40	0.20	21.71	0.145	30
5	20.00	70	20	30	0.25	9.96	0.017	30
6	0.01	110	1	20	0.40	0.08	0.268	30
7	2.00	150	150	200	0.33	10.56	0.176	30
8	3.00	300	200	300	0.12	59.20	0.658	30
9	4.00	100	7	20	0.08	12.85	0.107	30
10	0.10	100	7	20	0.04	0.99	0.329	30

Bemerkenswerterweise ist jedoch bei allen 10 verschiedenen Call Centern der in der letzten Spalte der Tabelle 8.5 angegebene Quotient $\frac{\mathbf{E}[L_q]}{\lambda \mathrm{P}(A)}$ mit einem Wert von

30 Sekunden identisch. Das ist nun kein Zufall, sondern darauf zurückzuführen, daß in allen 10 Call Centern die gleiche mittlere Wartezeittoleranz $\frac{1}{\nu} = 30$ Sekunden unterstellt wurde. Es läßt sich auch allgemein zeigen, daß für unser grundlegendes Warteschlangenmodell des Call Centers die folgende Beziehung für die Wartezeittoleranz $\frac{1}{\nu}$ gilt:

$$\frac{1}{\nu} = \frac{1}{\lambda} \frac{\mathbf{E}[L_q]}{\mathrm{P}(A)} \tag{8.8}$$

Wenn wir also über unsere Telekommunikationsanlage und den Telekommunikationsdienstleister für einen bestimmten Zeitraum die Ankunftsrate λ, die mittlere Zahl wartender Anrufer $\mathbf{E}[L_q]$ und den Anteil der Aufleger $\mathrm{P}(A)$ ermitteln können, so können wir gemäß der Gleichung (8.8) auch die mittlere Wartezeittoleranz $\frac{1}{\nu}$ berechnen.[5] Das macht man für mehrere Perioden und bekommt so durch eine Mittelwertbildung einen empirisch begründeten Schätzwert der Wartezeittoleranz.

[5] Das funktioniert natürlich nur in solchen Perioden, in denen es überhaupt Aufleger gegeben hat, da wir ansonsten in Gleichung (8.8) eine (mathematisch nicht definierte) Division durch Null versuchen würden.

9

Die Personalbedarfsrechnung: Für eine Handvoll Agenten mehr...

9.1 Isolierte vs. periodenübergreifende Personalbedarfsrechnung

Durch die Personalbedarfsrechnung soll die Anzahl der Agenten bestimmt werden, die in einem bestimmten Zeitabschnitt gleichzeitig am Telefon sitzen. Wir beschäftigen uns dazu im folgenden ausschließlich mit dem Fall des Inbound Call Centers und verweisen für den Fall des Outbound Call Centers auf den Abschnitt 3.4. Wenn man die Personalbedarfe für die einzelnen Perioden des Planungszeitraums (z.B. einer Woche) ermittelt hat, wird man in dem nächsten Planungsschritt nach einer Schichtplanung suchen, die nach Möglichkeit in jedem Zeitabschnitt den Personalbedarf deckt.

Nach unserer Erfahrung wird in der Praxis häufig so vorgegangen, daß man rein deterministisch plant und von der Stochastik der Anrufeingänge wie der -bearbeitung völlig absieht. In verschiedenen Call Centern, die wir gesehen haben, wurde jede Periode isoliert betrachtet und der Personalbedarf gleich dem Produkt aus Anrufaufkommen und Bearbeitungsdauer gesetzt. Wenn in einer Stunde 3000 Anrufe eingehen und jeder Anruf im Mittel zwei Minuten dauert, dann entspricht das einer (dem System angebotenen) Arbeitslast von $\frac{3000}{60} \cdot 2 = 100$ Erlangs und man benötigt demzufolge in dieser Periode 100 Agenten. Damit strebt man eine Auslastung der Agenten von 100% an. Eventuell multipliziert man diese Zahl noch mit einem Faktor größer als Eins, um zu einer niedrigeren geplanten Auslastung der Agenten zu kommen. Wenn die Prognose der Gesprächsdauer und des Anrufaufkommens gut ist, das Call Center recht groß ist und man praktisch beliebig viele Agenten einsetzen kann, dann kann diese Vorgehensweise auch zu ganz brauchbaren Ergebnissen führen. Aus dem Abschnitt 4.1 wissen wir ja, daß bei großen Inbound Call Centern die *Economies of Scale* auf unserer Seite sind.

Es muß aber nicht immer so sein, daß man in jeder Periode beliebig viele Agenten einsetzen kann. Dann stellt sich im einfachsten Fall die Frage, wie eine Gesamtzahl von A_{max} Agentenstunden über den Planungszeitraum verteilt werden sollte. Zur Beantwortung dieser Frage braucht man ein Zielkriterium. Dazu greifen wir im folgenden auf unsere drei Typen der Betreuungs-, Vertriebs- und Dienstleistungs-Call-Center aus Abschnitt 3 zurück und formulieren *periodenübergreifende* Modelle der Personalallokation, deren Lösung den Personalbedarf für jede einzelne Periode ergibt.[1]

Als Entscheidungsvariablen sehen wir für alle drei Typen von Call Centern die Agentenallokation mit dem Vektor

$$\underline{c} = (c_1, c_2, \ldots, c_{t-1}, c_t, c_{t+1}, \ldots, c_T) \tag{9.1}$$

der in Periode t eingesetzten Anzahl c_t von Agenten und den Vektor

$$\underline{q} = (q_1, q_2, \ldots, q_{t-1}, q_t, q_{t+1}, \ldots, q_T) \tag{9.2}$$

der in Periode t freigeschalteten Wartepositionen q_t an. Wir verwenden zur Kennzeichnung der Entscheidungsmodelle die Notation in der Tabelle 2.3 auf Seite 33 sowie die in Tabelle 9.1.

Tabelle 9.1. Notation

A_{max}	Maximale insgesamt verfügbare Arbeitszeit [ZE] aller Agenten
C_{max}	Maximale insgesamt verfügbare Anzahl von Agentenperioden
c_t	Anzahl von Agenten, die in Periode t gleichzeitig eingesetzt werden
$\underline{c} = (c_1, ..., c_T)$	Vektor der Anzahl eingesetzter Agenten
d_t	Dauer (Länge) von Periode t [ZE]
$\mathbf{E}[\cdot]$	Erwartungswert einer Zufallsvariablen
$L_t^s(c_t, q_t)$	Zufällige Anzahl Anrufer im System (wartend oder in Bedienung) in Periode t beim Einsatz von c_t Agenten und q_t Wartepositionen (Zufallsvariable)
l_t	Lohnkostensatz in Periode t [GE/ZE]
k_t	Telefonkostensatz in Periode t [GE/ZE]
$\lambda_t^{eff}(c_t, q_t)$	Ankunftsrate von Anrufen bei Agenten in Periode t beim Einsatz von c_t Agenten und q_t Wartepositionen
q_t	Anzahl von Wartepositionen, die in Periode t gleichzeitig angeboten werden
$\underline{q} = (q_1, ..., q_T)$	Vektor der Anzahl angebotener Wartepositionen
r_A	Deckungsbeitrag je Anruf [GE]
r_Z	Erlös je Zeiteinheit [GE/ZE]

Entsprechend der in der Praxis üblichen Vorgehensweise werden wir im folgenden einzelne Zeitabschnitte von (hier) 30 Minuten Länge betrachten und davon ausgehen, daß innerhalb eines jeden 30-Minuten-Intervalls

- die mittlere Zwischenankunftszeit (Kehrwert der Ankunftsrate λ) konstant ist und daß
- sich das System zu jedem Zeitpunkt im eingeschwungenen Zustand befindet, sich also die Wahrscheinlichkeit der verschiedenen Systemzustände innerhalb des Intervalls nicht ändert.

[1] Vgl. zum folgenden Helber et al. (2003).

Beide Annahmen treffen natürlich regelmäßig nicht exakt zu, aber ohne sie kann man praktisch nicht rechnen, und so werden auch wir im folgenden mit diesen Annahmen arbeiten. Unser Grundmodell eines Call Centers aus Abschnitt 2.2 kann somit für jedes einzelne Intervall verwendet werden. Dazu betrachten wir den aus realen Daten abgeleiteten Anrufeingang über die $7 \cdot 48 = 336$ Halbstundenintervalle einer Woche in Abbildung 9.1.

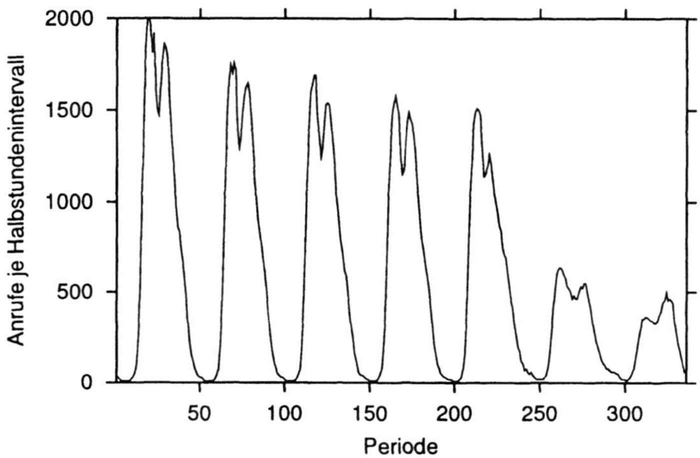

Abb. 9.1. Anrufeingang über eine Woche von Montag, 0:00 Uhr, bis Sonntag, 23:30 Uhr

Für verschiedene Problemstellungen werden wir untersuchen, wie der Agentenbedarf für die einzelnen Perioden des Planungszeitraums bestimmt werden kann.

9.2 Personalbedarfsrechnung im Betreuungs-Call-Center

In unserem Modell des Betreuungs-Call-Centers in Abschnitt 3.3.3 auf Seite 47ff. hatten wir angenommen, daß der Betreiber des Call Centers die Kosten des Agenteneinsatzes sowie eventuell die Telefonkosten der Anrufer übernimmt, für ihn aber keine Erlöse durch die Gespräche mit den Anrufern anfallen. Dieses Modell erweitern wir nun für den mehrperiodigen Fall. In den Nebenbedingungen stellen wir dabei bezüglich der Wartezeit und des Anteils der bedienten Anrufer auf die über T Perioden aggregierten Größen ab.

So gelangen wir zu dem folgenden periodenübergreifenden Optimierungsmodell der Kostenminimierung im Betreuungs-Call-Center:

$$\text{Minimiere } K(\underline{c}, \underline{q}) = \sum_{t=1}^{T} \Big(\underbrace{l_t d_t c_t}_{\text{Löhne}} + \underbrace{k_t d_t \, \mathbf{E}[L_t^s(c_t, q_t)]}_{\text{Telefonkosten}} \Big) \qquad (9.3)$$

unter Beachtung der Nebenbedingungen

$$\mathbf{E}[W|S]^{aggr} \leq \mathbf{E}[W|S]^{aggr}_{max} \tag{9.4}$$

$$\mathrm{P}(S)^{aggr} \geq \mathrm{P}(S)^{aggr}_{min}. \tag{9.5}$$

In diesem Entscheidungsmodell wird der Aspekt der intertemporalen Agentenallokation über die periodenübergreifenden Servicemaße $\mathbf{E}[W|S]^{aggr}$ und $\mathrm{P}(S)^{aggr}$ ebenso berücksichtigt wie die Orientierung der Planung auf das Erfolgsziel über den Ansatz der Kostenminimierung.

Unser Entscheidungsproblem hat mit der Agentenallokation $\underline{c}$ und der Wartepositionenkonfiguration $\underline{q}$ zwei Arten von Entscheidungsvariablen, deren prinzipielle Wirkung auf die Zielfunktion (9.3) und die Nebenbedingungen (9.4) sowie (9.5) bereits in den Abbildungen auf der Seite 49ff. dargestellt wurde. Dabei hatte sich gezeigt, daß der zentrale Einfluß von der Zahl eingesetzter Agenten ausgeht und die Anzahl freigeschalteter Wartepositionen eher von untergeordneter Bedeutung ist.

Eine einfache heuristische Vorgehensweise zur Lösung des Entscheidungsproblems besteht darin, sukzessive den Personaleinsatz jeweils in derjenigen Periode um je einen Agenten zu erhöhen, bei welcher das Verhältnis des Anstiegs der aggregierten Erreichbarkeit $\mathrm{P}(S)^{aggr}$ zu den zusätzlichen Kosten am größten ist. Über den Vektor der Wartepositionen kann man dabei stets sicherstellen, daß die mittlere aggregierte Wartezeit der bedienten Anrufer $\mathbf{E}[W|S]^{aggr}$ das vorgegebene Maximum nicht überschreitet. Man bricht das Verfahren ab, sobald die Nebenbedingungen (9.4) sowie (9.5) erstmals eingehalten werden.

9.3 Personalbedarfsrechnung im Vertriebs-Call-Center

Aus praktischer Sicht interessanter und gleichzeitig leichter zu lösen ist das Problem der periodenübergreifenden Personalbedarfsrechnung im Vertriebs-Call-Center. In Abschnitt 3.3.4 auf Seite 52ff. hatten wir bereits das einperiodige Modell formuliert, in welchem für jedes von den Agenten geführte Gespräch ein Deckungsbeitrag von r_A GE berücksichtigt wurde. Nebenbedingungen für die Wartezeit und den Anteil der bedienten Anrufer waren hier nicht erforderlich, weil diese in gewinnmaximierender Weise modellendogen bestimmt werden. Dieses Modell formulieren wir nun für den mehrperiodigen Fall:

$$\text{Maximiere } G(\underline{c}, \underline{q}) = \underbrace{\sum_{t=1}^{T} r_A \lambda_t^{eff}(c_t, q_t)}_{\text{DB Bestell.}} \underbrace{- \sum_{t=1}^{T} \Big(l_t d_t c_t + k_t d_t \, \mathbf{E}[L_t^s(c_t, q_t)] \Big)}_{\text{var. Kosten}} - K_{Fix} \tag{9.6}$$

unter Beachtung der Nebenbedingung

$$\sum_{t=1}^{T} d_t c_t \leq A_{max}. \tag{9.7}$$

Im Gegensatz zu dem Modell des Betreuungs-Call-Centers in Abschnitt 9.2 ist hier die aggregierte Wartezeit der bedienten Anrufer $\mathbf{E}[W|S]^{aggr}$ wie auch deren aggregierter Anteil $\mathrm{P}(S)^{aggr}$ das Ergebnis einer am Gewinn $G(\underline{c}, \underline{q})$ orientierten Planung des Call-Center-Betreibers. Realistischerweise wird man aber in einer weiteren Nebenbedingung (9.7) verlangen, daß die insgesamt eingesetzte Agentenarbeitszeit über alle Perioden nicht größer ist als die insgesamt zur Verfügung stehende Arbeitszeit A_{max}. Wenn man zusätzlich unterstellt, daß die Dauer d_t aller Perioden identisch ist ($d_t = d$), führt dies zu der einfacheren Bedingung

$$\sum_{t=1}^{T} c_t \leq C_{max}, \tag{9.8}$$

welche dann der allgemeineren Bedingung (9.7) mit $C_{max} = A_{max}/d$ äquivalent ist. Bemerkenswert an diesem Problem ist, daß durch die "Kapazitätsnebenbedingungen" (9.7) bzw. (9.8) die Planung für die einzelnen Perioden verknüpft werden kann, aber nicht muß: Sind genug Agenten verfügbar, so wird im Optimum in jeder Periode die Zahl von Agenten eingesetzt, die den Gewinn der betrachteten Periode maximiert. In diesem Fall würde eine isolierte Optimierung für jede einzelne Periode zum gleichen Personalbedarf führen. Stehen dagegen nicht genügend Agenten(stunden) zur Verfügung, um eine Gesamtlösung aus den Optima der einzelnen Perioden zusammenzustellen, so greifen die Nebenbedingungen (9.7) bzw. (9.8). Durch sie wird der Personaleinsatz c_t in den einzelnen Perioden beschränkt. Dabei kann es durchaus dazu kommen, daß in einzelnen Perioden überhaupt kein Personal einsetzt wird, wenn dies die gewinnmaximierende Lösung sein sollte.

Zur Analyse eines hypothetischen Vertriebs-Call-Centers gehen wir wieder davon aus, daß die mittlere Gesprächsdauer 120 Sekunden beträgt. Das ist nach unserer Erfahrung im übrigen etwa die mittlere Gesprächsdauer der telefonischen Bestellannahme im Versandhandel. Weiter nehmen wir an, daß die Anrufer bereit sind, im Mittel $\nu^{-1} = 30$ Sekunden zu warten. Wir untersuchen jetzt den Fall, daß die Gesamtzahl der einplanbaren Agentenstunden über den Planungszeitraum begrenzt ist und damit der Personalbedarf der einzelnen Perioden nicht mehr isoliert bestimmt werden kann. Dazu unterstellen wir, daß innerhalb des Planungszeitraums von einer Woche maximal 15000 Agentenhalbstunden (also 7500 Agentenstunden) eingeplant werden können. In diesem Fall greift also die Ungleichung (9.8). Uns interessiert die Frage, wie sich der Deckungsbeitrag je Anruf und die Ungeduld der Anrufer auf den Agenteneinsatz und den damit verbundenen Gewinn auswirken. Dazu untersuchen wir vier verschiedene Fälle, die im Überblick in Tabelle 9.2 zusammengefaßt sind. In allen Fällen wird unterstellt, daß die Fixkosten K_{Fix} gleich Null sind. Dies ist zulässig, weil die Fixkosten ohnehin keinen Einfluß auf die Struktur der Lösung haben.

Tabelle 9.2. Vergleich verschiedener Vertriebs-Call-Center

Fall	1	2	3	4
Deckungsbeitrag r_A [GE/Anruf]	10	1	10	1
Telefonkosten k [GE/Min.]	0.1	0.1	0	0
Lohnkosten l [GE/Min.]	0.25	0.25	0.25	0.25
Neigung zum Zurückscheuen β	0.1	0.1	0.1	0.1
Mittlere Wartezeittoleranz ν^{-1} [Sek.]	30	30	30	30
Maximale Zahl von Leitungen K_{max}	200	200	200	200
Anzahl Agentenhalbstunden unkapazitiert	16820	12632	16837	13278
Gewinn unkapazitiert [GE]	1787899	46421	1826980	82925
Anzahl Agentenhalbstunden kapazitiert	15000	12632	15000	13278
Gewinn kapazitiert [GE]	1767527	46421	1806017	82925
Wartezeit bedienter Anrufer $\mathbf{E}[W\|S]^{aggr}$ [Sek.]	0.298	1.535	0.298	1.069
Anteil bedienter Anrufer $P(S)^{aggr}$ [%]	97.894	90.393	97.894	93.127
Auslastung $\mathbf{E}[u]^{aggr}$ [%]	85.267	93.494	85.267	91.635
Praktikerlösung:				
Gewinn [GE]	1680747	46041	1717512	82806
Wartezeit bedienter Anrufer $\mathbf{E}[W\|S]^{aggr}$ [Sek.]	1.173	1.173	1.173	1.173
Anteil bedienter Anrufer $P(S)^{aggr}$ [%]	92.680	92.680	92.680	92.680
Auslastung $\mathbf{E}[u]^{aggr}$ [%]	91.894	91.894	91.894	91.894

Zunächst stellen wir in jedem der vier Fälle die Frage, wie die optimale Konfiguration aussieht, wenn Agenten *unbegrenzt* zur Verfügung stehen. Für diesen "unkapazitierten Fall" geben wir die eingesetzte Zahl von Agentenhalbstunden und den Gewinn an. In den Fällen 1 und 3 in Tabelle 9.2 wird so jedoch über die gesamte Woche das verfügbare Maximum von 15000 Halbstunden überschritten. Daher wird im kapazitätsmäßig zulässigen Fall die Anzahl eingesetzter Agentenhalbstunden auf 15000 reduziert, so daß sich der Gewinn verringert. Zusätzlich gibt die Tabelle 9.2 mit der mittleren Wartezeit der bedienten Anrufer, dem Anteil bedienter Anrufer und der Auslastung der Agenten aggregierte Kenngrößen gemäß Tabelle 2.3 auf Seite 33 für die kapazitätsmäßig zulässigen Lösungen an. Diese *technischen* Zielgrößen aus Abschnitt 3.2 wird ein guter Call Center Manager auch immer im Auge behalten.

Wie in Abschnitt 9.1 bereits erläutert, wird nach unserem Eindruck in der Praxis oft rein deterministisch gerechnet und man sieht von der Stochastizität der Prozesse, der Ungeduld der Anrufer und den Beschränkungen des Telefonsystems ab. Daher geben wir im unteren Teil der Tabelle als "Benchmark" eine hypothetische "Praktikerlösung" an, in der wir davon ausgehen, daß die Rechnung ohne ein Warteschlangenmodell und ohne Optimierung der Agenten- und Wartepositionenzahl vorgenommen wird. Dann ist die benötigte Anzahl der Agenten das auf einen ganzzahligen Wert aufgerundete Produkt der Anrufrate λ und der erwarteten Gesprächsdauer $T_b = \frac{1}{\mu}$ gemäß $\lceil \lambda \cdot T_b \rceil$. Damit beträgt die geplante Auslastung 100%. Weil in dieser hypothetischen "Praktikerlösung" weder die Ungeduldsparameter des Warteschlangenmodells noch die Kosten- und Erlöskomponenten in die Planung eingehen, muß in allen vier Fällen in bezug auf die technischen Zielgrößen das gleiche Ergebnis herauskommen. In diesem Ergebnis werden 13177 Agentenhalbstunden eingesetzt. Die "Praktikerlösung" hält also die Kapazitätsgrenze von 15000 verfügbaren Agentenhalbstunden ein. Auf der Basis dieses Agenteneinsatzes kann man nun in einem weiteren Schritt unter Verwendung des Warteschlangenmodells die aggregierten Servicemaße und den Gewinn berechnen und so berücksichtigen, daß einige der Anrufer auflegen werden.

Im Fall 1 ist der Erfolgsbeitrag jedes einzelnen Gesprächs vergleichsweise hoch. Daher werden in der kapazitätsmäßig zulässigen Lösung alle 15000 einsetzbaren Agentenhalbstunden auch verplant. In der Abbildung 9.2 erkennt man für diese zweite Lösung die Anzahl eingesetzter Agenten ("Agenten (Kap)") und freigeschalteter Leitungen ("K (Kap)") im Zeitablauf. Dabei ergibt sich die Zahl freigeschalteter Leitungen K_t in Periode t als die Summe aus der Zahl eingesetzter Agenten c_t und der Zahl eingerichteter Wartepositionen q_t. In jeder Periode werden Agenten eingesetzt, das Call Center ist also durchgängig geöffnet. Vergleicht man im Fall 1 die Lösung bei unbegrenzt verfügbarer Agentenzahl mit dann 16820 verplanten Agentenhalbstunden mit der kapazitätsmäßig zulässigen Lösung mit 15000 Agentenhalbstunden, so erkennt man, daß der Verzicht auf $16820 - 15000 = 1820$ Agentenhalbstunden (oder ca. 11%) nur zu einem Gewinnrückgang um 1.1% führt. Offensichtlich ist auch in diesem mehrperiodigen Modell die Zielfunktion im Bereich des Optimums recht "flach", so daß einige Agenten weniger nicht unbedingt zu einem massiven Gewinneinbruch führen müssen.

In dieser Konstellation werden laut Tabelle 9.2 so viele Agenten eingesetzt, daß fast 98% der Anrufer einen Agenten erreichen. Die mittlere Wartezeit der bedienten Anrufer ist mit nur 0.298 Sekunden kaum noch wahrnehmbar. Dabei sind die Wartezeiten zeitabhängig, wie die Abbildung 9.3 verdeutlicht. In den Phasen hohen Anrufaufkommens sind die mittleren Wartezeiten sehr kurz, während die mittleren Wartezeiten der bedienten Anrufer in den Nachtstunden mit geringem Anrufaufkommen etwa auf das Zehnfache ansteigen. Der tendenziell schlechtere Service in den anrufschwachen Nachtstunden entspricht nach unserer Erfahrung strukturell dem in der Praxis regelmäßig zu beobachtenden Verlauf.

In bezug auf die Erreichbarkeit zeigt sich das gleiche Bild. Gemäß Abbildung 9.4 fällt die Wahrscheinlichkeit ("P(Service)"), daß ein Anrufer auch tatsächlich bedient wird, in der Nachtzeit von gut 98% auf unter 70% ab, weil ein größerer Teil der Anrufer nachts aus Ungeduld auflegt. In den Nachtstunden geht jedoch gleichzeitig auch die Auslastung der Agenten zurück. Diese "unerfreuliche" Gesamtkonstellation betrifft aber nur relativ wenige Anrufer und Agenten, so daß die *aggregierten* Kenngrößen für den gesamten Wochenverlauf in Tabelle 9.2 sehr viel besser sind als die Ergebnisse für die Nachtstunden.

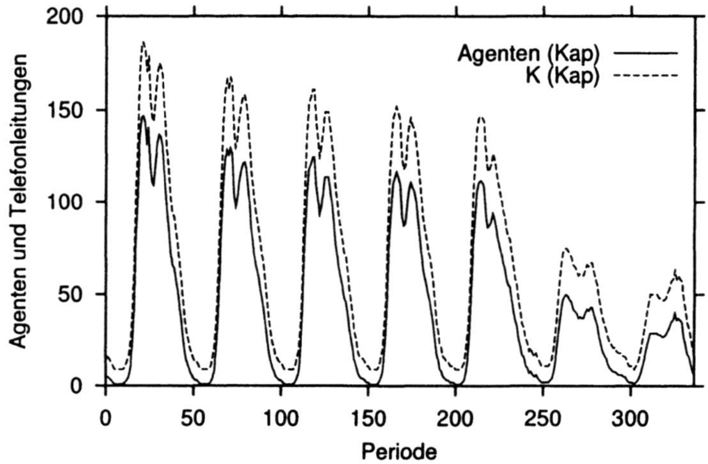

Abb. 9.2. Eingesetzte Agenten und freigeschaltete Leitungen im Fall 1

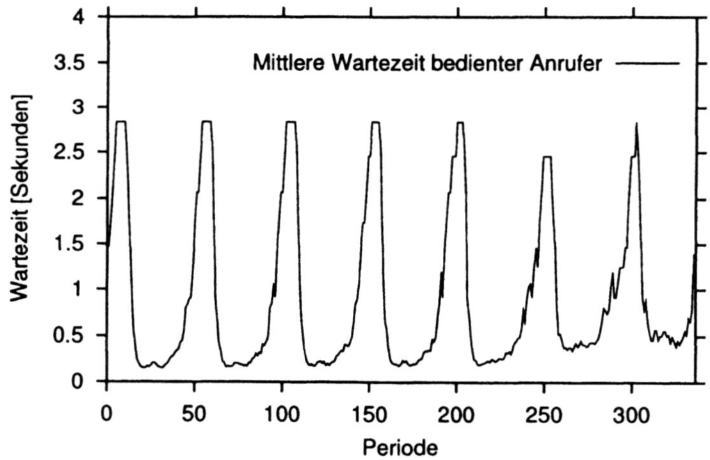

Abb. 9.3. Mittlere Wartezeit bedienter Anrufer im Fall 1

In Abbildung 9.5 betrachten wir den Gewinn je Minute und eingesetztem Agent für den unkapazitierten ("Opt") wie für den kapazitierten Fall ("Kap"). Seine starken Schwankungen machen deutlich, daß es nicht sinnvoll ist, die Agenten so einzusetzen, daß der Gewinn je Minute und Agent in allen Perioden gleich groß ist.

Im zweiten Fall von Tabelle 9.2 beträgt der Deckungsbeitrag r_A des einzelnen Anrufs nur noch 10% des Beitrags von Fall 1. Infolgedessen geht in der optimalen Lösung der Gewinn um etwa 97% zurück. Die Zahl eingesetzter Agentenhalbstunden reduziert sich jedoch nur um 16%. Dabei wird das Call Center in den Nachtstunden mit dem niedrigsten Anrufaufkommen jetzt nicht mehr geöffnet, und auch während der Betriebszeiten des Call Centers steigen die mittleren Wartezeiten der bedienten Anrufer gemäß Abbildung 9.6 im Vergleich zu Abbildung 9.3 deutlich an. In Abbil-

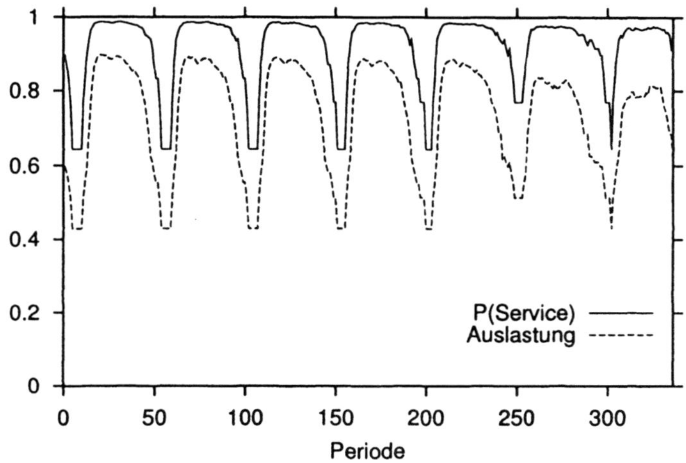

Abb. 9.4. Bedienwahrscheinlichkeit und Agentenauslastung im Fall 1

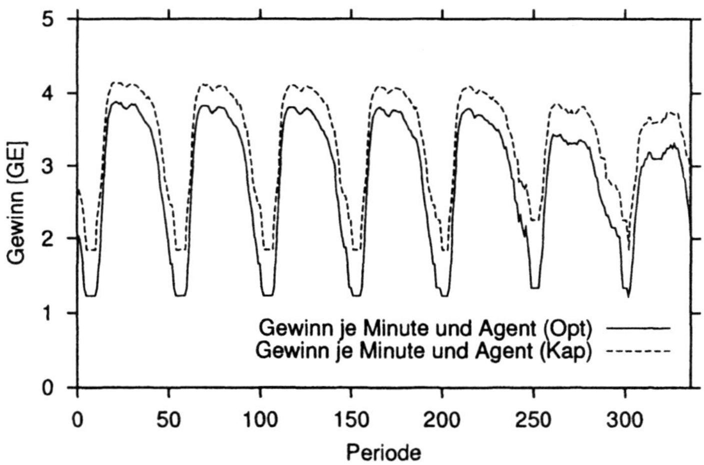

Abb. 9.5. Gewinn je Minute und Agent bei unbeschränkter (Opt) und beschränkter (Kap) Zahl von Agentenhalbstunden im Fall 1

dung 9.6 ist der Graph der Wartezeiten unterbrochen für die Perioden, in denen das Call Center geschlossen wird.

In diesem Fall lohnt es sich aus Sicht des Call-Center-Betreibers nicht mehr, praktisch alle Anrufer auch zu bedienen. Daher sinkt gemäß Tabelle 9.2 in der gewinnmaximierenden Lösung der Anteil der letztlich bedienten Anrufer auf gut 90% ab, während gleichzeitig die Auslastung der Agenten auf über 93% ansteigt.

Nun untersuchen wir, welche Rolle die Telefonkosten für die Lösung spielen und stellen dazu die Frage, ob sich das Bild ändert, wenn die Anrufer die Telefonkosten tragen. Die Fälle 3 und 4 entsprechen daher den Fällen 1 und 2 mit dem Unter-

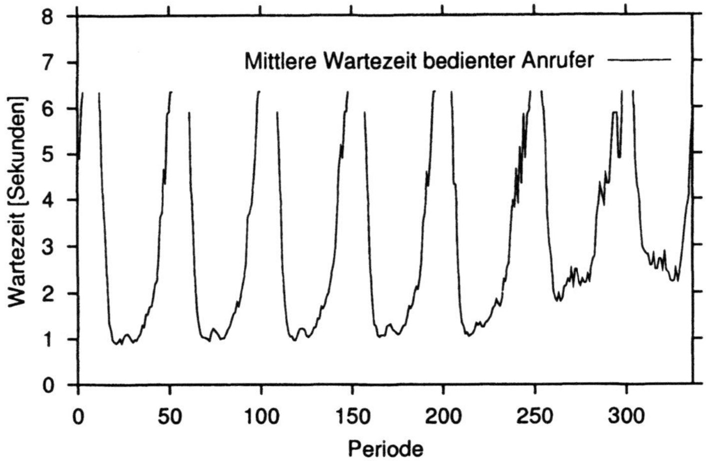

Abb. 9.6. Mittlere Wartezeit bedienter Anrufer im Fall 2

schied, daß nun der Telefonkostensatz k den Wert Null hat. Wenn, wie im Fall 3, der Erfolgsbeitrag r_A je Anruf recht hoch ist, so führt dies im Vergleich zu Fall 1 bei unbeschränkter Agentenzahl zu einem geringen Anstieg der Anzahl eingesetzter Agenten und zu einem ebenfalls geringen Anstieg des Gewinns. Insgesamt spielen aufgrund des hohen Erfolgsbeitrags jedes einzelnen Anrufs die Telefonkosten keine allzu große Rolle. Anders sieht es dagegen in den Fällen 4 vs. 2 aus: Im Fall 4 verdoppelt sich der Gewinn fast gegenüber dem Fall 2, wenn die Anrufer die Telefonkosten übernehmen.

Abschließend vergleichen wir in Tabelle 9.2 noch die Ergebnisse der vier Fälle mit der hypothetischen "Praktikerlösung" einer rein deterministischen Planung: Der Optimierungsansatz führt insbesondere in den Fällen 1 und 3 zu einem höheren Gewinn, weil in diesen beiden Fällen jedes einzelne Gespräch einen hohen Erfolgsbeitrag liefert. Gerade in diesen beiden Fällen verbessert sich auch die Erreichbarkeit des Call Centers am stärksten, da in der Praktikerlösung weitaus weniger Agenten eingesetzt werden. Eine am Erfolgsziel des Call Center Betreibers orientierte Planung muß also keineswegs zwingend zu einer schlechteren Servicequalität führen als die nicht an ökonomischen Zielsetzungen orientierte "Planung" unserer hypothetischen Praktikerlösung.[2]

9.4 Personalbedarfsrechnung im Dienstleistungs-Call-Center

Auch für ein Dienstleistungs-Call-Center kann man die Frage nach dem Personalbedarf in einer einzelnen Periode in den größeren Rahmen der periodenübergreifenden Gewinnmaximierung stellen. Dazu verallgemeinern wir das Modell aus dem

[2] Alle Praktiker mögen uns den Ausdruck verzeihen. Uns ist bewußt, daß sie vor der undankbaren Aufgabe stehen, mit unzureichenden Instrumenten unter Zeitdruck ein Problem hoher Komplexität lösen zu müssen.

Abschnitt 3.3.5 auf Seite 55ff. um die Betrachtung mehrerer Perioden. Wie im einperiodigen Fall gehen wir davon aus, daß die Erlöse je Zeiteinheit über den Erlössatz r_Z proportional zur Anzahl der Anrufer im System sind:

$$\text{Maximiere } G(\underline{c}, \underline{q}) = \underbrace{\sum_{t=1}^{T} r_Z d_t \mathbf{E}[L_t^s(c_t, q_t)]}_{\text{Erlöse}} - \underbrace{\sum_{t=1}^{T} l_t d_t c_t}_{\text{var. Kosten}} - K_{Fix} \tag{9.9}$$

unter Beachtung der Nebenbedingungen

$$\sum_{t=1}^{T} c_t \leq C_{max} \tag{9.10}$$

Auch für das Dienstleistungs-Call-Center wollen wir uns das Problem der periodenübergreifenden Agentenallokation an einem Beispiel ansehen. Dabei betrachten wir in Tabelle 9.3 zwei Fälle, bei denen die Auswirkung der Ungeduld der Anrufer auf das Optimierungskalkül des Call-Center-Betreibers im Vordergrund steht. In beiden Fällen gehen wir von einer recht langen mittleren Gesprächsdauer von $\frac{1}{\mu} = 1200$ Sekunden aus.

Im Fall 1 nehmen wir an, daß $\beta = 10\%$ der Anrufer sofort auflegen, wenn sie warten müssen. Die übrigen 90% der Anrufer tolerieren im Mittel eine Wartezeit von 60 Sekunden, bevor sie auflegen. Dann haben sie im Mittel bereits 2 Geldeinheiten für das Warten bezahlt. Im zweiten Fall wird dagegen angenommen, daß kein Anrufer sofort auflegt, wenn er warten muß, und daß die mittlere Wartezeittoleranz 600 Sekunden beträgt. Die Anrufer sind also vergleichsweise geduldig oder brauchen die Dienstleistung sehr dringend, so daß sie trotz hoher Wartekosten erst spät auflegen, wenn man sie warten läßt.

Die Ergebnisse in Tabelle 9.3 machen deutlich, daß die optimale Entscheidung des Call-Center-Betreibers maßgeblich von der (Un-)Geduld der Anrufer abhängt. Je geduldiger die Anrufer sind, desto weniger Agenten werden eingesetzt und desto höher ist gleichzeitig der Gewinn des Call-Center-Betreibers. In beiden Fällen ist jedoch im Gewinnmaximum der aggregierte Anteil der letztlich bedienten Anrufer mit über 97% relativ hoch, denn erst ein *nicht geführtes* Gespräch ist für den Call-Center-Betreiber richtig teuer. Die mittleren Wartezeiten der Anrufer sind gemäß Abbildung 9.7 im kapazitätsmäßig zulässigen Gewinnmaximum des ersten Falls noch vergleichsweise niedrig. In diesem Fall werden so viele Agenten eingesetzt, daß nur wenige der ungeduldigen Anrufer auflegen. Infolgedessen lohnt es sich auch nicht, hier allzuviele Telefonleitungen freizuschalten, wie die Abbildung 9.8 zeigt. Ab einem bestimmten Punkt ist der Gewinnanstieg durch eine weitere Warteposition so gering, daß er sich ökonomisch nicht mehr auswirkt.

Das Bild verändert sich jedoch, wenn die Anrufer wie im Fall 2 in Tabelle 9.3 sehr geduldig sind. Nun werden in der gewinnmaximierenden Lösung in Abbildung 9.9 in erheblichem Maße Wartepositionen eingerichtet.

Tabelle 9.3. Vergleich verschiedener Dienstleistungs-Call-Center

Fall	1	2
Deckungsbeitrag / Erlös r_Z [GE/Min.]	2	2
Telefonkosten k [GE/Min.]	0	0
Lohnkosten l [GE/Min.]	0.25	0.25
Neigung zum Zurückscheuen β	0.1	0
Mittlere Wartezeittoleranz ν^{-1} [Sek.]	60	600
Maximale Zahl von Leitungen K_{max}	200	200
Anzahl Agentenhalbstunden unkapazitiert	16065	14461
Gewinn unkapazitiert [GE]	655657	666607
Anzahl Agentenhalbstunden kapazitiert	15000	14461
Gewinn kapazitiert [GE]	651654	666607
Wartezeit bedienter Anrufer $\mathbf{E}[W\|S]^{aggr}$ [Sek.]	0.741	12.065
Anteil bedienter Anrufer $\mathrm{P}(S)^{aggr}$ [%]	97.379	97.741
Auslastung $\mathbf{E}[u]^{aggr}$ [%]	84.819	88.308
Praktikerlösung:		
Gewinn [GE]	621937	662049
Wartezeit bedienter Anrufer $\mathbf{E}[W\|S]^{aggr}$ [Sek.]	2.575	32.377
Anteil bedienter Anrufer $\mathrm{P}(S)^{aggr}$ [%]	91.620	94.121
Auslastung $\mathbf{E}[u]^{aggr}$ [%]	90.843	93.323

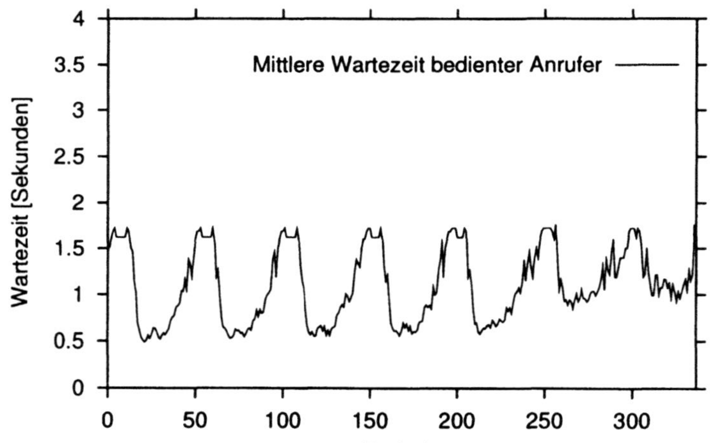

Abb. 9.7. Mittlere Wartezeit bedienter Anrufer im Fall 1

Das führt dazu, daß die aggregierte Wartezeit gemäß Tabelle 9.3 von 0.741 auf 12.065 Sekunden ansteigt. Besonders dramatisch ist die Situation in den Nachtstunden des geringen Anrufaufkommens: In diesen Perioden steigt die mittlere Wartezeit

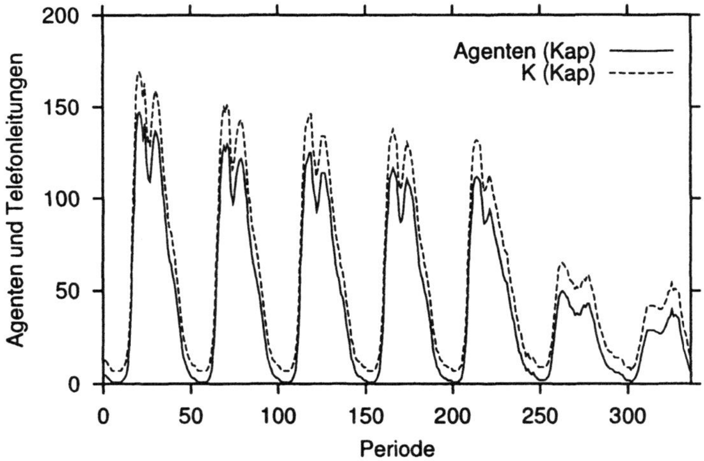

Abb. 9.8. Eingesetzte Agenten und freigeschaltete Leitungen im Fall 1

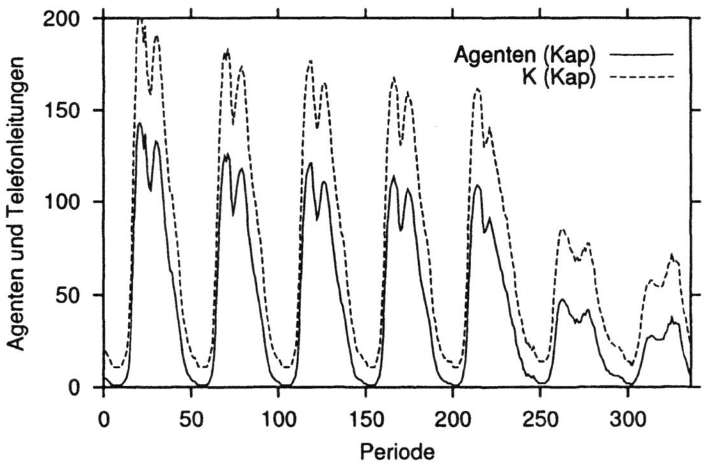

Abb. 9.9. Eingesetzte Agenten und freigeschaltete Leitungen im Fall 2

laut Abbildung 9.10 auf fast 90 Sekunden an. Dies ist jedoch nur ein Mittelwert und daher sind die Wartezeiten und -kosten *einzelner* Anrufer noch *sehr viel* höher. In der Folge legen ca. 2.25% der Anrufer auf, ohne den von ihnen gewünschten Dienst erhalten zu haben.

Einige der geduldigen Anrufer im zweiten Fall unseres Beispiels werden also aus ihrer Sicht das "Opfer" des Call-Center-Betreibers, der den klaren ökonomischen Anreiz hat, durch längere Wartezeiten die Geduld und die Zahlungsbereitschaft der Anrufer auszunutzen. Hier handelt es sich um ein schönes Beispiel für einen technologisch begründeten ökonomischen Anreiz. Er ist technologisch bedingt, weil der Telekommunikationsdienstleister, der für den Call-Center-Betreiber das Inkasso über-

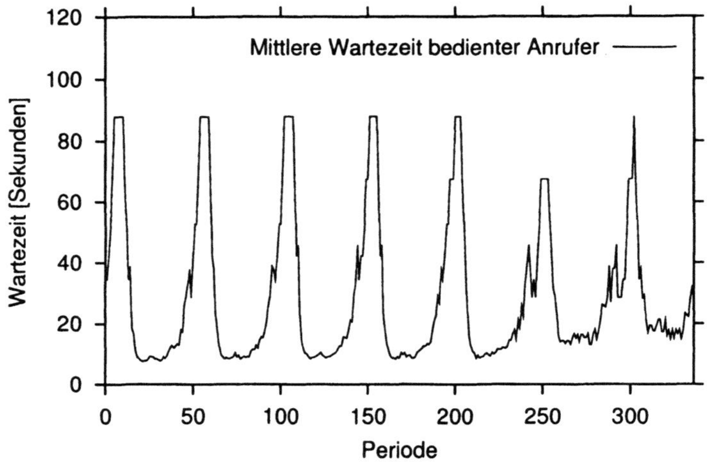

Abb. 9.10. Mittlere Wartezeit bedienter Anrufer im Fall 2

nimmt, nicht erkennen kann, ob ein Anrufer im Call Center wartet oder bedient wird. Andererseits zeigt das Beispiel auch, daß die Call-Center-Betreiber zumindest bei hinreichend hohen Erlösen je Zeiteinheit kein Interesse daran haben können, einen zu großen Teil der Anrufer auflegen zu lassen. So werden ja auch im Fall 2 in Tabelle 9.3 über 97% der Anrufer bedient. Dies sähe für die Anrufer schlimmer aus, wenn die Gesprächsdauern deutlich geringer wären, weil dann der Verlust durch das Auflegen eines Anrufers für den Call-Center-Betreiber weniger schmerzhaft wäre.

Auch für das Dienstleistungs-Call-Center vergleichen wir wieder die Ergebnisse mit der "Praktikerlösung" in der unteren Hälfte der Tabelle 9.3. Dabei zeigt sich, daß speziell im Fall der besonders ungeduldigen Anrufer ein spürbarer Gewinnanstieg um etwa 5.4% realisiert werden kann. Wie in den meisten Fällen des Vertriebs-Call-Centers in Tabelle 9.2 auf Seite 176 geht auch hier der Gewinnanstieg durch den Optimierungsansatz in beiden Fällen mit einem besseren Service für die Anrufer und einer niedrigeren Auslastung für die Agenten einher.

10

Die Schicht- und Personaleinsatzplanung: Wer macht wann was?

10.1 Der Planungsprozeß im Überblick

Nachdem die Personalbedarfsplanung abgeschlossen ist, steht die Anzahl einzusetzender Agenten je Gruppe und Zeitintervall fest. Im einfachsten Modell eines Call Centers mit jeweils nur einer Art von Anrufern und Agenten wie in Abschnitt 2.2 ist dies die Anzahl c_t an Agenten für jedes einzelne Zeitintervall $t = 1, \ldots, T$ des gesamten Planungshorizonts. Da die einzelnen Zeitintervalle in der Regel nur 15, 30 oder 60 Minuten lang sind, ergibt sich hier das Entscheidungsproblem, in welchen Zeitintervallen welcher Agent eingesetzt werden soll. Es wird wohl kaum ein Agent dazu bereit sein, z.B. vormittags 30 Minuten zu arbeiten, dann drei Stunden Pause zu haben, um dann nochmals 15 Minuten zu arbeiten. In der Regel werden die Agenten nur eine *Schicht* am Tag ohne größere Unterbrechungen arbeiten wollen. Die Aufgabe der Schicht- und Personaleinsatzplanung besteht darin, den einzelnen Agenten derart Schichten zuzuweisen, so daß der daraus resultierende Personaleinsatz dem Personalbedarf möglichst genau entspricht und die dem Personaleinsatz zuzurechnenden Kosten minimiert werden.

Dabei sind vielfältige Nebenbedingungen zu beachten, die die Komplexität dieses Planungsschritts erheblich beeinflussen. Bedingungen für den Einsatz eines einzelnen Agenten ergeben sich aus arbeitsrechtlichen Vorgaben und aus den individuellen Arbeitsverträgen. So müssen u.U. die folgenden Bedingungen beim Einsatz eines Agenten beachtet werden:

- feste Arbeitszeiten
- maximale und minimale Arbeitszeit pro Tag
- maximale und minimale Arbeitszeit pro Woche
- maximale und minimale Arbeitszeit pro Monat
- Mindestzeit zwischen zwei aufeinanderfolgenden Schichten
- bestimmte Tage, an denen der Agent generell nicht verfügbar ist (z.B. am Wochenende)
- Überstundenregelungen bzw. Gleitzeitsysteme

und viele andere mehr. Neben diesen sogenannten "harten Nebenbedingungen", die es auf jeden Fall einzuhalten gilt, kommen z.B. noch Präferenzen der Agenten für verschiedene Tage oder Schichten hinzu. Stellen wir uns nun ein Call Center vor, in welchem die einzelnen Agenten auch noch verschiedene Verträge haben, so stehen wir vor einem Entscheidungsproblem von hoher Komplexität.

Die bisher existierenden Lösungsansätze folgen daher zumeist einem zweistufigen Ansatz. In einem ersten Schritt wird ausgehend vom Personalbedarf ein möglichst günstiger Schichtplan erzeugt, so daß der Personalbedarf zumindest gedeckt ist. Die Grundlage dieses Planungsschritts sind natürlich die verschiedenen Schichttypen, die aufgrund der oben genannten Bedingungen überhaupt eingeplant werden können. Das Ergebnis dieser sogenannten Schichtplanung ist die Zahl an Agenten, die für einen bestimmten Schichttyp vorgesehen sind. Erst im zweiten Schritt werden dann konkrete Agenten den einzelnen Schichttypen zugewiesen.

10.2 Personaleinsatzplanung mit gegebenen Schichttypen

10.2.1 Grundmodell der Schichtplanung

In dem folgenden Grundmodell zur Schichtplanung betrachten wir als Beispiel ein Call Center, das werktags von 8 bis 20 Uhr geöffnet ist. Wir nehmen an, daß die Personalbedarfsplanung auf der Basis von Intervallen mit einer Länge von jeweils 30 Minuten durchgeführt wurde. Es ergeben sich somit insgesamt 24 Zeitintervalle pro Tag. Eine Schicht kann nun als eine Menge der einzelnen Zeitintervalle des Tages aufgefaßt werden, in denen die zu dieser Schicht gehörigen Agenten arbeiten. Somit ist eine Schicht durch eine feste Anfangszeit, eine Endzeit und eventuelle Pausenzeiten beschrieben. Eine Pause umfaßt dabei ein oder mehrere Intervalle von je 30 Minuten Länge.

Wir gehen nun davon aus, daß J verschiedene Schichttypen vorliegen. Der Einsatz eines einzelnen Agenten in einer Schicht j führt dabei zu Lohnkosten in Höhe von l_j GE. In dem Grundmodell der Schichtplanung stellt sich nun die Frage, wieviele Agenten jedem einzelnen Schichttyp zugeordnet werden sollen, um bei minimalen Personalkosten den vorgegebenen Personalbedarf c_t in jedem einzelnen Zeitintervall t mindestens zu erfüllen. Das heißt, wir suchen zu jedem Schichttyp j die Anzahl Agenten X_j, die in dieser Schicht eingesetzt werden sollen. Um dieses Problem als Entscheidungsmodell formulieren zu können, führen wir einen Schichtparameter s_{tj} für jedes Intervall t und jeden Schichttyp j ein. Dieser binäre Parameter ist durch

$$s_{tj} = \begin{cases} 1, & \text{falls ein Agent der Schicht } j \text{ im Zeitintervall } t \text{ arbeitet} \\ 0, & \text{sonst} \end{cases}$$

definiert und beschreibt damit genau, in welchen Zeitintervallen die Agenten einer bestimmten Schicht j arbeiten und in welchen nicht. Darüber hinaus verwenden wir die folgende Notation:

Indizes:

$t = 1, \ldots, T;$	Zeitindex
$j = 1, \ldots, J;$	Schichtindex

Parameter:

c_t	Personalbedarf im Zeitintervall t
l_j	Lohnkosten für einen Agenten in der Schicht j
s_{tj}	Schichtparameter (ist 1, wenn ein Agent der Schicht j im Zeitintervall t arbeitet und 0 sonst)

Entscheidungsvariablen:

X_j	Anzahl Agenten, die in der Schicht j arbeiten
Y_t	Gesamtzahl Agenten, die im Zeitintervall t arbeiten

Mit dieser Notation läßt sich das folgende lineare Entscheidungsmodell zur Schichtplanung aufstellen:

$$\text{Minimiere } \sum_{j=1}^{J} l_j X_j \tag{10.1}$$

unter Beachtung der Nebenbedingungen

$$\sum_{j=1}^{J} s_{tj}\, X_j = Y_t \qquad t = 1, \ldots, T; \tag{10.2}$$

$$Y_t \geq c_t \qquad t = 1, \ldots, T; \tag{10.3}$$

$$X_j \geq 0 \;\text{ und ganzzahlig} \qquad j = 1, \ldots, J \tag{10.4}$$

In der Zielfunktion (10.1) wird gefordert, daß die Lohnkosten über alle Schichttypen minimiert werden. Dazu wird für jeden Schichttyp j der Lohnkostensatz l_j mit der Anzahl Agenten X_j multipliziert, die in dieser Schicht arbeiten. In der Gleichung (10.2) wird für jedes Zeitintervall t die Gesamtzahl Y_t der dort eingesetzten Agenten ermittelt. Dazu summieren wir über alle Schichten die Anzahl X_j der in einer Schicht j eingesetzten Agenten, wenn diese im Zeitintervall t arbeiten, es gilt also $s_{tj} = 1$. Die Nebenbedingung (10.3) stellt sicher, daß in jedem Zeitintervall t der geforderte Personalbedarf c_t nicht unterschritten wird. In der Bedingung (10.4) fordern wir, daß die Zahl eingesetzter Agenten je Schichttyp sowohl nicht-negativ als auch ganzzahlig sein muß. Aus mathematischer Sicht ist die Variable Y_t redundant und man kann die beiden Bedingungen (10.2) und (10.3) zu einer einzigen zusammenfassen. Um der Verständlichkeit des Modells willen stellen wir diese Nebenbedingung jedoch in der oben angegebenen Form dar.

Betrachten wir nun das in der Tabelle 10.1 skizzierte Beispiel zur Planung der Schichten für einen Tag von 8:00 bis 20:00 Uhr. In diesem Call Center ist der Personalbedarf c_t halbstündlich gegeben. Wir unterstellen, daß es sieben Schichttypen $S_1, \ldots, S_7$ gibt, in denen jeweils sechs Stunden ohne Unterbrechung gearbeitet wird. (Auf die Berücksichtigung von Pausen gehen wir im folgenden Abschnitt noch ein.) Für jede Schicht sind diejenigen Intervalle, in denen gearbeitet wird, in der Tabelle 10.1 durch den Eintrag "1" in der entsprechenden Zeile gekennzeichnet. Die Lohnkosten sind in diesem Beispiel für alle Schichten identisch und betragen

$$l_1 = l_2 = l_3 = l_4 = l_5 = l_6 = l_7 = 90 \text{ GE}$$

pro Agent und Schicht. Dies entspricht einem Lohnkostensatz von 15 GE pro Agent und Stunde.

Tabelle 10.1. Mögliche Schichtmuster für einen Tag bei einer Schichtdauer von sechs Stunden

t	Uhrzeit	Bedarf c_t	S_1	S_2	S_3	S_4	S_5	S_6	S_7	Y_t	$Y_t - c_t$
1	8:00-8:30	5	1							10	5
2	8:30-9:00	5	1							10	5
3	9:00-9:30	5	1	1						16	11
4	9:30-10:00	7	1	1						16	9
5	10:00-10:30	12	1	1	1					21	9
6	10:30-11:00	16	1	1	1					21	5
7	11:00-11:30	18	1	1	1	1				24	6
8	11:30-12:00	24	1	1	1	1				24	0
9	12:00-12:30	26	1	1	1	1	1			26	0
10	12:30-13:00	22	1	1	1	1	1			26	4
11	13:00-13:30	16	1	1	1	1	1	1		32	16
12	13:30-14:00	17	1	1	1	1	1	1		32	15
13	14:00-14:30	24		1	1	1	1	1	1	24	0
14	14:30-15:00	22		1	1	1	1	1	1	24	2
15	15:00-15:30	18			1	1	1	1	1	18	0
16	15:30-16:00	14			1	1	1	1	1	18	4
17	16:00-16:30	13				1	1	1	1	13	0
18	16:30-17:00	10				1	1	1	1	13	3
19	17:00-17:30	10					1	1	1	10	0
20	17:30-18:00	10					1	1	1	10	0
21	18:00-18:30	8						1	1	8	0
22	18:30-19:00	6						1	1	8	2
23	19:00-19:30	2							1	2	0
24	19:30-20:00	2							1	2	0

Eine Optimierung mit dem vorgestellten Grundmodell und diesen Parametern führt zu der in Tabelle 10.2 dargestellten Schichtbelegung.

Tabelle 10.2. Optimale Schichtbelegung bei sechsstündigen Schichten

Schichtbeginn	Anzahl Agenten
8:00	10
9:00	6
10:00	5
11:00	3
12:00	2
13:00	6
14:00	2

Dies ergibt dann den in Abbildung 10.1 gestrichelt dargestellten Personaleinsatz Y_t je Zeitintervall. Der eigentliche Personalbedarf c_t ist mit einer durchgezogenen Linie dargestellt. Zeitweise liegt die Anzahl eingesetzter Agenten Y_t deutlich über dem Personalbedarf c_t. Diese Differenz $Y_t - c_t$ zwischen dem Personaleinsatz und dem Personalbedarf ist die Überkapazität im Zeitintervall t und ist in der letzten Spalte der Tabelle 10.1 angegeben.

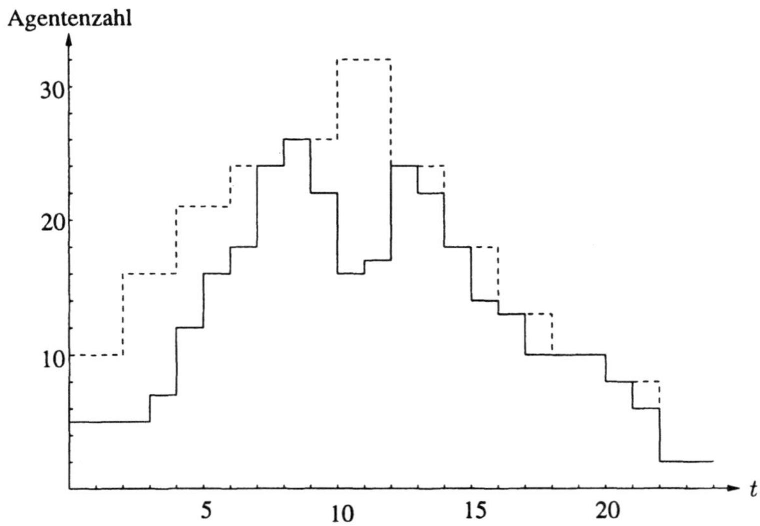

Abb. 10.1. Tagesverlauf des Personalbedarfs (durchgezogen) und des Personaleinsatzes (gestrichelt) bei einer Schichtdauer von sechs Stunden

Insgesamt verursacht dieser Personaleinsatz Kosten in Höhe von 3060 GE. Um ein Gefühl für die "Güte" dieses Personaleinsatzes zu bekommen, betrachten wir eine untere Schranke für die Personalkosten. Könnte man den Personalbedarf c_t in jedem einzelnen Zeitintervall t exakt nachfahren, so daß $Y_t = c_t$ für alle Zeitintervalle t gelten würde, dann fielen bei einem Stundensatz von 15 GE insgesamt nur 2340 GE an Lohnkosten an.[1] Der zu den in der Tabelle 10.1 gegebenen Schichttypen optimale Personaleinsatz liegt somit 30.77% über dieser unteren Schranke von 2340 GE. Diese untere Schranke kann oftmals aufgrund des stark schwankenden Personalbedarfs und der in Abschnitt 10.1 diskutierten Bedingungen an die Schichten nicht erreicht werden. In den folgenden Beispielen zeigen wir jedoch, daß es noch ein wenig besser geht und sich der Personaleinsatz stärker am Personalbedarf orientieren kann.

10.2.2 Planung von Pausen

In dem obigen Beispiel haben wir einen Personaleinsatz geplant, in dem keine einzige Pause für die Agenten berücksichtigt wurde. Den Agenten stehen jedoch Pausen zu, wenn sie längere Zeit arbeiten. Die Länge der Pausen sowie die möglichen Zeitpunkte, zu denen sie genommen werden können, unterliegen u.U. arbeitsrechtlichen Regelungen, auf welche wir hier nicht weiter eingehen möchten.

Eine einfache und zunächst naheliegende Möglichkeit, Pausen in die Personaleinsatzplanung mit einzubeziehen, besteht in einer zweistufigen Vorgehensweise. Im ersten Schritt wird die Schichtplanung mit dem Grundmodell aus Abschnitt 10.2.1 durchgeführt, ohne dabei die Pausen zu berücksichtigen. In dem bis dahin optimalen Schichtplan werden dann im zweiten Schritt die Pausen nachträglich eingefügt. Diese Pausen werden in denjenigen Zeitintervallen eingeplant, in denen in der "optimalen" Lösung des Modells eine Überkapazität besteht, also $Y_t - c_t > 0$ gilt. Dieses Vorgehen ist jedoch aus verschiedenen Gründen nicht sonderlich praktikabel: So kann es passieren, daß für einige Agenten überhaupt keine Pausen geplant werden, sofern man nicht die Mindestzahl an c_t aktiven Agenten unterschreiten will. Für andere Agenten kann die zeitliche Lage der Pausen sehr ungünstig sein, insbesondere dann, wenn die Pause am Beginn der Schicht liegt.

Kommen wir daher zu einer integrierten Schicht- und Pausenplanung, in der dies nicht passieren kann. In dem Beispiel aus der Tabelle 10.1 auf Seite 188 haben die Schichten eine Dauer von jeweils sechs Stunden und werden nicht durch Pausen unterbrochen. Wir gehen im folgendem davon aus, daß den Agenten eine 30-minütige Pause gewährt werden soll, die entweder 120, 150, 180 oder 210 Minuten nach Arbeitsbeginn angetreten werden muß. Betrachten wir zunächst die Schicht S_1, die von 8:00 bis 14:00 Uhr dauert, so ergeben sich die in Tabelle 10.3 dargestellten Schichttypen S_{11}, S_{12}, S_{13} und S_{14} mit bereits integrierten Pausen.

Wir erweitern nun jede der ursprünglich sieben Schichten um die Pausen und erhalten so insgesamt $7 \cdot 4 = 28$ verschiedene Schichttypen. Da die Pausen in unserem Beispiel nicht bezahlt werden, verringern sich die Kosten pro Agent und Schicht um 7.5 GE. Starten wir nun die Optimierung mit den 28 neuen Schichttypen und Lohnkosten von $l_{11} = \cdots = l_{74} = 82.5$ GE pro Agent und Schicht, so ergibt sich der in Tabelle 10.4 dargestellte Personaleinsatz. Zu jedem möglichen Schichtbeginn ist die Anzahl der eingeplanten Agenten für jeden einzelnen Pausentyp angegeben. Somit arbeiten nun insgesamt acht Agenten von 8:00 bis 14:00 Uhr, wobei fünf von

[1] Bei Schichttypen, die jeweils nur ein einziges Zeitintervall umfassen, wäre dies ohne weiteres möglich.

Tabelle 10.3. Mögliche Schichten von 8:00 bis 14:00 Uhr mit einer 30-minütigen Pause

t	Uhrzeit	S_1	S_{11}	S_{12}	S_{13}	S_{14}
1	8:00-8:30	1	1	1	1	1
2	8:30-9:00	1	1	1	1	1
3	9:00-9:30	1	1	1	1	1
4	9:30-10:00	1	1	1	1	1
5	10:00-10:30	1		1	1	1
6	10:30-11:00	1	1		1	1
7	11:00-11:30	1	1	1		1
8	11:30-12:00	1	1	1	1	
9	12:00-12:30	1	1	1	1	1
10	12:30-13:00	1	1	1	1	1
11	13:00-13:30	1	1	1	1	1
12	13:30-14:00	1	1	1	1	1

ihnen zwischen 10:00 und 10:30 Uhr Pause machen, ein Agent um 10:30 Uhr in die Pause geht und die restlichen zwei ihre Pause erst um 11:00 Uhr beginnen. Durch diese Belegung der einzelnen Schichten mit den Agenten ergibt sich der in Tabelle 10.5 dargestellte Personaleinsatz Y_t und die daraus resultierende Überkapazität $Y_t - c_t$. Insgesamt betragen die Personalkosten nun 2805 GE, was weniger ist als bei einer Planung ohne Pausen (3060 GE), jedoch immer noch 19.87% über der unteren Schranke von 2340 GE liegt.

Tabelle 10.4. Optimale Schichtbelegung mit eingeplanten Pausen

Schichtbeginn	Pause nach 120 Minuten	Pause nach 150 Minuten	Pause nach 180 Minuten	Pause nach 210 Minuten
8:00	5	1	2	
9:00	4			
10:00		4	1	
11:00	7			
12:00	2			
13:00	4		2	
14:00		2		

Zusammenfassend läßt sich somit sagen, daß durch eine integrierte Pausenplanung von vornherein gültige Schichtpläne erzeugt werden können und sie daher auch sofort berücksichtigt werden sollten.

10.2.3 Schichtvielfalt und flexible Arbeitszeitgestaltung

In diesem Abschnitt wollen wir an einigen Beispielen zeigen, welchen Einfluß die zugrunde gelegte Schichtmenge auf die Personalkosten der jeweiligen optimalen

Tabelle 10.5. Personaleinsatz und Überkapazität bei Beachtung von Pausen

t	Uhrzeit	Bedarf c_t	Y_t	$Y_t - c_t$
1	8:00-8:30	5	8	3
2	8:30-9:00	5	8	3
3	9:00-9:30	5	12	7
4	9:30-10:00	7	12	5
5	10:00-10:30	12	12	0
6	10:30-11:00	16	16	0
7	11:00-11:30	18	18	0
8	11:30-12:00	24	24	0
9	12:00-12:30	26	26	0
10	12:30-13:00	22	22	0
11	13:00-13:30	16	24	8
12	13:30-14:00	17	32	15
13	14:00-14:30	24	24	0
14	14:30-15:00	22	26	4
15	15:00-15:30	18	18	0
16	15:30-16:00	14	22	8
17	16:00-16:30	13	15	2
18	16:30-17:00	10	15	5
19	17:00-17:30	10	10	0
20	17:30-18:00	10	10	0
21	18:00-18:30	8	8	0
22	18:30-19:00	6	8	2
23	19:00-19:30	2	2	0
24	19:30-20:00	2	2	0

Lösung hat. Je flexibler die Arbeitszeit gestaltet werden kann, desto vielfältiger sind die möglichen Schichttypen. Dabei können sich die Schichttypen in

- der Länge der Schichten,
- der Lage des Schichtbeginns und
- der Lage und Länge der Pausen

unterscheiden. Gerade in Call Centern ist häufig der Anteil an Teilzeitbeschäftigten relativ hoch, was eine flexible Arbeitszeitgestaltung und damit eine große Schichtvielfalt ermöglicht.

Gehen wir zunächst auf die Länge der Schichten ein und betrachten dazu wieder das Beispiel des Call Centers aus Abschnitt 10.2.1. Die Agenten konnten dort für stündlich beginnende Schichten eingeplant werden, die jeweils sechs Stunden dauerten. Wir unterstellen nun, daß die Agenten anstelle der sechsstündigen Schichten für Schichten eingeplant werden können, die jeweils nur drei Stunden dauern und wieder zur vollen Stunde beginnen. Die Tabelle 10.6 zeigt, daß sich dadurch zehn verschiedene Schichttypen ergeben. Bei einem Stundensatz von 15 GE ergeben sich dann Lohnkosten in Höhe von $l_1 = \ldots = l_{10} = 45$ GE je Agent und Schicht.

Tabelle 10.6. Mögliche Schichtmuster für einen Tag bei einer Schichtdauer von drei Stunden

t	Uhrzeit	Bedarf c_t	S_1	S_2	S_3	S_4	S_5	S_6	S_7	S_8	S_9	S_{10}	Y_t	$Y_t - c_t$
1	8:00-8:30	5	1										5	0
2	8:30-9:00	5	1										5	0
3	9:00-9:30	5	1	1									11	6
4	9:30-10:00	7	1	1									11	4
5	10:00-10:30	12	1	1	1								29	17
6	10:30-11:00	16	1	1	1								29	13
7	11:00-11:30	18		1	1	1							24	6
8	11:30-12:00	24		1	1	1							24	0
9	12:00-12:30	26			1	1	1						26	0
10	12:30-13:00	22			1	1	1						26	4
11	13:00-13:30	16				1	1	1					19	3
12	13:30-14:00	17				1	1	1					19	2
13	14:00-14:30	24					1	1	1				24	0
14	14:30-15:00	22					1	1	1				24	2
15	15:00-15:30	18						1	1	1			18	0
16	15:30-16:00	14						1	1	1			18	4
17	16:00-16:30	13							1	1	1		13	0
18	16:30-17:00	10							1	1	1		13	3
19	17:00-17:30	10								1	1	1	10	0
20	17:30-18:00	10								1	1	1	10	0
21	18:00-18:30	8									1	1	8	0
22	18:30-19:00	6									1	1	8	2
23	19:00-19:30	2										1	2	0
24	19:30-20:00	2										1	2	0

Tabelle 10.7. Optimale Schichtbelegung bei einer dreistündigen Schichtdauer

Schichtbeginn	Anzahl Agenten
8:00	5
9:00	6
10:00	18
11:00	0
12:00	8
13:00	11
14:00	5
15:00	2
16:00	6
17:00	2

Unter diesen Bedingungen ergibt eine Optimierung mit dem Grundmodell ohne Pausen die in Tabelle 10.7 dargestellte optimale Besetzung der Schichten. Die Abbildung 10.2 zeigt den daraus resultierenden Tagesverlauf des Personaleinsatzes Y_t, der dem eigentlichen Personalbedarf c_t gegenüber gestellt ist.

Die vorletzte Spalte der Tabelle 10.6 gibt ebenfalls den Personaleinsatz Y_t je Zeitintervall an und die letzte Spalte zeigt, daß auch bei dieser Schichtmenge in einigen Intervallen wieder zu viele Agenten eingeplant werden. Im Vergleich zum Beispiel aus der Tabelle 10.1 mit den langen sechsstündigen Schichten konnte die Überkapazität deutlich reduziert werden, was wiederum zu geringeren Kosten führt. Insgesamt betragen die Personalkosten jetzt nur noch 2835 GE und liegen damit um 21.15% über der unteren Schranke von 2340 GE.

Dieses Beispiel zeigt, daß kürzere Schichten einen kostengünstigeren Personaleinsatz möglich machen können. In unserem Beispiel ist es nun sogar so, daß jede der langen Schichten durch genau zwei kurze Schichten überdeckt werden kann. Somit können die minimalen Personalkosten bei der Planung mit diesen kurzen Schichten nicht höher sein, solange wir bei kurzen und langen Schichten den gleichen Stundensatz für die Agentenkosten zugrunde legen.

Durch die Berücksichtigung von Pausen konnten wir in Abschnitt 10.2.2 ebenfalls eine Verbesserung gegenüber dem Personaleinsatz aus der Tabelle 10.1 erzielen. Die bessere Lösung kommt zustande, weil durch das Einfügen der vier möglichen Pausen eine größere Schichtvielfalt entstanden ist und die neuen Schichttypen in diesem Beispiel besser zur Deckung des Personalbedarfs geeignet sind. Dies ist leider nicht allgemein gültig. Genausogut hätten wir Ihnen auch ein Beispiel eines Personalbedarfs "konstruieren" können, indem nach einer Berücksichtigung von Pausen in den Schichttypen ein schlechterer Plan entsteht.

Betrachten wir zunächst nochmal die Schichtmenge mit bereits integrierten Pausen aus Abschnitt 10.2.2. Der dazu optimale Personaleinsatz verursacht Kosten in Höhe von 2805 GE. Von einem Personaleinsatz, der den Personalbedarf exakt nachfährt, sind wir also auch hier noch ein gutes Stück entfernt (dieser verursacht ja lediglich Kosten in Höhe von 2340 GE). Im folgenden wollen wir daher versuchen, mit anderen Zeitpunkten des Schichtbeginns einen besseren Personaleinsatz

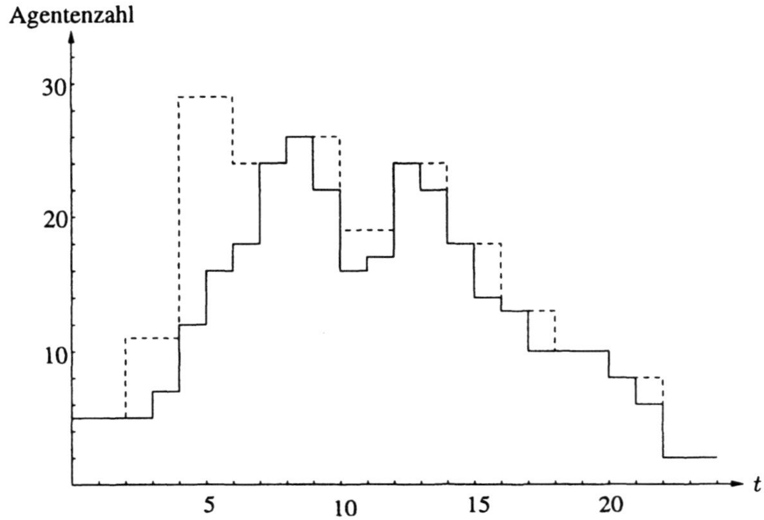

Abb. 10.2. Tagesverlauf des Personalbedarfs (durchgezogen) und des Personaleinsatzes (gestrichelt) bei Schichtdauern von je drei Stunden

zu ermöglichen. In den bisherigen Beispielen sind wir davon ausgegangen, daß die Schichten immer nur zur vollen Stunde beginnen können. Da sich unser Personalbedarf c_t jedoch halbstündlich ändert, werden wir die bisherige Schichtmenge um solche Schichttypen erweitern, die halbstündlich beginnen. So gehen vier Schichttypen von 8:00 bis 14:00 Uhr, vier weitere von 8:30 bis 14:30 usw. Insgesamt ergeben sich dadurch 52 Schichttypen von je sechs Stunden Länge mit einer 30-minütigen Pause. Ein für diese Schichtmenge optimaler Personaleinsatz ergibt die in Tabelle 10.8 dargestellte Schichtbelegung. Der daraus resultierende Personaleinsatz je Zeitintervall sowie die sich daraus ergebende Überkapazität sind in Tabelle 10.9 dargestellt.

In der optimalen Lösung wird nur eine einzige Schicht des neuen Typs eingeplant. Dennoch verläuft der Personaleinsatz im Vergleich zu Tabelle 10.5 deutlich anders. Die Abbildung 10.3 stellt für beide Beispiele den Personaleinsatz Y_t dem Personalbedarf c_t gegenüber. Bezüglich der verursachten Kosten sind jedoch beide Personaleinsätze identisch. Somit haben uns in diesem Fall die halbstündig beginnenden Schichten keinen Vorteil gebracht.

Anders sieht es jedoch aus, wenn wir zu der gerade betrachteten Schichtmenge noch alle möglichen Schichten hinzufügen, die jeweils nur drei Stunden dauern, keine Pause haben und zu jeder vollen oder halben Stunde beginnen können. Dadurch kommen weitere 19 Schichttypen hinzu, so daß nun insgesamt 71 Schichttypen möglich sind. Die Tabelle 10.10 zeigt die optimale Auswahl der Schichten. Die letzte Spalte gibt die jeweils zu dieser Zeit beginnenden Schichten von nur drei Stunden Dauer an, in denen ohne Pause durchgearbeitet wird.

Daraus resultiert der in Tabelle 10.11 angegebene Personaleinsatz Y_t und die Überkapazität $Y_t - c_t$. Dieser Personaleinsatz verursacht insgesamt Kosten in Höhe

Tabelle 10.8. Optimale Schichtbelegung mit eingeplanten Pausen bei halbstündigem Schichtbeginn

Schichtbeginn	Pause nach 120 Minuten	Pause nach 150 Minuten	Pause nach 180 Minuten	Pause nach 210 Minuten
8:00	4	3	1	
8:30				
9:00				
9:30				
10:00		4		7
10:30				
11:00	3	1		
11:30	1			
12:00	2			
12:30				
13:00				
13:30				
14:00	2	5	1	

Tabelle 10.9. Personaleinsatz und Überkapazität bei Beachtung von Pausen und halbstündigem Schichtbeginn

t	Uhrzeit	Bedarf c_t	Y_t	$Y_t - c_t$
1	8:00-8:30	5	8	3
2	8:30-9:00	5	8	3
3	9:00-9:30	5	8	3
4	9:30-10:00	7	8	1
5	10:00-10:30	12	15	3
6	10:30-11:00	16	16	0
7	11:00-11:30	18	22	4
8	11:30-12:00	24	24	0
9	12:00-12:30	26	26	0
10	12:30-13:00	22	22	0
11	13:00-13:30	16	23	7
12	13:30-14:00	17	17	0
13	14:00-14:30	24	24	0
14	14:30-15:00	22	26	4
15	15:00-15:30	18	26	8
16	15:30-16:00	14	26	12
17	16:00-16:30	13	13	0
18	16:30-17:00	10	10	0
19	17:00-17:30	10	10	0
20	17:30-18:00	10	10	0
21	18:00-18:30	8	8	0
22	18:30-19:00	6	8	2
23	19:00-19:30	2	8	6
24	19:30-20:00	2	8	6

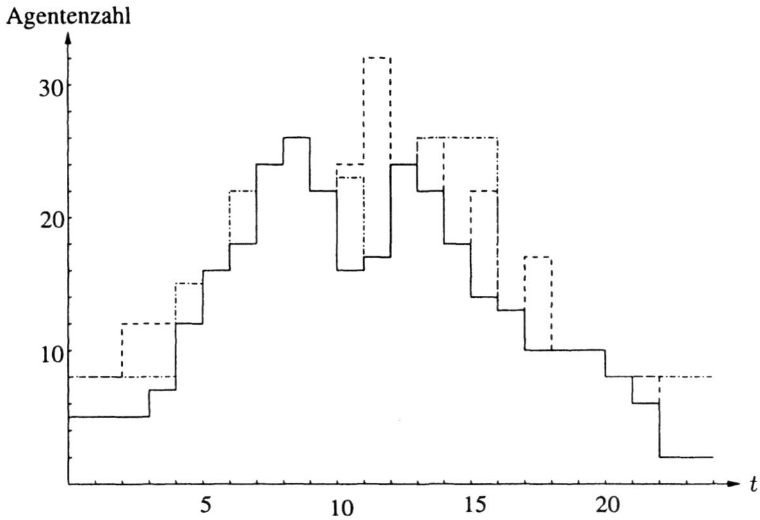

Abb. 10.3. Tagesverlauf des Personalbedarfs (durchgezogen) und des Personaleinsatzes bei stündigem Schichtbeginn (gestrichelt) und halbstündigem Schichtbeginn (Punkt-Strich-Linie)

Tabelle 10.10. Optimale Schichtbelegung mit eingeplanten Pausen bei halbstündlich beginnenden Schichten von je drei oder sechs Stunden Dauer

Schichtbeginn	Pause nach 120 Minuten	Pause nach 150 Minuten	Pause nach 180 Minuten	Pause nach 210 Minuten	ohne Pause
8:00	4	1			
8:30					
9:00					
9:30			6		
10:00			5		
10:30			2		
11:00					
11:30	1				5
12:00				2	
12:30		2			
13:00	2				
13:30					
14:00		1	1		
14:30					
15:00					
15:30					
16:00					2
16:30					
17:00					

von 2542.5 GE, wir sind also schon ziemlich nah an der unteren Schranke von 2340 GE angelangt. Wenn wir auf die Überkapazität in der letzten Spalte der Tabelle 10.11 schauen, so bestehen diese nur noch in den Perioden 4, 6 und 11 bis 13 und betragen insgesamt 27 Agentenhalbstunden.

Tabelle 10.11. Personaleinsatz und Überkapazität bei Beachtung von Pausen

t	Uhrzeit	Bedarf c_t	Y_t	$Y_t - c_t$
1	8:00-8:30	5	5	0
2	8:30-9:00	5	5	0
3	9:00-9:30	5	5	0
4	9:30-10:00	7	11	4
5	10:00-10:30	12	12	0
6	10:30-11:00	16	17	1
7	11:00-11:30	18	18	0
8	11:30-12:00	24	24	0
9	12:00-12:30	26	26	0
10	12:30-13:00	22	22	0
11	13:00-13:30	16	25	9
12	13:30-14:00	17	27	10
13	14:00-14:30	24	27	3
14	14:30-15:00	22	22	0
15	15:00-15:30	18	18	0
16	15:30-16:00	14	14	0
17	16:00-16:30	13	13	0
18	16:30-17:00	10	10	0
19	17:00-17:30	10	10	0
20	17:30-18:00	10	10	0
21	18:00-18:30	8	8	0
22	18:30-19:00	6	6	0
23	19:00-19:30	2	2	0
24	19:30-20:00	2	2	0

Die Beispiele in diesem Kapitel haben veranschaulicht, daß die Güte eines Personaleinsatzplans insbesondere von der Art und Vielfalt der möglichen Schichten abhängt. Je vielfältiger die Schichttypen sind, desto besser kann der darauf aufbauende Personaleinsatzplan sein.

10.3 Personaleinsatzplanung in Contact Centern

In reinen Inbound Call Centern sind die eingehenden Anrufe in der Regel *zeitkritisch*, daß heißt, sie müssen umgehend bearbeitet werden, damit sie nicht verloren gehen. Daher haben wir bisher bei der Personaleinsatzplanung einen Personalbedarf c_t für jedes einzelne Zeitintervall t vorgegeben, der mindestens zu erfüllen war. In einem

Contact Center fallen neben den Inbound-Gesprächen noch Outbound-Aktivitäten, die Bearbeitung von E-Mails, Briefpost oder Faxen an. Diese Anfragen müssen in der Regel nicht in dem Zeitintervall bearbeitet werden, in welchem sie eintreffen. Die Kunden erwarten häufig nicht, eine E-Mail innerhalb von z.B. 30 Minuten beantwortet zu bekommen. Zur Erledigung einer solchen Anfrage stehen also oftmals mehrere Zeitintervalle zur Verfügung. Diese Arbeiten werden daher als eher *zeitunkritisch* angesehen.

In den Abschnitten 7.2 bis 7.4 haben wir uns schon eingehend mit der gleichzeitigen Bearbeitung von zeitkritischen Anrufen (Inbound-Gespräche) und anderen eher zeitunkritischen Kundenkontakten (Outbound-Gespräche und E-Mails) beschäftigt. Wir sind in diesen Analysen davon ausgegangen, daß zumindest ein Teil der Agenten zur Not im Wechsel z.B. eine E-Mail, dann einen Anruf und dann ein Outbound-Gespräch erledigen kann. Abweichend davon unterstellen wir in dem folgendem Modell zur Personaleinsatzplanung, daß die einzelnen Agenten zumindest ein ganzes Zeitintervall lang nur *eine* Art von Aufgabe durchführen. Bei einem gegebenem Personalbedarf c_t an Agenten für Inbound-Gespräche und einem tatsächlichen Personaleinsatz von Y_t Agenten im Intervall t stehen somit höchstens $Y_t - c_t$ Agenten für die Erledigung der zeitunkritischen Arbeit zur Verfügung. Im folgendem Abschnitt werden wir zeigen, wie in dieser Situation zeitunkritische Tätigkeiten im Rahmen der Personaleinsatzplanung berücksichtigt werden können.

Dazu muß zunächst klar sein, in welchem Zeitraum wieviel zeitunkritische Tätigkeiten anfallen. Wir unterstellen dazu, daß zu *Beginn* des Tages ein bestimmtes Volumen an zeitunkritischer, aber im Laufe des Tages zu erledigender Arbeit vorliegt. Dieses Volumen V geben wir an als die Anzahl der Agenten, die wir in *einem* Zeitintervall nur dafür benötigen würden, diese Arbeit in diesem einen Zeitintervall vollständig zu erledigen. Planen wir also auf der Basis von halben Stunden, so bedeutet ein Wert von $V = 2 \cdot 3 \cdot 7 = 42$ Agentenhalbstunden, daß ein zeitunkritisches Arbeitsvolumen vorliegt, welches von drei Agenten in je sieben Arbeitsstunden bewältigt werden kann. Damit gelangen wir zu der folgenden Erweiterung des Entscheidungsmodells zur Schichtplanung aus Abschnitt 10.2.1:

$$\text{Minimiere} \sum_{j=1}^{J} l_j X_j \tag{10.5}$$

unter Beachtung der Nebenbedingungen

$$\sum_{j=1}^{J} s_{tj} X_j = Y_t \qquad t = 1, \ldots, T; \tag{10.6}$$

$$Y_t \geq c_t \qquad t = 1, \ldots, T; \tag{10.7}$$

$$\sum_{t=1}^{T} (Y_t - c_t) \geq V \tag{10.8}$$

$$X_j \geq 0 \text{ und ganzzahlig} \qquad j = 1, \ldots, J \tag{10.9}$$

Bis auf die Nebenbedingung (10.8) entspricht dieses lineare Programm jenem aus Abschnitt 10.2.1 auf Seite 187. Wenn wir ein einzelnes Zeitintervall t betrachten, so gibt die Differenz aus der Anzahl eingesetzter Agenten Y_t und der Anzahl benötigter Agenten c_t gerade die maximale Zahl der Agenten, die in diesem Intervall für zeitunkritische Arbeiten zur Verfügung steht. Im Fall eines reinen Inbound Call Centers ist dies die Überkapazität. In Ungleichung (10.8) wird nun gefordert, daß diese Überkapazität über alle Zeitintervalle insgesamt mindestens dem Volumen V für zeitunkritische Arbeiten entspricht.

Betrachten wir das Beispiel eines Call Centers mit stündlich beginnenden und drei Stunden dauernden Schichten vom Beginn des Abschnitts 10.2.3. Zusätzlich zu dem Bedarf an Agenten für eingehende Anrufe soll nun über den Tag verteilt ein Arbeitsvolumen von $V = 100$ Agentenhalbstunden an zeitunkritischer Arbeit erledigt werden. Die minimalen Kosten des Personaleinsatzes setzen sich zusammen aus den 2340 GE für die zeitkritischen Tätigkeiten und den $100 \cdot 7.5 = 750$ GE für die zeitunkritischen Tätigkeiten. Das ergibt insgesamt eine untere Schranke der Personalkosten von 3090 GE.

Tabelle 10.12. Optimale Schichtbelegung bei einem zeitunkritischen Arbeitsvolumen von $V = 100$ Agentenhalbstunden

Schichtbeginn	Anzahl Agenten
8:00	11
9:00	0
10:00	20
11:00	4
12:00	8
13:00	5
14:00	11
15:00	2
16:00	0
17:00	8

In der Tabelle 10.12 ist die mit dem obigen Modell berechnete optimale Belegung der einzelnen Schichten angegeben. Dies führt zu dem in Tabelle 10.13 dargestellten Personaleinsatz, der Kosten in Höhe von 3105 GE verursacht. Die in der letzten Spalte dargestellte Überkapazität $Y_t - c_t$ ist für die zeitunkritische Arbeit reserviert. In diesem Beispiel addiert sich die Überkapazität über alle Perioden gerade zu 102 Agentenhalbstunden, also zwei Halbstunden mehr, als wir für die zeitunkritische Arbeit benötigen. Die Personalkosten dieser Lösung liegen daher nur noch 0.49% über der unteren Schranke von 3090 GE.

Wir haben in dem obigen Modell angenommen, daß die zeitunkritische Arbeit zum einen zu Beginn des Tages vollständig vorliegt und zum anderen während des gesamten Tages bearbeitet werden kann. Dies ist jedoch nicht immer der Fall, da z.B. die Briefpost bis zu einem bestimmten Zeitpunkt bearbeitet werden muß, um

Tabelle 10.13. Personaleinsatz und Überkapazität bei einem zeitunkritischem Arbeitsvolumen von $V = 100$ Agentenhalbstunden

t	Uhrzeit	Bedarf c_t	Y_t	$Y_t - c_t$
1	8:00-8:30	5	11	6
2	8:30-9:00	5	11	6
3	9:00-9:30	5	11	6
4	9:30-10:00	7	11	4
5	10:00-10:30	12	31	19
6	10:30-11:00	16	31	15
7	11:00-11:30	18	24	6
8	11:30-12:00	24	24	0
9	12:00-12:30	26	32	6
10	12:30-13:00	22	32	10
11	13:00-13:30	16	17	1
12	13:30-14:00	17	17	0
13	14:00-14:30	24	24	0
14	14:30-15:00	22	24	2
15	15:00-15:30	18	18	0
16	15:30-16:00	14	18	4
17	16:00-16:30	13	13	0
18	16:30-17:00	10	13	3
19	17:00-17:30	10	10	0
20	17:30-18:00	10	10	0
21	18:00-18:30	8	8	0
22	18:30-19:00	6	8	2
23	19:00-19:30	2	8	6
24	19:30-20:00	2	8	6

am nächsten Tag beim Kunden zu sein. Dazu nehmen wir im folgenden an, daß Z verschiedene Arten zeitunkritischer Aufgaben an einem Tag zu erledigen sind. Eine einzelne zeitunkritische Tätigkeit z ist dabei durch

- ihr Arbeitsvolumen V_z,
- das Zeitintervall t_z^B, zu dessen *Beginn* dieses Arbeitsvolumen V_z vollständig vorliegt und
- das Zeitintervall t_z^E, zu dessen *Ende* das gesamte Arbeitsvolumen V_z spätestens vollständig abgearbeitet sein muß

beschrieben. In dem folgenden linearen Modell führen wir die Entscheidungsvariable v_{tz} ein, die angibt, welches Arbeitsvolumen der zeitunkritischen Tätigkeit z im Zeitintervall t erledigt wird. Damit gelangen wir zu dem folgendem Entscheidungsmodell:

$$\text{Minimiere } \sum_{j=1}^{J} l_j X_j \tag{10.10}$$

unter Beachtung der Nebenbedingungen

$$\sum_{j=1}^{J} s_{tj} X_j = Y_t \qquad t = 1, \ldots, T; \tag{10.11}$$

$$Y_t \geq c_t + \sum_{z=1}^{Z} v_{tz} \qquad t = 1, \ldots, T; \tag{10.12}$$

$$\sum_{t=t_z^B}^{t_z^E} v_{tz} = V_z \qquad z = 1, \ldots, Z; \tag{10.13}$$

$$X_j \geq 0 \text{ und ganzzahlig} \qquad j = 1, \ldots, J; \tag{10.14}$$

$$v_{tz} \geq 0 \text{ und ganzzahlig} \qquad t = 1, \ldots, T; \; z = 1, \ldots, Z \tag{10.15}$$

Die Nebenbedingung (10.12) fordert, daß der Personaleinsatz Y_t in der Periode t mindestens dem Personalbedarf c_t für Inbound-Gespräche zuzüglich der für die zeitunkritischen Arbeiten benötigten Zahl an Agenten entspricht. Daß jede einzelne zeitunkritische Arbeit auch vollständig innerhalb des geforderten Zeitfensters erledigt wird, stellt die Gleichung (10.13) sicher.

Betrachten wir unserer obiges Beispiel, wobei wir nun das zeitunkritische Arbeitsvolumen von $V = 100$ Agentenhalbstunden auf drei Tätigkeiten aufteilen. Der größte Teil des Arbeitsvolumens von $V_1 = 80$ Agentenhalbstunden besteht aus E-Mails, die über Nacht eingegangen sind, und muß in der Zeit von 8:00 bis 11:00 Uhr abgearbeitet werden. Die Briefpost muß zwischen 10:00 und 14:00 Uhr bearbeitet werden, wobei hier das Arbeitsvolumen $V_2 = 10$ Agentenhalbstunden beträgt. Ein zweiter E-Mail-Schub soll zwischen 12:00 und 20:00 Uhr bearbeitet werden und hat ebenfalls ein Arbeitsvolumen von $V_3 = 10$ Agentenhalbstunden. Als Schichtmenge legen wir wieder die stündlich beginnenden und drei Stunden dauernden Schichten zugrunde.

In Tabelle 10.14 ist der dazu optimale Schichtplan dargestellt. Der daraus resultierende Personaleinsatz ist in der Tabelle 10.15 angegeben. In der fünften bis siebten Spalte ist die Anzahl an Agenten angegeben, die für die jeweilige zeitunkritische Tätigkeit vorgesehenen ist. Die letzte Spalte gibt die verbleibende Überkapazität an, also die Zahl an Agenten, die weder Gespräche annehmen sollen noch für zeitunkritische Tätigkeiten vorgesehen sind. Dieser Personaleinsatz verursacht Kosten in Höhe von 3150 GE. Durch die zusätzlich geforderten Zeitfenster, in denen die einzelnen Tätigkeiten erledigt werden müssen, ist diese Lösung etwas teurer als jene in Tabelle 10.13 mit Kosten in Höhe von 3105 GE.

Der große Vorteil zeitunkritischer Arbeit ist, daß durch sie der teilweise recht stark schwankende Personalbedarf c_t geglättet werden kann. Dies führt zu einer Reduzierung der Überkapazität, da sich die Agenten in anrufschwachen Zeiten bzw. bei einer temporären Überbesetzung des Call Centers diesen zeitunkritischen Aufgaben widmen können. Darüber hinaus hat ein solches System auch die Möglichkeit, in einem begrenzten Umfang Prognosefehler bei den zeitkritischen Anrufen aufzufangen, die dann zunächst die zeitunkritischen Aufgaben der Beantwortung von E-Mails und Briefpost verdrängen oder zeitlich vorziehen. Dies gibt dem Management des Call

Tabelle 10.14. Optimale Schichtbelegung

Schichtbeginn	Anzahl Agenten
8:00	12
9:00	6
10:00	18
11:00	0
12:00	8
13:00	9
14:00	7
15:00	2
16:00	4
17:00	4

Tabelle 10.15. Personaleinsatz und Überkapazität bei einem zeitunkritischem Arbeitsvolumen von $V = 100$ Agentenhalbstunden in drei Zeitfenstern

t	Uhrzeit	Bedarf c_t	Y_t	v_{t1}	v_{t2}	v_{t3}	$Y_t - c_t - \sum_{z=1}^{3} v_{tz}$
1	8:00-8:30	5	12	7			
2	8:30-9:00	5	12	7			
3	9:00-9:30	5	18	13			
4	9:30-10:00	7	18	11			
5	10:00-10:30	12	36	22	2		
6	10:30-11:00	16	36	20			
7	11:00-11:30	18	24		3		3
8	11:30-12:00	24	24				
9	12:00-12:30	26	26				
10	12:30-13:00	22	26		4		
11	13:00-13:30	16	17		1		
12	13:30-14:00	17	17				
13	14:00-14:30	24	24				
14	14:30-15:00	22	24			2	
15	15:00-15:30	18	18				
16	15:30-16:00	14	18			4	
17	16:00-16:30	13	13				
18	16:30-17:00	10	13			2	1
19	17:00-17:30	10	10				
20	17:30-18:00	10	10				
21	18:00-18:30	8	8				
22	18:30-19:00	6	8				2
23	19:00-19:30	2	4				2
24	19:30-20:00	2	4			2	

Centers dann einige Stunden Zeit, den Personaleinsatz am Ende des Tages noch etwas herauf- oder herunterzufahren.

10.4 Literaturhinweise und Erweiterungen

Die vorgestellte Formulierung des Problems der Schichtplanung geht auf Dantzig (1954) zurück. Betrachtet man nur das Grundmodell aus Kapitel 10.2.1, so ist dieses für "kleinere Probleme" durchaus noch mit einer Standardsoftware zur gemischt-ganzzahligen Optimierung zu lösen. Ist jedoch die Anzahl der möglichen Schichtmuster J und der betrachteten Zeitintervalle T groß, so wird die Rechenzeit für die Lösung des Optimierungsproblems mit einem Standard-Solver unpraktikabel lang. Dies liegt an der geforderten Ganzzahligkeit der Anzahl an Agenten je Schicht, wodurch wir ein gemischt-ganzzahliges Optimierungsproblem bekommen. So haben wir z.B. versucht, das Entscheidungsmodell zur Schichtplanung mit zeitunkritischer Arbeit bei gegebenen Zeitfenstern auf Seite 202 mit der 71 Schichten umfassenden Schichtmenge zu lösen, was wir auf einem Laptop mit einem mobile AMD Athlon XP-Prozessor und 1.2 GHz nach 20 Minuten abgebrochen haben (ja, auch wir sind ungeduldig). Gerade bei der Beachtung von Pausen kann sich die Schichtmenge vervielfachen. Dies kann durch eine implizite Formulierung des Problems umgangen werden und führt daher zu einem geringeren Speicherbedarf und schnelleren Lösungen, vergleiche Bechthold und Jacobs (1996). Auch bei diesem Ansatz kann man ab einer bestimmten Größe der Schichtmenge nicht mehr auf Standard-Solver zur gemischt-ganzzahligen Optimierung zurückgreifen.

Dieses Schwierigkeiten kann man natürlich leicht umgehen, indem man auf die Ganzzahligkeitsbedingung verzichtet. Das daraus resultierende rein lineare Programm läßt sich nun ohne Probleme schnell mit einer Standardsoftware lösen. Das dazu optimale Ergebnis muß jedoch im Anschluß auf einen ganzzahligen Wert auf- oder abgerundet werden, wodurch erhebliche Abweichungen zur Optimallösung entstehen können. Zur Lösung größerer Probleme werden daher vielfach Heuristiken wie Simulated Annealing oder genetische Algorithmen verwendet.[2] Diese Verfahren führen zu einer guten, aber nicht unbedingt optimalen Lösung. Für Literaturhinweise zur Anwendung solcher Verfahren zur Personaleinsatzplanung in Call Centern verweisen wir auf die Referenzen in Morris und Showalter (1983), Thompson (1997) und Grossman et al. (2001).

Eine Nebenbedingung der vorgestellten Schichtplanung ist, daß der geplante Personalbedarf c_t auf keinen Fall unterschritten werden darf. Gerade in Call Centern, die keine zeitunkritische Arbeit auf die Agenten verteilen können, aber einen stark schwankenden Personalbedarf haben, kann diese Bedingung zu einer erheblichen Überkapazität führen. Dies kann man dadurch umgehen, daß man im Modell eine Unterschreitung des Personalbedarfs erlaubt, diese aber gleichzeitig in der Zielfunktion mit sogenannten Strafkosten belegt. Hierbei stellt sich natürlich die Frage, in welcher Höhe diese anzusetzen sind. Dazu müßte im voraus bekannt sein, wie sich

[2] Für eine allgemeine Beschreibung dieser Heuristiken siehe Domschke und Drexl (2002).

der Gewinn ändert, wenn wir von der optimalen Agentenzahl abweichen. Hier muß man sich leider mit "Schätzwerten" behelfen.

Ein weitaus komplexerer Ansatz besteht in einer simultanen Personalbedarfs- und -einsatzplanung. In Kapitel 9 hatten wir ja schon die periodenübergreifende Personalbedarfsplanung vorgestellt. Die dort beschriebenen Entscheidungsmodelle könnten um den Aspekt der Personaleinsatzplanung erweitert werden. In den in Kapitel 9 beschriebenen Zielfunktionen können wir die Kosten pro Agent und Zeiteinheit durch die Kosten pro Agent und Schicht ersetzen. Die Nebenbedingungen (soweit diese in den Entscheidungsmodellen in Kapitel 9 nötig sind) beider Modelle werden dabei durch die zusätzliche Nebenbedingung

$$\sum_{j=1}^{J} s_{tj} X_j = c_t \qquad t = 1, \ldots, T \qquad (10.16)$$

verknüpft, die uns die Anzahl eingesetzter Agent je Zeitintervall bestimmt.[3] Erste Ansätze zur heuristischen Lösung dieser periodenübergreifenden und simultanen Personalbedarfs- und -einsatzplanung sind in Thompson (1997), Ingolfsson et al. (2002) und Koole und Sluis (2002) zu finden. Sie betrachten einzig die Minimierung der Agentenkosten unter der Nebenbedingung, einen vorgegebenen aggregierten Servicelevel $\mathrm{P}(W \leq \tau)^{aggr}$ einzuhalten. Zur Bestimmung des aggregierten Servicelevels greifen sie auf ein Warteschlangenmodell mit geduldigen Kunden und unendlich vielen Wartepositionen zurück.

[3] Vgl. die Formulierung als nicht-lineares Programm in Stolletz (2003) S. 18 ff.

A

Berechnung der Kenngrößen des Warteschlangenmodells

In diesem Abschnitt zeigen wir für die besonders Hartgesottenen unter Ihnen, wie man die Kenngrößen unseres Grundmodells aus Abschnitt 2.2 prinzipiell berechnet. Weitere Hinweise zur Implementation dieser Berechnungen finden Sie in Stolletz (2003, Anhang A).

Wenn Mathematiker Kenngrößen von Warteschlangenmodellen bestimmen wollen, tun sie dies vielfach, indem sie zuerst genau überlegen, welche sogenannten *Zustände* das modellierte System überhaupt annehmen kann. In einem Modell eines Call Centers interessiert man sich z.B. für die Anzahl n der Anrufer, die gleichzeitig im Call Center sind, also warten oder aber gerade von einem Agenten bedient werden. Dazu betrachten wir ein Call Center mit c Agenten und K Telefonleitungen und bezeichnen wir jeden Zustand durch die Anzahl der Anrufer im System. Wenn überhaupt kein Anrufer wartet und alle Agenten frei sind, haben wir den Zustand 0; im Zustand 1 ist genau ein Agent beschäftigt usw. Im Zustand c sind alle Agenten beschäftigt und kein Anrufer wartet. In allen Zuständen n mit $n \geq c + 1$ sind alle Agenten beschäftigt und es warten genau $n - c$ Anrufer. Damit gibt es in einem Call Center mit c Agenten und K Telefonleitungen genau $K + 1$ verschiedene Zustände. Um verschiedene Kenngrößen für dieses Call Center zu ermitteln, bestimmt man zunächst die Wahrscheinlichkeiten p_n, mit denen die einzelnen Zustände n eintreten. Dabei unterstellen wir, daß sich die Parameter des Systems seit hinreichend langer Zeit nicht mehr geändert haben und sich folglich auch die Wahrscheinlichkeiten p_n der verschiedenen Zustände nicht mehr ändern, wohl aber die Zustände selbst. Ein derartiges System bezeichnet man als "eingeschwungen". Aus diesen sogenannten Zustandswahrscheinlichkeiten p_n lassen sich dann die verschiedenen Kenngrößen ableiten.

Kommen wir nun zu unserem Modell eines Inbound Call Centers aus Abschnitt 2.2. Wir hatten dort unterstellt, daß die Zwischenanrufzeiten, die Bearbeitungszeiten und die Wartezeittoleranz oder Geduld der wartenden Anrufer exponentialverteilt sind. Daher läßt sich dieses Modell eines Call Center warteschlangentheoretisch als ein sogenannter Geburts- und Todesprozeß auffassen, was uns die Analyse erheblich erleichtert.[1] Die Abbildung A.1 zeigt den Übergangsgraphen eines solchen Prozesses mit den Zuständen 0 bis K.

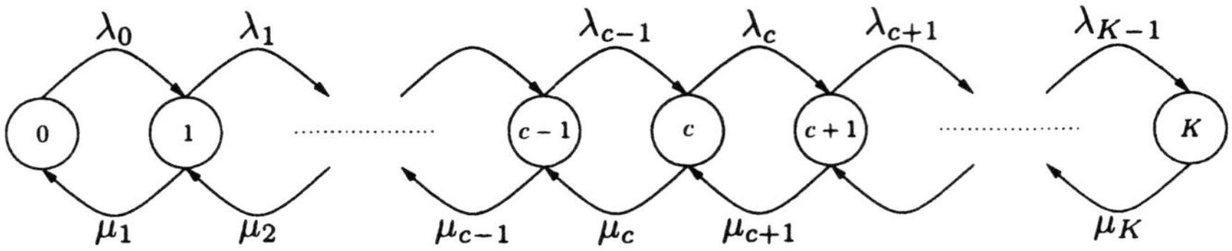

Abb. A.1. Übergänge eines Geburts- und Todesprozesses

Die Pfeile in der Abbildung kennzeichnen einen Übergang von einem Zustand in einen benachbarten Zustand. Dabei bedeutet ein Pfeil nach rechts, daß ein neuer Anrufer dazukommt ("Geburt").[2] Wenn ein gerade ankommender Anrufer nun n andere Anrufer (wartende und gerade in Bedienung befindliche) im Call Center antrifft, dann erfolgt ein Übergang vom Zustand n in den Zustand $n+1$. Dabei ist die sogenannte Geburtsrate λ_n die Rate, mit der ein Übergang in den Zustand $n+1$ stattfindet, unter der Bedingung, daß wir uns gerade im Zustand n befinden. Für den Fall, daß weniger Anrufer im Call Center sind als Agenten ($n < c$), erreicht ein neuer Anrufer sofort einen Agenten. Somit entspricht die Geburtsrate λ_n in den Fällen $n < c$ gerade der Ankunftsrate λ. Befinden wir uns hingegen in einem Zustand n mit $c \leq n < K$ Anrufern im Call Center, so kann ein Anrufer sofort vor der Warteschlange zurückscheuen. Da er dies mit der Wahrscheinlichkeit β tut, beträgt die Geburtsrate λ_n nur noch $(1-\beta)\lambda$ für die Zustände n mit $c \leq n < K$. Befindet sich das Call Center im Zustand K, so sind alle Leitungen belegt und ein neuer Anrufer erhält das Besetztzeichen, er wird also aus Sicht des Warteschlangenmodells nicht "geboren". Die Geburtsraten λ_n sind somit

$$\lambda_n = \begin{cases} \lambda, & \text{für } 0 \leq n < c, \\ (1-\beta)\lambda, & \text{für } c \leq n < K, \\ 0, & \text{für } n = K. \end{cases} \tag{A.1}$$

Ein Pfeil nach links in Abbildung A.1 bedeutet, daß ein Anrufer das Call Center verläßt ("Tod"). Es gibt nun zwei Gründe, aus denen ein Anrufer das Call Center verlassen kann: Er kann bedient worden sein oder die Wartezeit hat seine individuelle Schmerzgrenze überschritten und er hat aufgelegt. Ist das Call Center im Zustand n und ein Anrufer verläßt das Call Center, weil er gerade bedient wurde oder aber aus Ungeduld auflegt, dann findet ein Übergang vom Zustand n in den Zustand $n-1$ statt. Dieser Übergang hat die Sterberate μ_n.

[1] Siehe z.B. Gross und Harris (1998, S. 45-47) oder Bolch et al. (1998, S. 105-106).

[2] Da wir in unserem Modell davon ausgehen, daß Anrufer, die aus Ungeduld auflegen, es nicht ein zweites Mal probieren, müssen wir uns nicht mit der Problematik der "Wiedergeburt" beschäftigen.

Bearbeitet ein Agent gerade einen Anrufer, so ist die Zeit bis zum Ende des Gesprächs annahmegemäß unabhängig davon, wie lange beide schon miteinander gesprochen haben. Wie in Kapitel 2.2 erläutert, liegt dies an den besonderen Eigenschaften der hier unterstellten Exponentialverteilung der Bedienzeiten. Bei einer mittleren Bearbeitungszeit von $T_b = \mu^{-1}$ verläßt ein einzelner Anrufer in Bedienung das Call Center mit der Rate μ. Sind nun gerade $n \leq c$ Anrufer im Call Center, so beträgt die Rate, mit der Anrufer das System verlassen, $n\mu$. Wartet hingegen mindestens ein Anrufer, so sind wir in einem Zustand mit $n > c$. Alle c Agenten arbeiten und es warten $n - c$ Anrufer. Damit verlassen Anrufer das Call Center nach erfolgter Bedienung mit der Rate $c\mu$. Ein einzelner wartender Anrufer legt mit der Rate ν auf. Bei $n - c$ wartenden Anrufern verlassen diese das Call Center aus Ungeduld mit der Rate $(n - c)\nu$. Insgesamt ergeben sich die Sterberaten μ_n aus den Bedien- und Auflegeraten zu

$$\mu_n = \begin{cases} n\mu, & \text{für } 0 \leq n \leq c, \\ c\mu + (n-c)\nu, & \text{für } n > c. \end{cases} \tag{A.2}$$

Ganz allgemein lassen sich aus den Geburts- und Sterberaten die Zustandswahrscheinlichkeiten p_n zu

$$p_n = \begin{cases} p_0 \prod_{i=1}^{n} \frac{\lambda_{i-1}}{\mu_i}, & 1 \leq n, \\ \left(1 + \sum_{n=1}^{K} \prod_{i=1}^{n} \frac{\lambda_{i-1}}{\mu_i}\right)^{-1}, & n = 0, \end{cases} \tag{A.3}$$

bestimmen.[3] Mit den Geburts- und Sterberaten aus den Gleichungen (A.1) und (A.2) ergeben sich die Wahrscheinlichkeiten p_n für unser $M/M/c/K + M$-Modell mit c Agenten und K Telefonleitungen. Die Wahrscheinlichkeiten p_n, daß n Anrufer im System sind, betragen

$$p_n = \begin{cases} p_0 \frac{\lambda^n}{n!\mu^n}, & \text{für } 0 < n \leq c, \\ p_0 \frac{(1-\beta)^{n-c}\lambda^n}{c!\mu^c \prod_{i=1}^{n-c}(c\mu + i\nu)}, & \text{für } c < n \leq K, \\ \left(\sum_{n=0}^{c} \frac{\lambda^n}{n!\mu^n} + \sum_{n=c+1}^{K} \frac{(1-\beta)^{n-c}\lambda^n}{c!\mu^c \prod_{i=1}^{n-c}(c\mu + i\nu)}\right)^{-1}, & \text{für } n = 0. \end{cases} \tag{A.4}$$

Ausgehend von diesen Wahrscheinlichkeiten p_n können nun verschiedene Kenngrößen des Systems direkt bestimmt werden. So erhält ein Anrufer das Besetztzeichen, wenn genau K Anrufer im Call Center sind. Damit entspricht der Anteil $\mathrm{P}(B)$

---

[3] Siehe Gross und Harris (1998, S. 46-47).

der Anrufer, die das Besetztzeichen erhalten, gerade der Zustandswahrscheinlichkeit p_K, also

$$\mathrm{P}(B) = p_K. \tag{A.5}$$

Ein ankommender Anrufer kann vor dem Warten zurückscheuen, wenn sich das Call Center in einem Zustand n mit $c \leq n < K$ befindet. Daher ergibt sich der Anteil $\mathrm{P}(Z)$ von zurückscheuenden Anrufern zu

$$\mathrm{P}(Z) = \beta \sum_{n=c}^{K-1} p_n. \tag{A.6}$$

Dieser Anteil entspricht auch der Wahrscheinlichkeit, daß ein einzelner Anrufer zurückscheuen wird.

Die mittlere Anzahl von Anrufern im System $\mathbf{E}[L_S]$ ergibt sich durch Gewichtung der einzelnen Zustandswahrscheinlichkeiten mit der jeweiligen Anzahl von Anrufern im System, also

$$\mathbf{E}[L_S] = \sum_{n=1}^{K} n p_n. \tag{A.7}$$

Die erwartete Anzahl wartender Anrufer $\mathbf{E}[L_Q]$ ergibt sich analog zu

$$\mathbf{E}[L_Q] = \sum_{n=c+1}^{K} (n-c) p_n. \tag{A.8}$$

Ein einzelner wartender Anrufer legt mit der Rate ν auf. Damit ist die Rate, mit der insgesamt Anrufer auflegen,

$$\nu \sum_{n=c+1}^{K} (n-c) p_n.$$

Setzt man dies in das Verhältnis zur Rate der Anrufe λ, so erhält man den Anteil $\mathrm{P}(A)$ der Aufleger:

$$\begin{aligned} \mathrm{P}(A) &= \frac{\nu}{\lambda} \sum_{n=c+1}^{K} (n-c) p_n \\ &= \frac{\nu}{\lambda} \mathbf{E}[L_Q] \end{aligned} \tag{A.9}$$

Ein Anrufer erhält letztendlich den gewünschten Service, wenn er nicht blockiert wird, nicht vor einer Warteschlange zurückscheut und auch später nicht auflegt. Damit ergibt sich die Wahrscheinlichkeit $\mathrm{P}(S)$ eines Anrufers, letztlich durch einen

Agenten bedient zu werden, indirekt über die Wahrscheinlichkeit $\mathrm{P}(B)$ das Besetztzeichen zu erhalten, die Wahrscheinlichkeit $\mathrm{P}(Z)$ vor der Warteschlange zurückzuscheuen sowie die Wahrscheinlichkeit $\mathrm{P}(A)$ während des Wartens selbst aufzulegen zu

$$\mathrm{P}(S) = 1 - \mathrm{P}(B) - \mathrm{P}(Z) - \mathrm{P}(A). \tag{A.10}$$

Die mittlere Auslastung $\mathbf{E}[u]$ der Agenten beträgt

$$\begin{aligned} \mathbf{E}[u] &= \sum_{n=0}^{K} p_n \frac{\text{Anzahl belegter Agenten im Zustand } n}{c} \\ &= \sum_{n=0}^{c} p_n \frac{n}{c} + \sum_{n=c+1}^{K} p_n. \end{aligned} \tag{A.11}$$

Die Ankunftsrate im System λ^{Sys} wird durch das Zurückscheuen beeinflußt und ergibt sich zu

$$\begin{aligned} \lambda^{Sys} &= \sum_{n=0}^{K} \lambda_n p_n \\ &= \lambda \sum_{n=0}^{c-1} p_n + (1-\beta)\lambda \sum_{n=c}^{K-1} p_n. \end{aligned} \tag{A.12}$$

Mit Littles Gesetz erhält man daraus die mittlere Wartezeit

$$\mathbf{E}[W] = \frac{\mathbf{E}[L_Q]}{\lambda^{Sys}}. \tag{A.13}$$

Dabei ist $\mathbf{E}[W]$ die erwartete Zeit in der Warteschlange für bediente Anrufer und solche, die aus Ungeduld auflegen. Die mittlere (bedingte) Wartezeit $\mathbf{E}[W|S]$ bedienter Anrufer und die mittlere (bedingte) Wartezeit $\mathbf{E}[W|A]$ der Aufleger sind nun nicht mehr so einfach herzuleiten. Daher geben wir hier nur die zur Berechnung nötigen Formeln an.[4] Die mittlere Wartezeit $\mathbf{E}[W|A]$ der Aufleger kann durch

$$\mathbf{E}[W|A] = \frac{1}{\mathrm{P}(A)} \sum_{n=c}^{K-1} p_n (1-\beta) \frac{\nu}{c\mu + (n-c+1)\nu} \sum_{j=1}^{n-c+1} \frac{j}{c\mu + j\nu} \tag{A.14}$$

berechnet werden. Die mittlere Wartezeit bedienter Anrufer berechnet sich daraus zu

$$\mathbf{E}[W|S] = \frac{\mathbf{E}[W]\left(\mathrm{P}(S) + \mathrm{P}(A)\right) - \mathbf{E}[W|A]\,\mathrm{P}(A)}{\mathrm{P}(S)}. \tag{A.15}$$

[4] Eine Herleitung ist in Stolletz (2003, S. 77-79) gegeben.

Die Rate λ, mit der Anrufe von außen am Call Center eintreffen, ist nicht nur zu unterscheiden von der Rate λ^{Sys}, mit der Anrufe in das Call Center hineinkommen (also nicht blockiert werden). Sie ist auch noch zu unterscheiden von der Rate λ^{eff}, mit der Anrufe bei den Agenten ankommen und das System nach erfolgter Bedienung wieder verlassen. Diese effektive Ankunftsrate λ^{eff} von Anrufen bei den Agenten ergibt sich aus der Anrufrate λ und der Bedienwahrscheinlichkeit $\mathrm{P}(S)$ zu

$$\lambda^{eff} = \mathrm{P}(S) \cdot \lambda. \tag{A.16}$$

Der Vollständigkeit halber geben wir noch die Wahrscheinlichkeit $\mathrm{P}(W < \tau|S)$ an, daß die zufällige Wartezeit W eines letztlich bedienten Anrufers nicht größer ist als τ ZE. Auch auf diese Herleitung verzichten wir und verweisen auf Stolletz (2003). Um die Formel zumindest anzugeben, benötigen wir noch die bedingte Wahrscheinlichkeit q_n, daß n Anrufer im Call Center sind, unter der Bedingung, daß ein Anrufer gerade ankommt. Hierfür gilt

$$q_n = \begin{cases} \dfrac{\lambda p_n}{\lambda^{Sys}}, & \text{für } n < c, \\ \dfrac{(1-\beta)\lambda p_n}{\lambda^{Sys}}, & \text{für } c \le n < K. \end{cases} \tag{A.17}$$

Damit beträgt die Wahrscheinlichkeit $\mathrm{P}(W < \tau|S)$ oder das Servicelevel der bedienten Kunden

$$\mathrm{P}(W \le \tau|S) = \frac{\mathrm{P}(S) + \mathrm{P}(A)}{\mathrm{P}(S)} \left(\sum_{n=0}^{c-1} q_n + \sum_{n=c}^{K-1} \frac{\prod_{i=0}^{n-c}(c\mu + i\,\nu)}{(n-c)!} \int_0^{\tau} \left(\frac{1 - \mathrm{e}^{-\xi\,\nu}}{\nu} \right)^{(n-c)} \mathrm{e}^{-\xi(c\mu+\nu)}\, d\xi \right). \tag{A.18}$$

Die Berechnung dieser Wahrscheinlichkeit kann numerisch problematisch sein. Da wir aus betriebswirtschaftlicher Sicht die anderen Servicemaße als aussagefähiger und praktisch bedeutsamer ansehen, verzichten wir hier auf die in Stolletz (2003) dargestellten weiteren Details.

Literaturverzeichnis

Abou-El-Ata, M. O. und A. M. A. Hariri (1992). The $M/M/c/N$ queue with balking and reneging. *Computers and Operations Research 19*(8), 713–716.

Andrews, B. H. und H. L. Parsons (1993). Establishing telephone-agent staffing levels through economic optimization. *Interfaces 23*(2), 14–20.

Anton, J., V. Bapat und B. Hall (1999). *Call Center Performance Enhancement - Using Simulation and Modeling*. West Lafayette, Indiana: Ichor Business Books, Purdue University Press.

Baccelli, F. und G. Hebuterne (1981). On queues with impatient customers. *Performance '81*, 159–179.

Ballwieser, W. (1993). Aggregation, Komplexion und Komplexitätsreduktion. In: W. Wittmann, W. Kern, R. Köhler und K. V. Wysocki (Hrsg.), *Handwörterbuch der Betriebswirtschaft*. Stuttgart: Schäffer-Poeschel. S. 49–57.

Barrer, D. Y. (1957). Queuing with impatient customers and ordered service. *Operations Research 5*, 650–656.

Bechthold, S. E. und L. W. Jacobs (1996). The equivalence of general set-covering and implicit integer programming formulations for shift scheduling. *Naval Research Logistics 43*(2), 233–249.

Bolch, G., S. Greiner, H. de Meer und K. S. Trivedi (1998). *Queueing networks and Markov chains: Modeling and performance evaluation with computer science applications*. John Wiley & Sons, Inc., New York et al.

Boots, N. K. und H. Tijms (1999a). An $M/M/c$ queue with impatient customers. *Top 7*(2), 213–220.

Boots, N. K. und H. Tijms (1999b). A multiserver queueing system with impatient customers. *Management Science 45*(3), 444–448.

Box, G. E. P., G. M. Jenkins und G. C. Reinsel (1994). *Time Series Analysis: Forecasting and Control* (3. Aufl.). New Jersey: Prentice Hall.

Boxma, O. J. und P. R. de Waal (1994). Multiserver queues with impatient customers. In: *The Fundamental Role of Teletraffic in the Evolution of Telecommunications Networks : Proceedings of the 14th International Teletraffic Congress - ITC 14*. S. 743–756.

Brandt, A. und M. Brandt (1999). On the $M(n)/M(n)/s$ queue with impatient calls. *Performance Evaluation 35*, 1–18.

Brandt, A. und M. Brandt (2002). Asymptotic results and a markovian approximation for the $M(n)/M(n)/s + GI$ system. *Queueing Systems 41*, 73–94.

Brandt, A., M. Brandt, G. Spahl und D. Weber (1997). Modelling and optimization of call distribution systems. *International Teletraffic Congress 15*, 133–144.

Brigandi, A. J. (1995). *OR Applications in Call Center Operations.* Ph. D. thesis, Polytechnic University New York.

Brockmeyer, E., H. L. Halstrøm und A. Jensen (1960). *The Life and Works of A. K. Erlang* (2. Aufl.). ACTA Polytechnica Scandinavica.

Chen, B. P. K. und S. G. Henderson (2001). Two issues in setting call centre staffing levels. *Annals of Operations Research 108*, 175–192.

Cidon, I. und M. Sidi (1990). Recursive computation of steady-state probabilities in priority queues. *Operations Research Letters 9*(4), 249–256.

Cobham, A. (1954). Priority assignment in waiting line problems. *Operations Research 2*, 70–76.

Cohen, J. W. (1956). Certain delay problems for a full availability trunk group loaded by two traffic sources. *Communication News 16*(3), 105–115.

Dantzig, G. B. (1954). A comment on Edie's "traffic delays at toll booths". *Operations Research 2 (3)*, 339–341.

Davis, R. H. (1966). Waiting-time distribution of a multi-server, priority queuing system. *Operations Research 14*, 133–136.

DeLurgio, S. A. (1998). *Forecasting Principles and Applications.* Boston: Irwin.

Denger, K. S. und B. W. Wirtz (1999). Customer Call Center - eine empirische Analyse zur Gründung, Organisationsstruktur und Ausgestaltung in der Versicherungswirtschaft. *Die Unternehmung 53*(2), 89–103.

Diebold, F. X. (2001). *Elements of Forecasting* (2. Aufl.). Cincinnati, Ohio: South-Western.

Domschke, W. und A. Drexl (2002). *Einführung in Operations Research* (5. Aufl.). Berlin: Springer.

Duder, J. C. und M. B. Rosenwein (2001). Towards "zero abandonments" in call center performance. *European Journal of Operational Research 135*(1), 50–56.

Fleming, P. J., A. Stolyar und B. Simon (1994). Heavy traffic limit for a mobile phone system loss model. In: *Proceeding of the 2nd International Conference on Telecommunication Systems: Modeling and Analysis*. Nashville, TN. S. 317–327.

Gail, H. R., S. L. Hantler und B. A. Taylor (1988). Analysis of a non-preemptive priority multiserver queue. *Advances in Applied Probability 20*(4), 852–879.

Gans, N., G. Koole und A. Mandelbaum (2003). Telephone call centers: Tutorial, review, and research prospects. *Manufacturing & Service Operations Management 5*(2), 79–141.

Garnett, O. und A. Mandelbaum (2000). *An Introduction to Skills-Based Routing and its Operational Complexities.* Industrial Engineering and Management, Technion, Haifa 32000, Israel. URL: http://ie.technion.ac.il/serveng.

Garnett, O., A. Mandelbaum und M. Reiman (2002). Designing a call center with impatient customers. *Manufacturing & Service Operations Management 4*(3), 208–227.

Gnedenko, B. V. und I. N. Kovalenko (1989). *Introduction to Queueing Theory* (2. Aufl.). Boston et al.: Birkhäuser.

Gross, D. und C. M. Harris (1998). *Fundamentals of Queueing Theory* (3. Aufl.). New York et al.: John Wiley & Sons.

Grossman, T. A., S. L. Oh, T. R. Rohleder und D. A. Samuelson (2001). Call centers. In: S. I. Gass und C. M. Harris (Hrsg.), *Encyclopedia of Operations Research and Management Science* (2. Aufl.). Norwell, MA: Kluwer Academic Publishers. S. 73–76.

Gurumurthi, S. und S. Benjaafar (2001, October). *Modeling and Analysis of Flexible Queueing Systems.* Minneapolis, MN 554555: Department of Mechanical Engineering, Division of Industrial Engineering, University of Minnesota.

Hachenberger, J. (1999). *Problemfelder im Inbound Call Center erkennen und beseitigen.* Langenburg: CCP-Verlag.

Hampe, J. F. und S. Schönert (1997a). Call Center. *Wirtschaftsinformatik 39*(2), 173–176.

Hampe, J. F. und S. Schönert (1997b). Computer-Telephonie-Integration. *Wirtschaftsinformatik 39 (3)*, 269–278.

Haviv, M. und Y. Ritov (2001). Homogeneous customers renege from invisible queues at random times under deteriorationg waiting conditions. *Queueing Systems 38*, 495–508.

Helber, S. und R. Stolletz (2003). *Grundlagen der Personalbedarfsermittlung in Inbound-Call Centern.* Erscheint in: Zeitschrift für Betriebswirtschaft.

Helber, S., R. Stolletz und S. Bothe (2003). *Erfolgszielorientierte Agentenallokation in Inbound Call Centern.* Erscheint in: Zeitschrift für betriebswirtschaftliche Forschung.

Henn, H., J. P. Kruse und O. V. Strawe (1998). *Handbuch Call Center Management* (2. Aufl.). Hannover: Telepublic Verlag.

Hoffjan, A. (2000). Call-Center eines Zeitungsvertriebs. *Wirtschaftswissenschaftliches Studium 29*(7), 417–420.

Ingolfsson, A., A. M. Haque und A. Umnikov (2002). Accounting for time-varying queueing effects in workforce scheduling. *European Journal of Operational Research 139*, 585–597.

Jain, M. und I. Dhyani (1997). A finite-multiserver queueing system with nonpreemptive priorities. *Journal of M.A.C.T. 30*, 45–55.

Kao, E. P. C. und K. S. Narayanan (1990). Computing steady-state probabilities of a nonpreemptive priority multiserver queue. *ORSA Journal on Computing 2*(3), 211–218.

Kao, E. P. C. und S. D. Wilson (1999). Analysis of nonpreemptive priority queues with multiple servers and two priority classes. *European Journal of Operational Research 118*(1), 181–193.

Kawashima, K. (1983). Efficient numerical solutions for a unified trunk reservation system with two classes. *Review of the Electrical Communication Labaratories 31*(3), 419–429.

Kawashima, K. (1985). An approximation of a loss system with two heterogeneous types of calls. *Journal of the Operations Research Society of Japan 28*(2), 163–177.

Kella, O. und U. Yechiali (1985). Waiting times in the non-preemptive priority M/M/c queue. *Communications in Statistics. Stochastic Models. 1*(2), 257–262.

Khomonenko, A. D. (1991). Performance analysis of multiprocessor systems in the priority service of heterogeneous request streams. *Automatic Control and Computer Sciences 25*(4), 53–61.

Koole, G. und A. Mandelbaum (2001). *Queueing Models of Call Centers: An Introduction.* De Boelelaan 1081a, 1081 HV Amsterdam, The Netherlands: Vrije Universiteit.

Koole, G. und E. V. d. Sluis (2002). *Optimal Shift Scheduling with a Global Service Level Constraint.* De Boelelaan 1081a, 1081 HV Amsterdam, The Netherlands: Vrije Universiteit.

Küpper, H.-U. (2001). *Controlling* (3. Aufl.). Stuttgart: Schäffer-Poeschel.

Lehnert, R. (1985). Waiting times in a $M/M/N/S_1/S_2/HOL$-nonpre queueing system. *Teletraffic Issues in an Advanced Information Society, ITC 11*, 446–451.

Link, J. (2000). Call Center. *Wirtschaftswissenschaftliches Studium 29*(2), 110–112.

Mandelbaum, A. (2003). *Call Centers (Centres). Research Bibliography with Abstracts.* Industrial Engineering and Management, Technion, Haifa 32000, Israel. URL: http://ie.technion.ac.il/serveng.

Meier, R. (1997). *Kapazitätsmanagement von Dienstleistungsanbietern.* Arbeitspapier zur Schriftenreihe Schwerpunkt Marketing; Bd. 81. Ludwig-Maximilians-Universität München: FGM - Verlag.

Menzler-Trott, E. (1999). *Call Center-Management - Ein Leitfaden für Unternehmen zum effizienten Kundendialog.* München: C. H. Becksche Verlagsbuchhandlung.

Miller, D. R. (1982). Steady-state algorithmic analysis of $M/M/c$ two-priority queues with heterogeneous rates. In: R. L. Disney und T. J. Ott (Hrsg.), *Applied Probability - Computer Science: The Interface*, Band 2. S. 207–222.

Montazer-Haghighi, A., J. Medhi und S. G. Mohanty (1986). On a multiserver markovian queueing system with balking and reneging. *Computers and Operations Research 13*(4), 421–425.

Morris, J. G. und M. J. Showalter (1983). Simple approaches to shift, days-off and tour scheduling problems. *Management Science 29*(8), 942–950.

Movaghar, A. (1996). On queueing with customer impatience until the beginning of service. *Proceedings of the 2nd IEEE International Computer Performance and Dependability Symposium*, 150–157.

Movaghar, A. (1998). On queueing with customer impatience until the beginning of service. *Queueing Systems 29*, 337–350.

Nippa, M. und J. Hachenberger (1999). Richtig geplant - Effiziente Lösungen für das Planungsproblem von Inbound-Call Centern. *TeleTalk 9*, 69–73.

Nishida, T. (1992). Approximate analysis for heterogeneous multiprocessor systems with priority jobs. *Performance Evaluation 15*(2), 77–88.

o.V. (30.07.2001). Mit Warteschleifen schafft man keine Kundenbindung. *Frankfurter Allgemeine Zeitung*, S. 24.

Pankratz, A. (1991). *Forecasting with Dynamic Regression Models*. New York et al.: Wiley.

Pinedo, M., S. Seshadri und J. G. Shanthikumar (2000). Call centers in financial services: Strategies, technologies, and operations. In: E. L. Melnick, P. R. Nayyar, M. L. Pinedo und S. Seshadri (Hrsg.), *Creating Value in Fincancial Services*. Boston et al.: Kluwer Academic Publishers. S. 357–388.

Pinker, E. J. und R. A. Shumsky (2000). The efficiency-quality trade-off of cross-trained workers. *Manufacturing & Service Operations Management 2*(1), 32–48.

Sato, T. und M. Mori (1983). An application of the lumping method to a loss system with two types of customers. *Journal of the Operations Research Society of Japan 26*(1), 51–59.

Schweitzer, M. und H.-U. Küpper (1998). *Systeme der Kosten- und Erlösrechnung* (7. Aufl.). München: Vahlen.

Shanthikumar, J. G. (1989). Level crossing analysis of priority queues and a conservation identity for vacation models. *Naval Research Logistics 36*(6), 797–806.

Shumsky, R. A. (2000). *Approximation and Analysis of a Queueing System with Flexible and Specialized Servers*. William E. Simon Graduate School of Business Administration, University of Rochester, Rochester, NY 14627, USA.

So, K. C. und C. S. Tang (1996). On managing operating capacity to reduce congestion in service systems. *European Journal of Operational Research 92*(1), 83–98.

Sotskij, N. M. und E. A. Churkin (1985). Stationary distribution of queue length in multiserver priority queuing systems. *Automation and Remote Control 46*, 58–65.

Stanford, D. A. und W. K. Grassmann (2000). Bilingual server call centres. In: D. R. McDonald (Hrsg.), *Fields Institute Communications*, Band 28. London, Ontario N6A 5B7; 57 Campus Drive, Saskatoon, Saskatchewan S7N 5A9. S. 31–47.

Stolletz, R. (2003). *Performance Analysis and Optimization of Inbound Call Centers*. Lecture Notes in Economics and Mathematical Systems, Vol. 528. Springer, Berlin et al.

Syski, R. (1986). *Introduction to Congestion Theory in Telephone Systems* (2. Aufl.). Amsterdam, The Netherlands: Elsevier Science Publishers B.V.

Thieme, K. H. und W. Steffen (1999). *Call Center - Der professionelle Dialog mit dem Kunden*. Landsberg/Lech: Moderne Industrie.

Thompson, G. M. (1997). Labor staffing and scheduling models for controlling service levels. *Naval Research Logistics 44*(8), 719–740.

Vandaele, W. (1983). *Applied Time Series and Box-Jenkins Models*. Orlando: Academic Press.

Wagner, D. (1997). Waiting times of a finite-capacity multi-server model with non-preemptive priorities. *European Journal of Operational Research 102*(1), 227–241.

Whitt, W. (1999a). Improving service by informing customers about anticipated delays. *Management Science 45*(2), 192–207.

Whitt, W. (1999b). Predicting queueing delays. *Management Science 45*(6), 870–888.

Wiencke, W. und D. Koke (1999). *Call Center Praxis* (2. Aufl.). Stuttgart: Schäffer-Poeschel.

Williams, T. M. (1980). Nonpreemptive multi-server priority queues. *Journal of the Operational Research Society 31*(12), 1105–1107.

Zohar, E., A. Mandelbaum und N. Shimkin (2002). Adaptive behavior of impatient customers in tele-queues: Theory and empirical support. *Management Science 48*(4), 566–583.

Druck: Strauss Offsetdruck, Mörlenbach
Verarbeitung: Schäffer, Grünstadt

Printed in the United Kingdom
by Lightning Source UK Ltd.
131774UK00007B/55-57/A

9 783540 001003